绿色节能农村住宅体系的关键技术

郝际平　主　编
钟炜辉　副主编

中国建筑工业出版社

图书在版编目（CIP）数据

绿色节能农村住宅体系的关键技术/郝际平主编. —北京：中国建筑工业出版社，2014.12
ISBN 978-7-112-17628-1

Ⅰ.①绿…　Ⅱ.①郝…　Ⅲ.①农村住宅-建筑设计-节能设计　Ⅳ.①TU241.4

中国版本图书馆 CIP 数据核字（2014）第 301770 号

本书从建筑、结构、环境、资源、评价等方面，介绍绿色节能农村住宅体系的关键技术及其发展趋势，力求构建安全实用、绿色环保、节能舒适、造价合理的新农村住宅体系，内容包括农村住宅的建设形态与空间模式、农村钢结构住宅的设计与施工、农村住宅的建筑节能与能源利用、农村住宅的水资源循环利用与废弃物处理、农村住宅的绿色节能综合评价及渐进性节能建设等。

本书在阐述理论研究成果的同时，十分注重与工程实践相结合。根据陕西地区不同的地域特征，以相应示范工程为例，分析并总结了绿色节能技术在农村地区的应用前景和使用成效，这对我国绿色节能农村住宅的建设和发展具有重要的参考价值，也使读者能进一步了解绿色节能技术的实际运用和具体操作。

本书可供政府企业、设计院所、高等院校等与工程规划、设计、建设、管理相关的技术人员、管理人员、科研人员进行学习和参考。

责任编辑：吉万旺
责任设计：王国羽
责任校对：陈晶晶　刘梦然

绿色节能农村住宅体系的关键技术
郝际平　主　编
钟炜辉　副主编

*

中国建筑工业出版社出版、发行（北京西郊百万庄）
各地新华书店、建筑书店经销
北京红光制版公司制版
北京建筑工业印刷厂印刷

*

开本：787×1092毫米　1/16　印张：16　字数：386千字
2014年12月第一版　　2014年12月第一次印刷
定价：**48.00**元
ISBN 978-7-112-17628-1
（26851）

前　言

改革开放以来，虽然农民的居住条件得到了很大改善，但当前农村住宅建设仍存在规划管理滞后、技术水平低下、资源浪费严重、住宅功能欠缺、结构抗震不良、配套设施不全、政策引导不够等问题。因此，构建绿色节能农村住宅，做好农村住宅的建设工作，对促进我国农村经济发展、保证国家繁荣稳定具有重要意义，是我国社会主义新农村建设的发展方向。

本书从建筑、结构、环境、资源、评价等方面，以安全实用、绿色环保、节能舒适、造价合理为目标，构建绿色节能农村住宅体系，并结合陕西地区不同地域的自然环境和人文理念等特点，通过理论指导实践，对其关键技术进行了详细论述，这对我国绿色节能农村住宅的建设和发展具有重要的参考价值。

本书内容力求实用，易于自学，不仅使读者了解当前绿色节能技术在农村住宅中的应用现状和发展趋势，还使读者能初步掌握一些绿色节能技术的应用方法和具体操作，尽可能地推广和普及绿色节能技术。

本书的编写综合了西安建筑科技大学建筑、结构、环境、材料、管理等多个学科的研究成果，并得到了陕西省"13115"科技创新工程重大科技专项项目、住房和城乡建设部研究开发项目等研究课题的资助，共分6章：

第1章由郝际平教授、钟炜辉副教授编写，主要是对国内外农村住宅建设的发展现状进行了阐述，并提出了我国当前农村住宅的建设策略。

第2章由王芙蓉副教授、王涛博士编写，主要是对农村地区规划布局、住宅空间模式、建筑形式和材料使用等方面的绿色节能现状及存在问题进行了分析，并探讨了农村住宅产业化的可行性和发展趋势。

第3章由郝际平教授、钟炜辉副教授编写，主要是对农村钢框架住宅和农村冷弯型钢结构住宅进行了系统阐述，包括使用材料、结构设计、制作施工等方面。

第4章由王怡教授、张林绪高级工程师、梁亚红副研究员编写，主要是对农村住宅的建筑节能与能源利用进行分析，提出了节能优化设计方法及能源利用的综合性建议和对策。

第5章由韩芸副教授、梁亚红副研究员编写，主要是对农村地区的水资源利用与固体废弃物处理进行了系统阐述，重点分析了农村生活污水的人工湿地处理方法。

第6章由卢梅副教授编写，主要是提出了一套适合我国农村住宅的绿色节能评价体系，并改进了绿色节能建设激励制度，提出了"量力而行"的渐进性节能建设。

此外，本书的部分内容也得到了广州固保系统建筑材料有限公司、天水大成隆源建筑新材料有限公司、徐州中煤钢结构建设有限公司、陕西岭南教育投资有限公司、西安建科门窗有限责任公司、LEDTEK Global Pty Ltd、陕西华江建设科技有限公司、陕西建工第五建设集团有限公司安装公司在技术和经费上的支持和帮助，在此一并感谢！

　　本书不当之处，在所难免，望读者不吝批评、指正。

郝际平

2014 年 11 月

目　　录

1 绪　　论

改革开放以来，我国农村面貌发生了翻天覆地的变化，农民的居住条件也得到了很大改善，但当前农村住宅建设仍存在规划管理滞后、技术水平低下、资源浪费严重、住宅功能欠缺、结构抗震不良、配套设施不全、政策引导不够等问题。做好农村住宅的建设工作，对促进农村经济发展、保证国家繁荣稳定具有重要意义。

我国是能源消耗大国，全国单位建筑面积能耗是发达国家的 2～3 倍。面对如此严峻的事实，构建安全适用、绿色环保、节能舒适、造价合理的绿色节能农村住宅体系，对节约、和谐社会的建立以及我国新农村建设的发展，具有重要的科学意义和工程价值。

1.1　国外农村住宅建设的发展现状

18 世纪中叶工业革命加快了欧洲各国的城市化进程，引起了一系列经济、社会问题，使人们逐渐认识到大力发展农村是缓解城市过度膨胀的有效途径。因此，国外许多国家都积极采取了发展农村的策略，并取得了积极的成果。

1.1.1　"生态村"理念

在农村住宅的建设问题上，20 世纪的欧洲农村，曾陷入盲目追求工业化与现代化的陷阱，并为此饱尝苦果，从而将建设方式由单一的工业化朝着工业化与绿色生态化相结合的方向转变。20 世纪 90 年代初，一些欧洲发达国家就开始对环境破坏、资源耗竭与生活方式的不可持续性产生了认识与反省，促使了"生态村"在发达国家及发展中国家的研究及实践。"生态村（Eco-village）"概念最早是由丹麦学者 Robert Gilman 在他的报告《生态村及可持续的社会》中提出的："生态村是以人类为尺度，把人类的活动结合到以不损坏自然环境为特色的居住地中，支持健康地开发利用资源及能持续发展到未知的未来。"1991 年，丹麦成立了生态村组织并给出了"生态村"的概念："生态村是在城市及农村环境中可持续的居住地，它重视及恢复在自然与人类生活中 4 种组成物质的循环系统——土壤、水、火和空气的保护，它们组成了人类生活的各个方面。"目前，生态村运动在丹麦、英国、挪威、芬兰、德国等西欧和北欧国家发展壮大，并且在美国、印度、阿根廷、以色列等国家也得到迅速发展。

"生态村"的理念对发达国家特别是欧洲各国的农村建房影响至深。当前，欧盟国家的农村发展政策正围绕着"最好地利用自然和文化资源"、"改善乡村生活质量"、"增加地方产品价值"和"发扬已有技术和创造新技术"四个主题来调配资金支持，农村地区的建设方式除注重工业化外，更倾向于绿色节能住宅体系的应用实践。供职于澳大利亚皇家规划院的中国规划师叶齐茂先生在他的《欧洲百村调查报告》里曾写道："100％的农村社区处于广袤的绿色开放空间之中，由绿色边缘包围，通过绿色网络联系起来；100％的农村社区集中居住区内实现农业生产活动与生活分开，集中居住区周边的农业户仍然保留农业生产活动与居住一体的传统方式；100％的农村社区建设了集中的雨水排放系统，住户自备了家庭化粪池和污水处理系统，使用卫生厕所，粪便由市政当局集中处理；100％的农村社区生活垃圾由市政当局集中收集和处理……"。图1.1分别为欧洲典型的依坡而建、湖光山色"生态村"。

图1.1　欧洲典型的"生态村"

1.1.2　发达国家的农村住宅建设

（1）欧洲

欧洲国家通过对地理、生态、历史、文化等方面的考察，为保障农村持续健康发展，制订和实施了农村发展规划，研究从整体、长远的规划视角，改善农民生活和生态环境。随着农村产业的高度集约化，欧洲农村住宅的产业化几乎完全与城市住宅同步发展。各国结合自身情况，制订了农业住宅产业科技发展规划，包括改善居住条件、完善防灾体系、改造旧城区、研究开发新型建筑材料等。欧洲各国政府的资金主要用于基础设施和部分公共设施的建设，同时也鼓励民间资金的投入。

欧洲各国中，德国利用财政支持、高新技术以及实力雄厚的工业基础，其村镇建设处于世界领先水平，并通过对村镇改造规划和设计进行强有力的调控，使整体景观协调优美且很好地保护环境和古老建筑；荷兰对农村面貌的改变也非常重视，通过大规模的土地整治运动，规划整齐、建筑雅致的小城镇已取代以往的自然小村；奥地利、波兰等国则十分注重独立式农村住宅的标准设计，在满足不同居民使用要求的前提下，使住宅能最大限度地提供舒适环境，体现农村住宅的新风貌。

（2）美国

总体上说，美国的农村发展相对平稳，由于没有遭到二战破坏，其农村建设始终走在世界前列。20世纪50～90年代，美国的住宅用地总量长期呈上升趋势，其中农村住宅用地的增长速度和面积都已超过城市住宅用地，且农村大面积住宅的增长速度也高于小面积住宅。这种低密度发展造成了美国农地面积的减少，对生态环境造成一定破坏，产生较大的资源浪费。

为提高公共基础设施使用的集中程度，降低居民点成本，美国市政当局通过规划农村居民点的公用基础设施（如垃圾处理、消防设施及道路密度等）来控制农村居民选择建设住宅的地址，从而约束宅基地的不当使用。另外，通过对土地实施分类（即根据土地特性确定其最适宜的用途），利用经济杠杆、立法等手段，合理规划自然资源的利用，从而避免如在美国西部开发过程中出现的掠夺式经营、乱砍滥伐森林、破坏水土资源等现象。

（3）韩国

韩国政府自1970年开始发起了"新村运动"，该运动最初在农村推行，后来扩展到城市，工作内容由单纯的管理改革扩展到政治、经济、社会和文化等诸方面，成为一场席卷全韩的全方位社会改革运动。在新村运动中，韩国政府投入了大量的人力、物力和财力，设计实施了一系列的开发项目，以政府支援、农民自主开发为基本动力和纽带，带动农民自发进行家乡建设，在农村建设方面起到了极大的推动作用。新村运动开展后，政府投入了大量资金，涉及农村的各个领域，如公用基础设施、住房条件、教育、卫生、社保等。在新村运动期间，农村经济得到了持续发展，城乡居民的收入也得到了同步提高，农村的发展和农民素质的提高对城市的发展起到了极大的推动作用。

1.1.3 国外农村住宅建设的发展现状

国外农村住宅建设的发展现状主要体现在以下几个方面：

（1）重视并严格按照规划实施

国外农村住宅建设十分重视规划编制的科学性，常常逐屋推敲，力求尽善尽美。在规划实施过程中，政府依据完整的法规进行严格管理，居民也按规定办理建设手续和按规划布置进行建设。

（2）因地制宜，突出特色

国外农村住宅往往风格各异，特色鲜明。在建筑布局上，常常以自然环境为基础，因地制宜，随坡就势；在技术上，强调为住户提供各种标准化的构配件，使其能发挥自己的聪明才智，组合出形式各异、多姿多彩的建筑；在材料选择上，根据气候、地理条件等尽可能地采用当地、绿色节能材料，使人们的乡土情感通过建筑反映出来。

（3）注重新能源利用

因非再生能源有限，国外农村住宅特别注重开发和利用太阳能、风能和沼气等新能源。如英国的农村住宅，一般都是采用坡屋顶形式，通过在向阳的屋面上布满吸热板来实现采暖、热水、照明、通风，节约大量能源；美国、日本、德国、意大利及北欧等国政府也都先后制订了在农村推广太阳能发电的计划。

（4）浓厚的环境保护意识

国外有关调查表明，住户最理想的居住环境主要为：要求有安静的起居条件，希望有悠闲的散步空地，渴望得到清新的空气。农村住宅应针对居民的要求和愿望，开展相关的环境建设。如将所有的废污水集中处理，达到标准后才排放；地上没有乱堆乱放的垃圾堆，而是通过封闭管道直接输送到汽车上运走。

（5）重视旧房改造

为了既充分体现历史文化传统，又能为居民提供方便、舒适的现代生活条件，国外许多农村都实行旧房改造政策。如德国政府为鼓励居民改造旧房，对旧房维修给予高达85%的补贴。国外一些国家还将改造任务列入计划，按规划进行，并要求在加固结构、更新室内设施的同时，还要整修院落、增加绿化。通过旧房改造可延长房屋的使用寿命，提高资源和能源的利用率。

（6）注重墙体材料和建筑节能

随着材料和节能技术的不断进步，许多工业发达国家的农村住宅墙体材料已发生明显的变化，新型建筑材料的比重占 60%～90%。而对传统的黏土砖，美国的使用比例不到 15%，日本只占 3%。

（7）科技含量和工业化程度高

国外许多国家都十分重视研究和推广适用于农村住宅建设的新技术，并向农村居民提供成套的建房技术和结构构件。近年来，奥地利、法国、瑞士等国的建筑公司还专门制造针对农村标准住宅使用的成套预制构件，有的甚至还负责安装和建造。在瑞典新建住宅中，通用部品约占 80%；而日本的一些农村住宅则采用了成套的厨房设备、供暖设备、空调设备以及粪便处理净化池等。

1.2 我国农村住宅建设的发展现状及相关问题

1.2.1 我国农村住宅建设的发展现状

我国农村住宅建设发展的各个阶段，大致可如图 1.2 所示。改革开放以前，我国广大农村地区居民的经济收入低，住宅建设增长也较为缓慢。自 1978 年十一届三中全会召开后，农村经济得到了迅速恢复和发展，农村面貌发生了翻天覆地的变化。随着农民收入的逐年提高，住宅建设的规模不断扩大，新建住宅面积由 1978 年的约 1 亿 m^2 攀升至 1986 年的近 10 亿 m^2，形成一个高速建设期。此后，由于大部分农民的住房问题已基本得到解决，因此农村住宅开始进入改善和改造工程，建设速度呈下降趋势，至 1993 年，我国农村新增住宅面积约为 5 亿 m^2。1993 年开始，农村建设得到了国家的重视，吸纳了大量农村剩余劳动力，使农民收入再次显著提高，居住条件得到了很大改善，农村住宅建设也进入了第二个高潮期，其建设总量和资金投入量保持着平稳的增长态势。新建住宅面积一路攀升至 1999 年的 8.34 亿 m^2，住宅投资由 1993 年的 760 亿元增至 1999 年的 1799 亿元。进入 21 世纪以后，我国加强了城镇化和新农村建设的力度，农村住宅建设保持平稳增长。2000～2005 年，年均新建住宅面积保持约 7 亿 m^2，年均住宅投资 1903 亿元，2008 年更是达到了 3547 亿元。随着新建和改建的农村住宅逐年增多，全国农村人均住宅建筑面积也在逐年递增（如图 1.3 所示），截至 2008 年底已达到 32.4m^2。

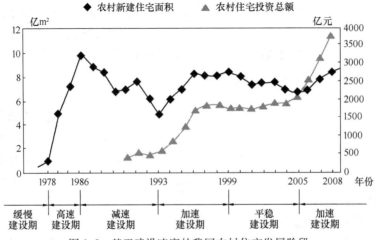

图 1.2 基于建设速度的我国农村住宅发展阶段

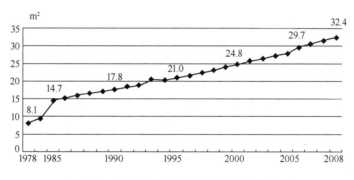

图 1.3　1978 年以来我国农村人均居住面积

当前，我国农村住宅的主要特点有：

（1）生产和生活的兼容性

农村住宅同城市住宅有所不同，除了应满足居住功能外，还应满足农户家庭特定的生产活动需要（如饲养猪、羊、家禽以及编席、织布等）。如南方地区由于天热多雨，一些家庭手工业常在堂屋进行，因此南方农宅往往要求有宽敞明亮的堂屋，而卧室可相对小些。另外，农村住宅设计中还应设计杂用房，用来储存工具、杂物等，有时甚至还要考虑如何为农民从事个体经营提供生产经营平台。

（2）地方性

我国地域辽阔，各地农村的自然条件、资源状况、生活习惯可能会有很大差异，对农宅的建筑形式、平面布置、建筑结构等方面的要求也不尽相同。如北方气候寒冷，为便于取暖保温，住宅建筑面积可以小些，而南方气候炎热，要求房屋通风敞亮，面积要相对大些。因此，只有因地制宜，从实际出发，才有可能设计和建造出适合当地特点的农村住宅。

（3）多样性

我国农村住宅的所有权大部分属于农民个人。即使同一个村庄，由于各户经济条件、人口组成的差异，对于住宅标准（包括面积标准、质量标准和设备标准等）的定义，都会有所差别，因此对住宅的设计和建造就会有多种多样的要求。

1.2.2　我国农村住宅建设存在的问题

2005 年 10 月，中国共产党十六届五中全会提出了建设社会主义新农村的重大历史任务。新农村建设是指在社会主义制度下，按照新时代的要求，对农村进行经济、政治、文化和社会等方面的建设，最终实现把农村建设成为经济繁荣、设施完善、环境优美、文明和谐的社会主义新农村。同时通过了《十一五规划纲要建议》，明确规定了"加强村庄规划和人居环境治理"和"加快乡村基础设施建设，改善社会主义新农村建设的物质条件"的主要任务，提出了要按照"生产发展、生活宽裕、乡风文明、村容整洁、管理民主"的二十字方针扎实推进社会主义新农村建设。当前，我国农村住宅建设仍存在许多问题，主要表现在以下几个方面：

（1）规划管理滞后

我国农村住宅的发展过程中，存在的一个显著问题是农村住宅发展布局不合理，农村无规则扩大。据统计，我国行政村中编制有建设规划的仅占 47.88%，自然村中编制有建设规划的仅占 19.24%，而实行整治的村庄仅有总数的 4.62%。农村住宅的规划、设计缺乏合理性，新建住宅既未满足舒适居住的要求，又引起了整体环境的恶化，旧的小镇风貌流失，传统民居格局遭到了破坏。另外，农村的土地资源集约利用水平较低，土地政策僵化、灵活性不足，都使农村住宅的布局松散，周边基础设施差。

由于缺乏具有整体意识和全局观念的统一规划管理，农村住宅建设基本以户为单位，建房地点随意，滥占耕地，布局零乱，交通不便。这样既不能适应农业现代化的需要，也不便于组织生产生活和节约耕地，还使农村地域空间难以形成高效节能的现代农村布局。

（2）技术水平低下

长期以来，我国农村住宅建设基本以企业和个人自建为主，缺乏统一的住宅区规划，住宅单体户型设计单一、功能结构不合理，住宅商品化率低，其工程质量、功能质量和环境质量都无法得到保证。另外，农村住宅建设也不注重新技术、新材料的应用，多数房屋建设仍处于低层次、低技术含量的简单再生产，模数化与装配化成分低，劳动生产效率低，新工艺应用水平低。由于缺乏必要的技术支持，我国农村住宅的建设基本处于无设计图纸、建造施工技术较低，施工质量堪忧，其建筑标准和监管也长期处于空白状态，使农村住宅在建造过程和使用期间存在着很大的安全隐患。

（3）资源浪费严重

我国农村住宅的资源浪费比较严重，主要体现在建筑能耗高和土地资源浪费两个方面。一方面，我国农村大部分住宅都是低水平建筑，许多新型节能材料得不到应用，同时由于农民缺乏节能意识，在住宅使用过程中不考虑能耗，供热系统综合效率较低，天然能源利用效率不足，使建筑用能浪费严重。另一方面，由于缺乏整体规划，农村建房大多呈分散或无序集中状态，居民点废弃空闲地较多，农民实际居住用地比例低，土地得不到合理有效地利用。另外，由于"空心村"（建房建新不拆旧）以及早占、多占、滥占土地现象的普遍存在，也造成土地资源的严重浪费。

（4）住宅功能欠缺

我国农村生产方式的落后，既决定了传统的生活形态，也直接影响着居住形态的构成。因此许多农宅在平面布局和空间组合上极不合理，出现内外不分、动静不分、干湿不分、设施不全、设备简陋等情况，难以满足正常的居住需求。在北方寒冷地区，目前大部分的农宅还以火炕采暖为主，产生的室内污染物严重超标。而给水方式农村多以压井为主，致使给水压力无法保证，卫生洁具使用受限，且由于绝大部分农宅所处地区均无市政排污管线，使室内卫生间的占有率不到 2%，因此我国农村仍以使用室外旱厕为主。另外，清洁能源（如沼气、燃气等）的使用率还处于较低水平，厨房仍以农作物的梗茎为主要燃料，严重影响厨房的卫生状况。

（5）结构抗震不良

砖混结构采用砖墙承重，适合开间进深较小、房间面积小的多层或低层建筑，且由于造价低、建造难度小，多年来一直是我国农村住宅的主要结构形式。但近年来我国多次地震灾害表明，构造措施不良的砖混结构往往容易发生大面积坍塌，造成严重的人员伤亡，因此对砖混结构的使用，必须保证有良好的抗震设防措施，如设置拉结筋、构造柱、圈梁等。另一方面，随着结构技术、建造工艺的不断发展，特别是工业化、装配化和标准化技术的应用，进一步降低了建造成本，使越来越多的具有良好抗震性能的结构形式正逐步在农村住宅中得以推广应用。

(6) 配套设施不全

截至 2010 年底，全国 56.35 万个行政村中，仅 43.2% 实现了集中供水，6% 对生活污水进行了处理，37.6% 有生活垃圾收集点，20.8% 对生活垃圾进行了处理，农村基础设施建设仍有较大缺口。由于缺乏相应的农村基础设施规划，农村基础设施和公共服务设施建设滞后，导致农村生活条件、卫生情况、医疗条件、环境质量较差，主要表现在村内道路、供水、排水、教育、文化、卫生等方面，如村内部分路段不能顺利通行、积水无法顺利排走、生活垃圾直接堆在路边等。

(7) 政策引导不够

与城市建设相比，农村法规建设主要存在两方面的问题。一是已出台的标准、条例、要点和办法，有的深度不够，有的内容不全，有的由于客观形势的发展而不再适用，需要修编；二是农村建设法规缺口大，导致规划指导建设在实践上出现时空错位，负面影响大，急需增补。另外，针对农村住宅建设的政策、法规制定，还应注意贯彻以人为本以及全面、协调、可持续发展的要求。

1.2.3 我国农村住宅的建设策略

结合我国农村的实际情况，并根据新农村建设的主要任务和"二十字方针"，针对农村住宅建设的策略主要有：

(1) 逐步完善居民点的体系布局

要结合产业布局，编制好居民点的布局规划，扩大产业规模经营，使居民点从分散逐步走向合理的集中，加快整合资源，不断完善配套基础设施，提高居民点的宜居性。

(2) 采取节约用地措施

农村住宅建设对耕地需求逐渐增大和耕地面积逐年减少的矛盾日益突出，只有采取节约用地的措施，才能保证耕地资源。农村住宅的建设必须规划先行，完善各级规划并加强落实，而在农村用地规划中还应做到：坚决杜绝超前规划；在建设用地审批中，采取节约土地和建设用地增减挂钩原则，严禁超标占地；充分发挥土地的利用潜力，按照规划使用耕地。在建设过程中，应根据实际情况适当减少建筑之间的距离，增加建筑密度。

(3) 重视住宅建设用地选址

住宅建设用地选址应有利于生产、方便生活，具有适宜的安全卫生条件和建设条件，避开洪水淹没、风口、滑坡、泥石流、地震断裂带等自然灾害影响地段以及自然保护区、有开采价值的地下资源和地下采空区、文物埋藏区。同时，住宅建设用地应尽可能布置在大气污染源的常年最小风向频率的下风向及水污染源的上游。住宅建设用地选址还应注意与生产劳动地点联系方便，但又不相互干扰。位于丘陵和山区时，应优先选用向阳坡和通风良好的地段。

(4) 注重住宅区的空间布局

农村住宅区应结合地形，灵活布局，避免单一、呆板的布局方式，空间围合丰富，户型设计多样。住宅区的空间布局、组合和建筑形式应注意体现民族风情、传统习俗和地方风貌。住宅区内原有的山丘、水体、人文景观以及有保留价值的绿地及树木，应尽可能地保留利用，并有机地纳入绿地及环境规划。

农村住宅区还应把增强人际交往，实现社会和谐，提高农村生活环境质量作为重要的设计理念。另外，应重视农户内外交往的空间布局，形成"饲养区"与"居住地"及公共空间来增强人际交往，真正实现人畜分离，改善卫生条件。

（5）保持农宅的地方建筑特色

农村住宅的建筑风貌，要根据当地乡镇、村庄原有风格特色、农民生产生活习惯、地形与外部环境条件、传统文化等要素，确定其建筑风格及建筑群组合方式，传承地方文化、历史文脉，避免照搬城市住宅的设计理念。另外，农村住宅应尽量运用当地建筑材料，使农村建筑风貌整体协调统一，形成较鲜明的地方特色、民族特色和乡村气息。

（6）优化农宅的建筑布局，建设省地型住宅

农村住宅的设计应依据当地常年主导风向和日照时间，选择有利的建筑朝向，并通过确定合理的间距、建筑形态和空间组合形式，实现必要的日照、通风，同时满足节约用地的要求。根据农民生产和生活需要，农村住宅的建筑布局还应充分考虑庭院与辅助用房的科学布置。庭院布置应符合当地农村的自然条件和农民生活习惯，布置要紧凑，分区要合理，充分利用空间；辅助用房（如农机具房、农作物储藏间等）应与主房适当分离，可结合庭院灵活布置，在满足健康、安全的前提下，方便生产需要。

依照地区特点，农民活动所需空间，可进行垂直分户（2～3层）和水平分户（4～5层）的住宅设计。如北方农村多为平房，可逐步发展垂直分户、多层并联式住宅，合理加大进深，减小面宽，并适当控制独院独户式住宅和单层建筑，以节省住宅用地。

（7）提高农宅的建造技术

为改变农村住宅建造效率低下的状况，应依靠科技进步发展工业化、装配化和标准化农村住宅技术，改变农宅的建造方式，提升住宅建造的效率和质量，推动农村住房建设事业的健康发展。

（8）因地制宜推进农村节能

我国农村地区建筑能耗高，建筑用能浪费严重，因地制宜推进农村节能是未来农村发展的必然趋势，有条件的地区应逐步执行《民用建筑节能设计标准（采暖居住建筑部分）》、《夏热冬冷地区居住建筑节能设计标准》、《夏热冬暖地区居住建筑节能设计标准》等节能设计标准。当前可在农村推广应用的节能措施主要有：采用合理的建筑形式及窗墙类型，采用保温性能好的围护结构和节能产品，加强屋面、墙体的保温节能构造；推进应用节水型设备、节能型灯具；积极利用太阳能及其他可再生能源和清洁能源，优化能源结构等。

1.3 绿色节能农村住宅

1.3.1 绿色建筑

绿色建筑的概念传入我国仅有约 10 年的时间，同时由于基础研究起步较晚、区域差异很大、制度体系不完善、绿色环保观念欠缺以及建筑质量等诸多因素，使我国在发展绿色建筑的过程中存在着许多困难。绿色建筑设计本身是一项十分复杂的工作，涉及范围广，包括生态技术、生物技术、人文精神、能源策略以及对生态环境的保护等方面，要解

决的主要问题是建筑物与居住环境二者之间的关系。因此，在进行设计时，应以建筑设计作为主导，同时合理协调好城市生态、景观生态、自然资源等问题，也应对结构、环境、材料、热能、生物等方面进行综合分析研究。在我国，对绿色建筑进行设计具体表现在自然通风、可再生能源利用、绿色环保建材、室内环境技术、资源回用技术、绿化配置技术等方面。

绿色建筑与一般建筑的主要区别有：

（1）一般建筑在结构上趋向封闭，在设计上力求与自然环境完全隔离，室内环境往往不利于健康；而绿色建筑会使内部与外部有效连通，对气候变化自动进行适应调节。

（2）一般建筑随着建筑设计、生产和用材的标准化、产业化，其形式也趋于单一化；而绿色建筑注重使用当地材料，建筑将随着气候、自然资源和地区文化的差异而呈现不同的风貌。

（3）一般建筑是一种商品，建筑的形式往往不会顾及环境资源的限制，片面追求批量化生产，低成本建设，自我创造形象；而绿色建筑则被看作是一种资源，建筑及其城市发展都将以最小的生态和资源代价，在广泛的领域上获得最大利益。

（4）一般建筑追求"新、奇、特"和"大、洋、贵"，追求标志效应；而绿色建筑则从人与大自然和谐相处中获得美感，以最小的资源获得最大限度的丰富性和多样性。

（5）一般建筑能耗较大；而绿色建筑则极大地减少能耗，并充分利用可再生能源。

（6）一般建筑仅在建造过程或使用期间对环境负责；而绿色建筑是在建筑的全寿命周期内，为人类提供健康、适用和高效的使用空间，最终实现与自然共生，从被动的减少对自然的干扰，到主动地创造环境，减少资源需求。

1.3.2 绿色节能农村住宅

所谓绿色节能住宅，是指充分利用环境自然资源，以有益于生态、健康、节能为宗旨，确保生态系统的良性循环，确保居住者在身体上、精神上、社会上完全处于良好状态，从而实现人与自然的融合，达到人与自然双赢的住宅。在国际上，通常把能体现"以人为本，呵护健康"、"资源的节约与再利用"、"与周围环境的协调与融合"这三大主题的住宅称为绿色节能住宅。

绿色节能农村住宅的观念是当代人对农村房屋建筑的共识，也是规划设计的理性基础。国外发达国家的农村主要侧重于房屋建筑的居住功能，强调对可再生能源的利用、人与人之间及人与自然之间的和谐相处。如瑞典一些农村的房屋在设计上要求尽量使用现存的基础设施、自然条件和公共交通，且必须有保护当地景观和自然生态系统的技术，尽可能符合当地的文化传统；又如位于英国伦敦南部萨顿区的贝丁顿村，是英国最大的"零碳"生态社区，各种节能措施简便易用，强调对阳光、废水、空气和木材的可循环利用；又如德国一些农村的屋顶和南墙上，都设有太阳能光电装置，农民平时使用的能量有2/3以上是由该装置产生的电力供给的。相比其他发达国家，欧盟各国农村更为强调的是维持自然生态过程的完整性和持续性，农村建设大多只是在原有建设用地上的再开发，很少进行开山凿石、毁田造地之类的大规模建设。在这些村庄里，房屋不求整齐划一，道路不求宽大笔直，一切顺其自然，尽量保持原始地貌，这必然有利于防洪、阻滞滑坡，也适合维持植被的生长和地下水源的储备，不易引发水质污染、水源枯竭、水利工程淤塞垮塌等环境问题。

在我国经济飞速发展的大背景下，农村生活水平有了很大的提高，因此改善生活条件、提高居住品质就成为农村住宅发展的必然要求。同时，我国又是能源消耗大国，特别是在广大农村地区，能源浪费十分严重。从建筑能源消耗与使用情况看，打造绿色节能农村住宅是我国提高农民生活质量、降低能源消耗的有效途径和手段，也是建筑发展的主要方向。在进行农村住宅的绿色节能设计时，必须要结合我国的建筑国情以及地区的实际情况，综合应用各种节能技术，选用合理设计方案，全面规划，力求降低建筑的排放污染能力，给使用者提供良好、舒适、健康的环境。

我国幅员辽阔，南北跨纬度广，自北而南有寒温带、中温带、暖温带、亚热带、热带等温度带，以及特殊的青藏高寒区，各地的热量条件差异很大。在各温度带中，寒温带只占国土总面积的1.2%，青藏高原大部分为高寒气候，占国土总面积的26.7%，其余占国土总面积72.1%的地区属于中温带、暖温带、亚热带、热带，因此我国以温暖气候为主。而陕西地处我国中西部，主要由关中平原、陕南山地和陕北黄土高原三部分构成。关中地区以平原为主，冬季寒冷、夏季炎热；陕南地区石材丰富、夏季炎热潮湿；陕北黄土高原的耕地资源紧缺，冬季寒冷。由于陕西地区自然环境的多样性以及传统民居的千百年发展，形成了适合不同气候、地理、生态、文化等特点的农村住宅营造方式和手段，具有很好的代表性。本书正是以此为依托，力求构建安全适用、绿色环保、节能舒适、造价合理的绿色节能农村住宅体系，努力实现由小农经济下的农宅独立建设经营，逐步向农村新型社区统一建设经营的转变。

1.4 本 章 小 结

本章首先对国外农村住宅建设的发展现状进行阐述，然后对比分析了我国农村住宅建设的发展过程和主要特点，指出我国当前农村住宅建设主要存在的问题，并提出了相应的建设策略。最后，通过对绿色建筑、绿色节能住宅进行阐述，指出打造绿色节能农村住宅的必要性，并尝试以陕西不同地域农村住宅作为代表进行构建。

参 考 文 献

[1-1] 刘珺. 欧洲农村建筑经验对我们的借鉴[J]. 广西城镇建设，2012，11：15-18.

[1-2] Torcellini P A，Pless S D，Judkoff R，et al. Solar Technologies and the Building Envelope[J]. ASHRAE Journal，2007，49(4)：14-16，18，20，22.

[1-3] Badeseu V，Sicre B. Renewable Energy for Passive House Heating：Part I. Building Description [J]. Energy and Buildings，2003，35(11)：1077-1084.

[1-4] Zhang Zhihui，Wu Xing，Yang Xiaomin，et al. BEPAS-A Life Cycle Building Environmental Performance Assessment Model[J]. Building and Environment，2006，41(5)：669-675.

[1-5] Assefa G，Glaumann M，Malmqvist T，et al. Environmental Assessment of Building Properties - Where Natural and Social Sciences Meet：The Case of Eco-Effect[J]. Building and Enviroment，2007，42(3)：1458-1464.

[1-6] Erlandsson M，Levin Pr. Environmental Assessment of Rebuilding and Possible Performance Im-

provements Effect on a National Scale[J]. Building and Environment，2005，40(11)：1459-1471.

[1-7] Beucke K，Burklin B，Hanff J，et al. Applications of Virtual Design and Construction in the Building Industry[J]. Struetural Engineering International：Journal of the International Association for Bridge and Struetural Engineering (IABSE)，2005，15(3)：129-134.

[1-8] 吴大川. 西部村镇小康住宅体系研究[D]. 长安大学博士论文，2007.

[1-9] 程建润. 城镇化进程中的村镇住宅发展战略研究[D]. 北京交通大学博士论文，2013.

[1-10] 孙焰. 我国村镇住宅发展战略研究[D]. 北京交通大学硕士论文，2010.

[1-11] 张艳明. 我国村镇住宅产业化发展模式与发展战略研究[D]. 北京交通大学硕士论文，2008.

[1-12] 丁昭涵. 我国村镇小康住宅发展模式研究[D]. 北京交通大学硕士论文，2011.

[1-13] 李兵弟. 回望六十年村镇建设成就斐然[N]. 中国建设报，2009.10.09.

[1-14] 汪光焘. 认真研究社会主义新农村建设问题[J]. 城市规划学刊，2005，158(4)：1-3.

[1-15] 赵之枫. 小康型村镇住宅设计理念[J]. 小城镇建设，2003，6：52-54.

[1-16] 尹建中. 我国村镇住宅产业化存在的问题及对策研究[J]. 行业与探讨，2006，314(10)：90-92.

[1-17] 刘波. 我国城镇化发展趋势研究及相关政策建议[J]. 城市发展研究，2008，15(5)：17-21.

[1-18] 王明浩，陈佳洛，高薇，等. 中国村镇发展中的住宅产业化研究[J]. 小城镇建设，2001，2：51-52.

[1-19] 祖智波. 我国城镇化建设现状与发展思路[J]. 管理观察，2009，3：21-22.

[1-20] 张宝荣. 以科学发展观为统领加快推进农村城镇化[J]. 改革与战略，2009，25(3)：97-99.

[1-21] 周琳，彭洁. 中国城镇化发展模式与发展战略初探[J]. 经济研究导刊，2009，46(8)：79-80, 92.

[1-22] 陈佳骆，王明浩，高薇. 村镇住宅商品化初探[J]. 村镇建设，2001，3：18-19.

[1-23] 章迎庆. 构筑乡镇住宅建筑体系[J]. 小城镇建设，2002，2：94-95.

[1-24] 徐永铭. 国内外建筑节能及发展[J]. 徐州工程学院学报，2005，20(3)：71-73.

[1-25] 陈正雄. 现代建筑的绿色节能设计[J]. 中华建设，2012，5：128-129.

[1-26] 丁毅峰. 论述现代建筑绿色节能设计的分析[J]. 中华民居，2014，5：34.

[1-27] 刘军胜. 浅谈绿色节能住宅[J]. 科技信心，2010，14：356.

[1-28] 符长青. 智能建筑绿色节能技术分析[J]. 智能建筑，2010，6：17-20.

[1-29] 沈绖文，陈永，郑丹. 我国农村住宅建设现状及发展对策[J]. 现代农业科技，2012，20：350-352.

2 农村住宅的建设形态与空间模式

传统民居在千百年的发展中，结合当地地理气候条件，因地制宜并且巧妙运用各种设计手法，在演化过程中不断完善，最终形成了适合当地特点的营造方式和手段。如地处中国中西部的陕西地区，主要由关中平原、陕南山地和陕北黄土高原三部分构成，关中地区以平原为主，冬季寒冷、夏季炎热；陕南地区石材丰富、夏季炎热潮湿；陕北黄土高原的耕地资源紧缺，冬季寒冷。结合各自地理气候条件，形成了具有特色的关中窄四合院，陕南石头房、吊脚楼、竹木房，陕北窑洞等（如图2.1所示）。传统的农村农民以户为单位从事农业生产、加工，在这种农耕经济状态下，传统农村形成了适合当时生活的空间模式。

(a)

(b)

(c)

图 2.1　陕西地区农宅的典型形式

（a）关中窄四合院（周家大院的内院空间）；（b）陕南石头房、吊脚楼、竹木房；（c）陕北窑洞

随着社会发展和农村经济形态变化以及农民生活水平的普遍提高，农宅不断翻建、改建、扩建，新、旧建筑并存。当前，土地集约化经营政策逐步实施，新农村规划建设也已推广展开，农民土地的使用方式、生活模式也将逐步发生相应改变。同时，强调绿色节能规划建设的时代背景，都要求农村居住空间的形态发生相应变化。

2.1　农村住宅绿色节能现状及相关问题

传统农村的形成是在农耕经济条件下，适应当地自然气候条件、地形条件的生态智慧结晶，表现在以下两个层面：

（1）规划层面

1）传统的村落选址一般都遵循"负阴抱阳"的理念，南面开阔利于采光，靠近水源，交通便利；

2）地势平坦处作为耕地，农宅通常选择地势高爽、易于排水、不易洪涝地段，并避开冲沟、易滑坡等危险地段，以避免自然灾害，在山区或台塬地带，农宅往往布局分散；

3）为方便生产，农宅一般接近耕地；

4）村落街巷以东西向为主，农宅大多呈南北方向布局，利于夏季通风，建筑的北墙面阻挡冬季风的侵害。

（2）建筑单体层面

适应自然地理、气候和人文特点，传统民居具有各具特色的营造方式和手段，如关中地区采用窄四合院布局方式；比较潮湿的陕南地区，农宅具有很强的通透性；相对比较寒冷的陕北地区，厚重的农宅具有很强的保温性。

随着社会的发展和人们生活水平的提高，以及在新政策、新变化的影响下，现有农村住宅出现了一些不利于绿色节能的状况，表现在以下四个层面：

（1）规划层面

1）土地集约化经营政策的逐步实施，要求建设适宜聚居的大村子，传统分散或小村子的农村选址策略，已经不适合当前要求；

2）农宅布局分散或村子规模偏小，加大基础设施配套难度；

3）农宅自主式建设，不利于土地的高效整合。

（2）建筑单体层面

1）家庭小型化及计划生育政策的实施，农村单一家庭人口3～4人，主要居住空间向正房集中，传统绿色节能建造手段逐渐遭到摈弃；一些平屋顶、进深大的2～3层砖混住宅在农村住宅中开始出现。

2）由于农村经济发展，农民生产、生活模式都发生了变化，农民对农宅的空间模式要求也多样化，而当前农宅的空间单一，不能够动态利用进行可持续发展。

（3）现代生态技术利用方面

1）传统低碳策略遭到摈弃；

2）现代绿色低碳技术未得到广泛应用。

（4）工业化发展方面

1）农宅工业化水平比较低；

2）工业化建设的农村缺乏地方特色。

2.1.1　农村住宅规划与绿色节能现状及相关问题

2.1.1.1　农村住宅规划现状与绿色节能

随着社会的发展和农村经济形态的变化，人们的生活水平普遍提升，农村住宅也发生了很大变化。

规划层面的现状大致如下：

（1）选址：一般都遵循传统村落选址原则，村子规模偏小，布局分散。

（2）村落模式：传统农宅主要以聚居模式为主，在山区、川地等局部采用散居模式。

（3）农宅规划：传统的农村规划自由组织，以户为单位展开，农宅以契约方式建设，生态应用以户为单位，公共设施单位最小化；由于农民自主建设状况的大量存在，农村建设缺乏规划设计，农宅中很多老房子废弃、闲置，同时受城市化的影响，农村普遍出现"空废化"现象。

（4）公共服务配套设施：除宗祠外，其他公共服务配套设施不以村为单位，且不明显，而沼气池等基本配套设施则以户为单位。

从陕西不同地区的典型农村现状可见一斑（如表2.1所示）。

陕西不同地区的典型农村现状　　　　　　　　　　　　　　　　表2.1

地区	现　状　图	分析说明
关中渭南市	渭南市合阳县马家庄乡局部农村 ■ 农村范围	由于关中地处平原地区，农村村落分布呈现出自由形态，较少受到地形的限制

14

地区	现 状 图	分析说明
关中渭南市	渭南市合阳县马家庄乡保宁村 ■ 有人居住的农宅　■ 闲置农宅 ■ 废弃农宅　　　　■ 闲置宅基地 ■ 新规划农村范围　■ 老农村范围 ■ 农村社区服务中心　■ 学校 ● 垃圾回收点　　　● 变电站 ■ 牌坊　　　　　　● 神庙 ■ 村内主干道　　　■ 村内道路	关中农村以聚居为主，农村规划自由组织，以户为单位建造，宅院大多南北向布置，内部道路整齐、规律，公共设施单位最小化，普遍存在农宅"空废化"现象
陕南汉中市	汉中市城固县周边局部农村 ■ 农村范围	在陕南地势相对平坦地区（例如：汉中盆地地区），农村分布与关中平原地区类似，呈现出自由分布的形态，较少受到地形的限制，但村落范围却受到所在地区平坦地势范围大小的限制，村落规模较关中平原地区的村落规模小

地区	现 状 图	分析说明
陕南汉中市	汉中盆地某村落 ■ 城乡干道　▤ 村内道路 ▨ 学校　　　■ 工厂 ▨ 加油站	地处汉中盆地的村落，呈现出与关中类似的聚居模式，也以户为单位展开，公共设施单位最小化。但受地形影响，农村宅院排布自由，村内道路曲折、自由
陕南安康市	安康市山区农村 ● 农村所在地	位于陕南山区的农村，分布较为分散，而且村子的规模较小
	安康市山区七里垭村 ■ 村内道路	陕南山区农村的农宅，多沿村内道路两侧分散布局

地区	现　状　图	分析说明
陕北榆林市	榆林市川地的农村分布 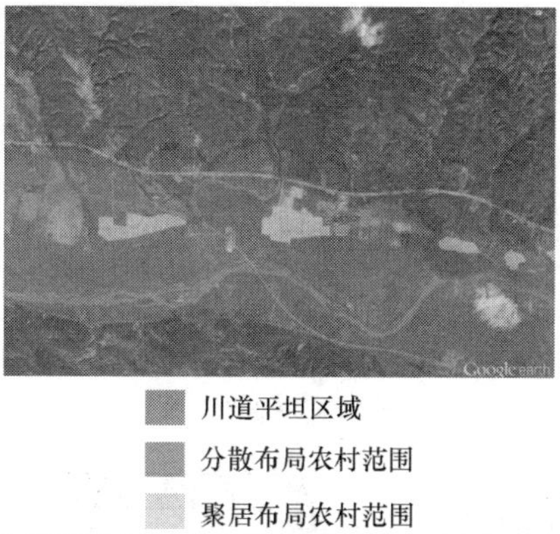 ■ 川道平坦区域 ■ 分散布局农村范围 ■ 聚居布局农村范围	陕北黄土高原，既存在着类似关中的聚居模式的村落（位于川道的平坦区域），又存在着类似陕南的散居模式的村落（位于山地地区）
	平坦地区鱼河峁村  ■ 城乡干道　■ 村内道路	在陕北的川道平坦区域，存在着类似关中聚居模式的村落，其村落布局相对规整，院落的排布也基本与关中农村一致，道路的排布也相对规整
	榆林市榆阳区刘千河乡蔺家畔村  ■ 村内主干道　■ 村内道路 ■ 学校　■ 农村社区服务中心	在陕北的山地地区，农村的规划布局多顺应地势，且呈分散式布局，规模较小

　　关中、陕南及陕北平坦地区农宅以聚居的低层高密度建设为主，其院落组合模式主要有"横向多进式"和"纵向多进式"（如图 2.2a 所示）；陕北山地地区则以联排式为主，依靠地形，一层层上升，一层的屋顶成为上一层的院子（如图 2.2b 所示），另外也有少数独院形式的；陕南地区山地农宅由于地形多样（包含浅山丘陵地区、山区、河谷地区等），

也呈现了多样的形态（如图 2.2c 所示），浅山丘陵缓坡地段为平行等高线联排布置，山区或河谷坡度较大的地段往往垂直于等高线顺序布置。村落内住宅组合模式有"宅前宅后都有巷子"和"只有宅前有巷子"（如图 2.3 所示）。

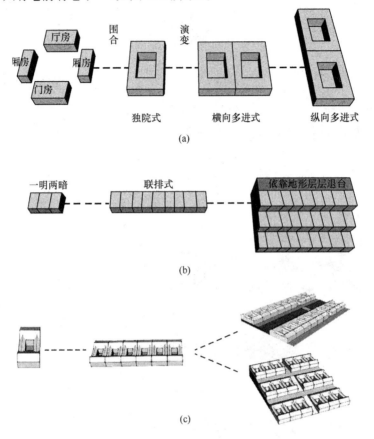

图 2.2 农宅的组合模式

(a) 关中、陕北及陕南平坦地区农宅院落的组合模式；(b) 陕北山地地区农宅的组合模式；
(c) 陕南山地农宅的组合模式（沿等高线布置、垂直等高线顺序布置）

2.1.1.2 农村住宅规划相关问题与绿色节能

土地政策的变化，规模经营、集约管理不断深入开展，加上政府对于新农村建设的重视，使得农村土地集约程度不断提高，但农村住宅在规划层面上仍存在如下一些问题：

（1）村落规模偏小或布局分散导致的能源利用效益差。由于农宅都靠近耕地，而这些耕地必须在人力、畜力所能达到的范围，这就使得农村的规模普遍偏小，山地农宅布局比较分散，加大能源的消耗。

（2）农宅布局分散或村子规模偏小，加大了基础设施建设的成本和困难。尤其是山地的农民处于散居状态，农宅间距离较聚居状态大得多，大大增加了基础设施的投资成本，给农村基础设施建设带来了困难。

（3）宅基地建设缺乏可持续性规划，严重浪费了有限的耕地资源。农宅由于都是农民自己建造，缺乏统一规划，造成了农村自由发展的局面。农宅新老建筑并存，很多老房子废弃、闲置；受城市化的影响，进城农民的宅院闲置，农村普遍出现"空废化"现象。大

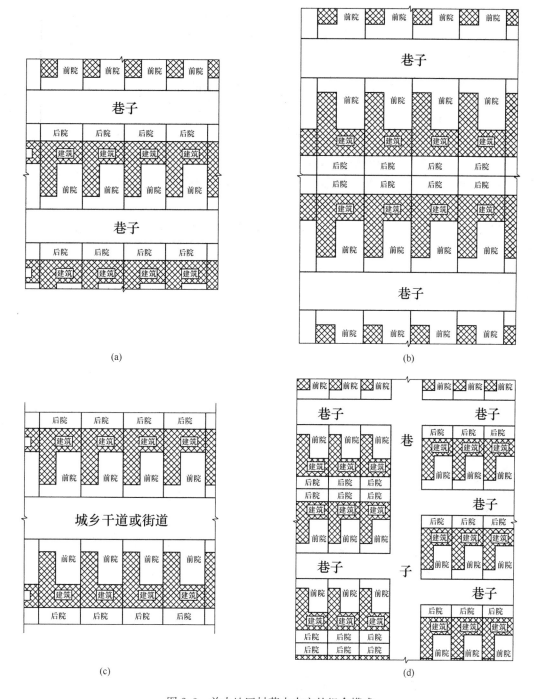

图 2.3 关中地区村落内农宅的组合模式

（a）第一种（住宅前后都有巷子，前后都能开门）；（b）第二种（住宅的前院临巷子，只有前院开门）；

（c）第三种（住宅沿城乡干道或街道两侧排布）；（d）第四种（第一种与第二种住宅排布形式组合排布）

多数农村地区在宅基地的审批和管理上，缺乏可持续性的规划，土地浪费现象严重，不利于土地的高效整合。

（4）以户为单位的能源使用效率低、能源消耗大。以户为单位的能源使用，是建立在以户为单位的自给自足、自家养殖的生态循环链基础上。随着经济的发展、技术的进步，现代技术如沼气池、沼气发电等技术逐渐应用于农宅，但以户为单位存在使用效率低、初期投资大等问题。

2.1.2 农村住宅建筑空间的绿色节能现状及相关问题

2.1.2.1 院落与单体建筑空间关系的现状及绿色节能问题

（1）院落与单体建筑空间关系的现状

院落空间的设计和使用可以说是我国传统建筑布局的精髓，也是我国建筑布局当中不可缺少的组成部分，起到遮阳、采光、通风和调节建筑内部小气候的作用，从而降低建筑的碳排放。

随着经济的发展和家庭小型化，农宅的院落与主体建筑空间关系呈现一定的随意性，平面布局呈不完全对称的形式，庭院已不是细长的窄院、天井院等合院形式，院落整体围合性渐渐减弱，影响室内热环境。

农宅的院落与建筑的关系主要有前院式、后院式、前后院式、合院式等。

1）前院式（如图2.4a所示）

①主体建筑与辅助建筑平行，庭院位于主体建筑前部、主体建筑与辅助建筑之间，集生产、生活多种功能。

②主体建筑与附属建筑垂直，庭院位于主体建筑前部，集生产、生活多种功能。

2）后院式（如图2.4b所示）

①主体建筑与辅助建筑平行，庭院位于主体建筑后部、主体建筑与辅助建筑之间，可进行生产、生活多种活动。

②主体建筑与附属建筑垂直，庭院位于主体建筑后部，可进行生产、生活多种活动。

3）前后院式（如图2.4c所示）

主体建筑与附属建筑垂直或只有主体建筑，主体建筑位于用地中部，前后各有一个庭院，其用途为：

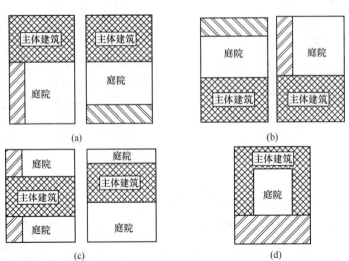

图2.4 农宅院落与建筑的关系示意

（a）前院式建筑关系；（b）后院式建筑关系；（c）前后院式建筑关系；（d）合院式建筑关系

①前院作为生产使用，后院作为日常生活及杂物存放使用。

②前院作为生活使用，后院作为卫生庭院或储藏庭院使用。

4）合院式（如图2.4d所示）

主体建筑与辅助建筑可围合形成三合院、四合院、天井院等。

（2）院落与主体建筑空间关系的绿色节能问题

与传统的四合院相比，农宅院落空间围合性减弱，热损失增加。夏季，农宅院落没有了阴影的遮盖必然受到阳光直射，而热量直接通过墙体传递进入室内，造成室内温度的升高；冬季寒冷，农宅没有院落的围合与缓冲保护，直接受到外界寒冷侵袭，热损失增加。典型的农宅平面热损失分析如图2.5所示。

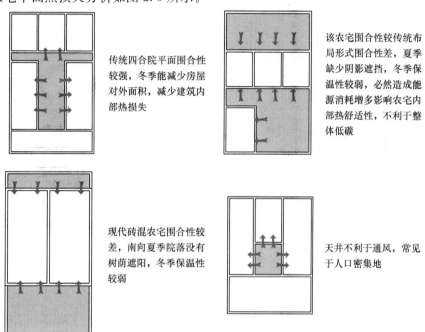

传统四合院平面围合性较强，冬季能减少房屋对外面积，减少建筑内部热损失

该农宅围合性较传统布局形式围合性差，夏季缺少阴影遮挡，冬季保温性较弱，必然造成能源消耗增多影响农宅内部热舒适性，不利于整体低碳

现代砖混农宅围合性较差，南向夏季院落没有树荫遮阳，冬季保温性较弱

天井不利于通风，常见于人口密集地

图2.5 典型农宅平面热损失分析

2.1.2.2 建筑单体空间层面的现状及相关问题

（1）建筑单体空间模式的现状及问题

在农村土地集约化和规模经营的影响下，传统生产与生活高度融合的农宅空间模式正在向生产与生活分离的农宅空间模式逐渐转变。在这个空间转型的过程中，出现以下几种农宅空间模式：房间围绕庭院布置的空间模式、居住功能向正房集中的空间模式、趋于城市化集中的空间模式。

1）建筑单体空间模式的现状

城市化进程的不断推进和农村经济形态的变化，使得农村人们的生活水平发生了大幅度的提升，农村的生活方式也日益城市化、世俗化。农宅空间由以供奉祖先为核心、尊卑有序的空间，向以人为本、世俗的空间演变，传统农村住宅的"一明两暗"空间模式向大开间、楼房的城市生活的空间模式演变。如图2.6所示为当今陕西关中、陕南、陕北的典型农宅平面。

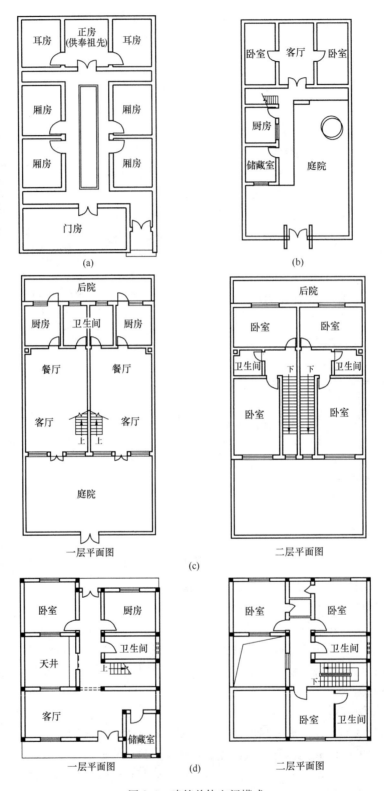

图 2.6　建筑单体空间模式

（a）传统四合院平面；（b）关中某农宅平面；（c）陕北某农宅平面；（d）陕南某农宅平面

近些年，外出打工、上学的农村人口不断增加，家庭常住人口进一步减少，很多农户常住人口仅为 2 人。传统四合院中承担居住功能的厢房，逐渐转变为辅助功能空间，如作为厨房和储藏间。建筑居住功能空间趋于向正房集中，建筑整体的围合性减弱。如图 2.7 所示的西安市阎良区禄寨村王家宅院（常住人口 2 人），在原有老宅基础上翻新改建而成。保留原有西侧厢房，在原有老房正房的位置，将其推倒重建，盖起了二层的小楼。正房为三开间，一层中间一间当作客

图 2.7　西安市阎良区禄寨村王家宅院

厅来使用，客厅东、西两侧均为卧室。东侧卧室因南侧没有厢房阻挡，采光、通风较好。二层用作卧室和粮食储藏间使用，二层房间由于南北两侧不受遮挡，采光通风良好。农宅整体平面布局成 L 形，从建筑内部功能划分来看，农宅功能布局更为紧密，居住与起居空间集中布置在正房内，西侧厢房已不供人居住，仅用作厨房和储藏室。功能空间的集中化布置，带来建筑形式的改变，即从传统的一层围合形式转变为集中的二层布局。但是农宅缺乏围合感，冬季热损失较大；夏季缺少遮阳空间，较为炎热。传统民居有利于气候环境的建造手法未被传承于农宅建造当中。

随着土地集约化不断推进与迁村并点工程展开，农民生产与生活逐步走向分离，居住空间更加集中，趋于城市化。如图 2.8 所示为西安市长安区子午镇七里坪新村李宅（全家共有 5 口人，常住人口为 3 人），以客厅为中心展开空间布局，客厅代替正房成为家庭生活的主要空间，成为会客、家庭活动、餐饮的主要场所。区别于以往农宅，厨房被安排在室内。农宅空间受城市生活的影响越来越大，农宅空间功能城市化。

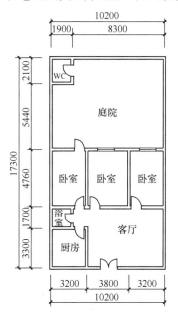

图 2.8　西安市长安区子午镇七里坪新村李宅

图 2.9 所示为陕西省商南县一户三层农宅，仍然采用三开间的布置方式，进深加大，功能空间相对集中，接近于城市住宅的布局形式。中间的开间前半部分作客厅，后半部分作厨房和餐厅，两边是卧室、楼梯间以及卫生间，还出现了阳台这种功能空间。二层和一层的功能空间相似，可以作为另外一户人家的居住空间。这种布局方式主要是针对一些脱离了农业生产从事经营活动的农户设计的，所以在整体布局上沿用了城市住宅的模式。这种布局相对集中使得空间可以最大化地利用，但是在采光和通风等方面没有传统的住宅舒适。

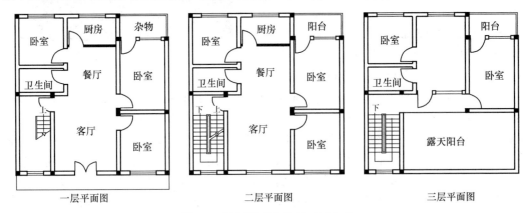

图 2.9　陕西省商南县某三层住宅

当前农村住宅空间的性质和功能发生了很大的变化：居室向正房集中，正房的功能由以前的祭祀礼仪之用逐渐转变为客厅、起居室的功能。受宅基地的影响，正房大多数仍然为三大开间的布局。厢房由主要居住空间向辅助空间转变，设置为厨房和仓储等功能；没有厢房的2～3层住宅的厨卫空间以及楼梯间开始被集中到正房。

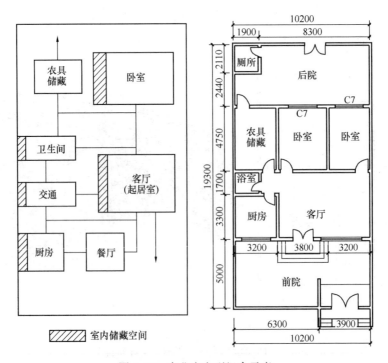

图 2.10　农业户户型组合示意

24

2）农宅空间模式走向多样化

伴随着城市化以及土地政策的变革，满足以往小农经济的农宅空间模式，逐渐走向了多样化。根据农民对拥有经营权的土地使用方式以及随之产生的生产生活方式的类型，农宅空间模式可划分为以下四类：

①农业户住宅空间模式，以从事农业种植为主，兼营养殖或其他各类副业。农业户对宅院的生产功能要求，除了能满足日常生活以外，最主要的是对于自家宅院在生产功能上的要求，例如需要较大面积的农具储藏空间、较大面积的农业产品储藏空间、较大面积的生产场地以及相当面积的晾晒场地等。

②生产住宅空间模式，随着土地集约化经营的发展，有的农业户脱离以家庭为单位的生产形式，作为集体产业的经营者，生产与家庭生活脱离，自成体系。生产户的生产活动虽然没有脱离土地，但是作为规模化经营的领导者，生产活动与日常生活已经基本分开，对于住宅的要求能够满足日常生活的需求即可，生产活动不进入生活空间。由于其经济条件一般较好，对于住宅空间舒适性的要求就较高。这类形式的农宅内部功能组合的要点在于如何处理好小型专属储藏空间与居住空间的关系，其基本位置关系如图2.11所示。

③综合户（部分脱离农业劳动）：

（a）以从事商业为主（小卖、餐饮等），兼有小部分种植业生产，主要位于村镇街道两侧，电器维修、农机具维修、手工作坊、小卖、餐饮等是主要经营类型。由于经营类型多样，对于住宅空间也会产生不同的要求，空间需要一定的可变性和灵活性。

（b）以从事手工业为主（户内手工作坊），兼有小部分种植业生产。这类形式的农宅内部功能组合的要点在于如何处理好经营部分与居住空间的关系，其基本位置如图2.12所示。

（c）以从事外出打工为主（农业或非农业），兼有小部分种植业生产。这部分综合户没有进行经商活动，大部分家庭收入都来自外出打工，但是家庭生活没有完全脱离农业生产，还留有自耕地，仅满足日常粮食和蔬菜需求。农宅内部功能组合的要点在于如何处理好小型专属储藏空间与居住空间关系，其基本位置关系如图2.13所示。

④非农业户，生活全部依靠进城打工，基本脱离原本生产生活状态，呈现城市居民的基本生活形态。住宅只需满足必要的生活功能，可不考虑农业生产活动对于住宅的影响与需要，但农宅设计与建造要充分体现农民多年来形成的基本农村生活习惯。农宅内部功能处理的要点在于如何处理好居住内部空间的适宜性问题，其基本位置关系如图2.14所示。

3）建筑单体空间模式相关问题与绿色节能

城市化的快速推进和农民生活水平的大幅提高，农村住宅的一些内部功能逐渐趋向城市化，建筑空间布局趋于集中，传统合院式低碳策略遭到摒弃；由于农宅建设的自发性以及缺乏系统的指导，现代低碳技术在农宅建设中的应用十分有限，农宅热舒适度差、碳排放量高，热舒适度的提高依赖能耗的增加。具体表现在以下几个方面：

①主要居住空间向正房集中，厢房数量减少，整体内向性减弱，不利于农宅的保温隔热，室内舒适度的提高依赖能源消耗的增加。随着家庭小型化与人们生活习惯的改变，建筑功能空间的布置与使用也有了新的改变。正房功能逐渐多样化并且加强，人们更多地将客厅、卧室集中在正房布置。厢房变为以厨房、餐厅以及储藏室等服务性为主的空间，原来厢房所承担的居住功能被逐渐合并到正房中去。不少农宅在建造时只保留一侧的厢房，这样虽然扩大了院落的面积，加大了各个房间的采光，但是在一定程度上影响了农宅的整

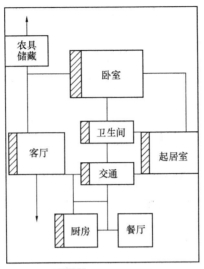

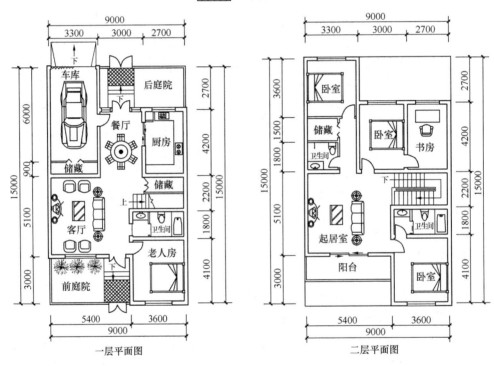

图 2.11　生产户户型组合示意

体围合性，造成夏季受热面较大，冬季热损失较大。农宅室内舒适度的提高只能依赖能源消耗来平衡建筑建造带来的不利影响，更多的夏季空调、风扇使用与冬季燃煤消耗，带来的是高消耗与高碳排放量。陕北现代砖混农宅也不再采取依山建窑的方式，而是类似关中农宅的布局建设方式，室内舒适度降低。

　　②功能空间布局不合理，不能满足当代农民生活水平需要，不利于农宅绿色节能。如厨、卫空间与主体居住空间分离，并且之间缺少封闭回廊，不利于农宅的保温节能。

　　③当前农村住宅空间不能满足农宅空间模式多样化要求，不能够动态利用进行可持续

26

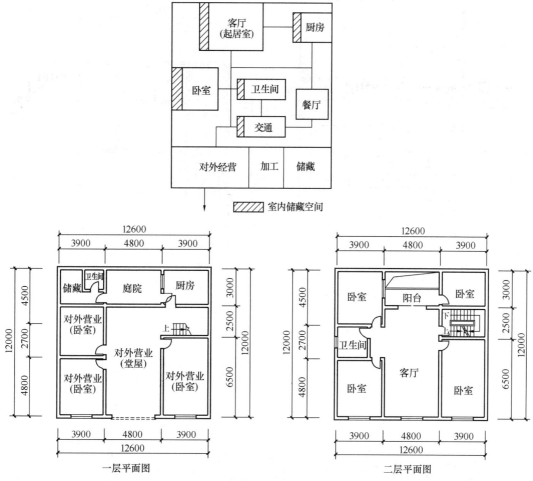

图 2.12　综合户户型 1 组合示意

发展。

（2）农村住宅建筑形式与绿色节能现状及相关问题

传统的农村住宅根据气候条件、地理条件和人文特点，经过长期的发展形成了自己独有的特色，这些地域性浓厚的建筑形式都有各自独特的生态智慧。当代农宅由于受城市化影响，逐渐摒弃了这些独特的地域特点。以陕西地区为例：

1）陕西地区农宅传统建筑形式与绿色节能

①关中地区农宅建筑传统形式

关中地处陕西省的中部地区，位于黄河支流渭河下游的冲积平原上，自然条件和经济条件优越、交通便利。关中有合院建筑和窑居建筑两种形式，主要以土木结构的合院建筑为主。传统建筑中，土木结构的建筑具有"墙倒屋不塌"的特点（如图 2.15 所示）。

单坡屋顶是关中地区传统民居建筑造型的最大特点。屋顶向建筑内部庭院倾斜，围合组成三合院或四合院，整个建筑具有较强的内向性，也有利于抵御外部大风（如图 2.16 所示）。关中民居单坡屋顶的建造形式是多年来人们针对关中特点总结出来的，并且得到了关中地区人们的广泛认可。传统坡屋顶一方面有利于房间内部的保温与隔热，另一方面也利于屋顶的排水与收集。汇入内院的雨水，一方面进行收集利用，另一方面，夏季可以

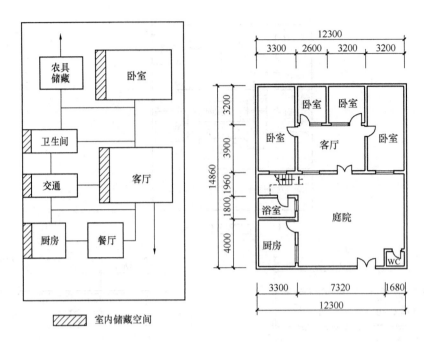

图 2.13 综合户户型 2 组合示意

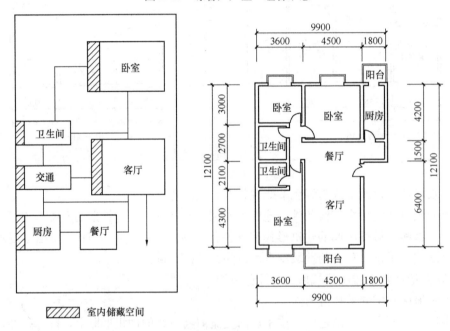

图 2.14 非农业户户型组合示意

净化环境和带来的蒸发，降低建筑内部热量，起到调节内部环境、提高建筑内部舒适度的作用。

关中地区民居传统构筑形态为窄院型合院式形制，俗称"窄院民居"。关中的窄院在夏季能起到调节建筑内部小气候的作用（如图 2.17 所示）。由于夏季建筑外部气温较高，而窄院形成的空间在夏天被屋檐遮挡，使得庭院内温度较低，和庭院上部高温区域形成正压，使热空气向上拔风，从而带走了建筑内部温度，起到调节气候、自然降温的作用。

图2.15　关中地区建筑形式

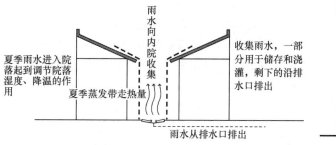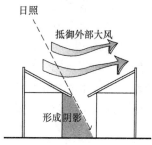

图2.16　关中地区传统民居建筑的单坡屋顶

　　檐廊具有组织建筑内部交通、遮阳、避雨等功能（如图2.18所示）。夏季，檐廊下产生的灰空间形成阴影带，可以起到遮阳的作用，同时也可以起到对外界热辐射缓冲的作用，避免了室外热辐射直接进入室内，大大降低了建筑内部温度。一般厢房在屋顶空间与下部居住空间之间设置楼板，形成下部住人，上部存储的模式。不但节约了空间、防止粮食受潮，同时，上层存储空间相当于一个保温隔热层，隔绝外部环境，起到缓冲空间的作用，为下部居住空间提供了良好的室内热环境。

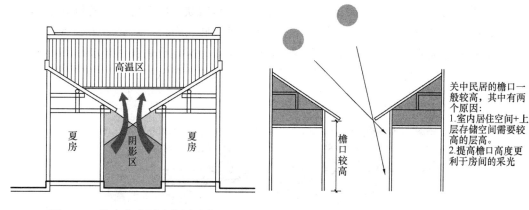

图2.17　关中窄院夏季拔风示意　　　　图2.18　檐口示意

　　②陕南地区农宅建筑传统形式

　　陕南地区居民依据地形、顺应自然，运用当地的乡土材料，形成了丰富多样的建筑形式（如图2.19所示），包括生土建筑、石头房、竹木房、吊脚楼等。这些建筑以土木石混合为主，墙基为石砌或砖砌（防潮），中段墙为夯土砌筑（就地取材，保温），上段为木构架（通风），不同材料的运用，构成了典型的三段式墙体。

图 2.19　陕南地区农宅建筑形式

　　天井式的院落布局方式（如图 2.20 所示）是陕南最具代表性的农宅之一，是四合院基础上的变体，每个方向的房间均环绕天井布置，形成的空间较为封闭，这种布局的占地面积较小，但是实际的使用面积较大。天井式院落布局是我国建筑布局当中不可缺少的组成部分之一，起到遮阳、采光、通风和调节建筑内部小气候的作用，从而降低建筑的碳排放；随着人们对生活质量要求的提高，自然被动式采光、通风、排湿等问题逐渐为人们所重视，由此逐渐引发陕南农宅天井式院落向单廊式院落演变的趋势。

院落天井

图 2.20　天井式院落布局方式

　　③陕北地区农宅建筑传统形式

　　陕北位于黄土高原，黄土层较厚，而且气候比较干燥，当地传统建筑主要分为窑居和房居两大类。由于沟壑纵横、黄土层较厚，而当地木材紧缺，广大村镇居民利用黄土高原靠崖沿沟挖筑窑洞作为居室，或者就地取材，砌筑独立砖、石窑洞（如图 2.21 所示），所以窑居为陕北地区典型住宅。窑居具有冬暖夏凉的生态效果，尊重自然环境，适应该地区气候和地形，使传统建筑顺其自然地带上了浓厚的地域特色和风格。

图 2.21　陕北地区农宅建筑形式

　　2）当今农村住宅的建筑形式与绿色节能

　　受城市化和农村经济水平提高的影响，农村原有的具有浓郁地方特色的建筑形式正在越来越多地被城市住宅建筑所具有的建筑形式代替（如图 2.22 所示）。

(a)　　　　　　　　　　　(b)

图 2.22　现代农村住宅

（a）弃窑建房；（b）废弃的老房子

农村住宅建筑形式的变化主要表现为：

①普遍建造了二、三层的楼房

由于正房的功能逐渐多样化并且加强，人们更多地将客厅、起居厅、主卧室、次卧室集中于正房布置，由于受宅基地面积的限制，正房向二、三层发展。厢房成为附属用房，并与正房分离。

②很多农宅的单坡屋顶形式被平屋顶替代

传统建筑大多采用坡屋顶的建筑形式，但与平屋顶相比存在造价高的问题。同时由于农民大建新宅，原有的晾晒农作物场地，已经被用作宅基地或耕地，平屋顶不仅可以满足户主晾晒各种农作物的要求，而且某种意义上增大了原本就不是很大的农宅庭院的面积。

3）当今农村住宅建筑形式变化影响绿色节能的问题

由于缺乏系统的科学指导，新形势下现代农村自发式建设呈现出很大的盲目性，造成了无序建设、建筑材料滥用等问题。随着建筑形式的变化，很多传统的绿色低碳策略也被弃用。

①合院围合性降低

正房功能的趋于集中及厢房功能的减弱，在一定程度上影响了农宅整体的围合性，造成夏季受热面较大，冬季热损失较大。厨、卫空间与主体居住空间分离，并且之间缺少连廊，在雨雪天气给住户带来不便。

②简单模仿城市住宅，传统建筑的生态智慧弃用

（a）模仿城市住宅建造平屋顶农宅。传统的坡屋顶形式，在屋顶与檐下空间形成了一个缓冲空间，冬季保温夏季隔热，能调节建筑内部舒适度。而平屋顶由于受热较为直接，所以夏季或者冬季对建筑内部影响较大，从而造成建筑能耗增加，不利于建筑内部的热环境，并且增加整体的碳排放量不利于低碳与节能（如图 2.23 所示）。由于陕南地区雨水量大，对雨雪的排除也造成了很大影响。陕北传统窑洞，厚厚的"屋顶"，窑洞的顶和壁既不能直接从大气中吸热，也不能直接向大气中散热，只有窑洞口能够直接和外界接触，温差变化小，冬暖夏凉。陕北现代砖混农宅也以平屋顶为主，夏季既不隔热，冬季也不保温，造成资源能耗的增加，摒弃了传统窑洞冬暖夏凉的生态智慧。

（b）院落废弃以前砖砌铺地，大量采用水泥铺地，失去原有铺地的透水性。传统的庭院采用砖石铺置，具有很好的透水性，不会造成庭院内积水，一部分雨水通过砖石的间隙渗入地表，待慢慢蒸发时可以湿润农宅庭院内部环境，湿润空气调节院内气候；并且传统铺设方式通常采用中间高两边低的引水方式，一部分雨水顺着排水沟排出院外。现代农

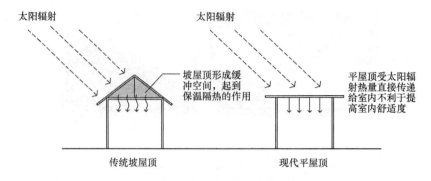

图 2.23　平、坡屋顶对比分析

宅经过水泥硬化的院落，虽然打扫和清洁起来方便，但是一方面容易造成雨水积水，另一方面失去了调节环境湿润空气的作用（如图 2.24 所示）。

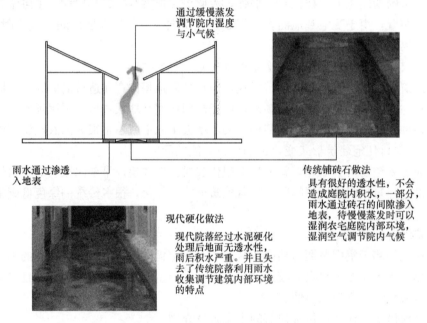

图 2.24　地面做法对比

③秦岭以南地区集中式大进深住宅不利于通风除湿

秦岭以南地区的气候与秦岭以北有明显的差异，如陕南盆地为北亚热带湿润气候，山地大部为暖温带湿润气候，夏季潮湿多雨，冬天的气温较低，一般在 9 月份到次年的 4 月份之间。传统陕南农宅单体建筑进深小，当代陕南农宅进深不断加大，不利于农宅的通风除湿。

（3）农村住宅结构体系与绿色节能使用及相关问题

当前我国农村住宅的常见结构体系有生土结构、砌体结构、木结构，其中砌体结构使用最为普遍。

1）生土结构

①生土结构现状

生土结构是用简单加工的泥土为材料营造的结构。从现存和使用的生土结构来看，有黄土窑洞、土坯窑洞、土坯建筑、夯土墙或草泥垛墙建筑和各种"掩土建筑"，以及夯土的大体积构筑物等形式存在。由于陕西北部特定的地形、地貌、土质与气象等条件，为建设生土建筑创造了自然条件，生土建筑主要分布在陕北和关中地区。

②生土结构存在的问题

目前生土结构普遍存在着凭经验确定水土比例和夯实密度的情况。但由于生土结构的房屋本身生土建材不具备抗震能力，地震中常出现先是外墙闪出，接着屋顶塌落的情况。因此，生土结构的力学指标在什么范围，是否达到承载要求，设计无依据，选材无目的，施工无控制的局面充斥着生土建筑过程，极大地阻碍了生土建筑质量的改善；另一方面，生土结构的施工周期普遍较长。

针对这些问题，建立对生土建筑中的结构进行评估、选择和改性的一套完整体系，显然是过去传统夯土建筑所不能具备的，这也为现代夯土材料优化选择提供理论依据，成为亟待解决的问题。

2）砌体结构

①砌体结构现状

以砌体为主制作的结构称为砌体结构，包括砖结构、石结构和其他材料的砌块结构。根据砌体内部是否配有钢筋，可将砌体结构分为无筋砌体结构和配筋砌体结构。砌体结构在我国村镇地区应用十分广泛，这是因为它容易就地取材，具有很好的耐久性及较好的化学稳定性和大气稳定性，有较好的保温隔热性能。较钢筋混凝土框架结构节约水泥和钢材，砌筑时不需模板及特殊的技术设备，可节约木材。砌体结构的缺点是自重大、体积大，砌筑工作繁重。由于砖、石、砌块和砂浆间粘结力较弱，因此无筋砌体的抗拉、抗弯及抗剪强度都很小。由于其组成的基本材料和连接方式，决定了它的脆性性质，从而使其遭受地震时破坏较重，抗震性能很差，因此对多层砌体结构抗震设计需要采用构造柱、圈梁及其他拉结等构造措施，以提高其延性和抗倒塌能力。

②砌体结构存在的问题

当前农村的房屋纵横墙之间无必要的拉结，纵横墙不同时砌筑；墙角处无拉结钢筋；檐口无过梁，不设圈梁、构造柱；墙体的整件性很差，地震时墙体不倒即裂，难以继续使用；结构各个部位缺乏参考进行统一标准设计，凭借经验建造的随意性较大。

现代农村住宅的建造带有很大的自发性和随意性。随着传统老房子的荒废和拆除，一座座现代砖混房出现在今天的村落中。在陕南和关中大部分地区，砖房已经基本取代了传统的木结构房屋；在陕北大部分地区，也呈现出"弃窑建房"的趋势。针对这种主要的农宅结构体系，我们应该尽快制定相应的建筑标准，为砌体结构的各个部位提供参考方案及设计导则，使农民在建设自家住宅时有据可依。

（4）农村住宅材料与绿色节能使用及相关问题

1）农村住宅材料的使用现状

由于现代砖混结构逐渐成为主要的结构形式，砖材成为现代农村住宅的主要建筑材料。另外，石材、瓦、瓷砖、涂料等其他材料应用也相当广泛（参见表2.2）。现代材料如钢材、混凝土等，因其多样化及其对传统材料缺陷的补充，也得到了广泛地应用，不仅满足了建筑功能上的需要，而且更多地满足了人们心理审美上的需要。随着现代技术的发展，现代材料的乡土化、地域性的表达是今天材料发展的趋势。

現代陝西農村住宅主要運用材料統計　　　　　　　　表 2.2

地区	县市	使用的主要材料	材料名称
陕南	安康		砖、石、木、涂料
	汉中		砖、瓦、石、木、瓷砖、砌块
关中	西安		砖、石、瓦、瓷砖
	渭南		砖、瓦、瓷砖
	宝鸡		砖、石、瓦、瓷砖

地区	县市	使用的主要材料	材料名称
陕北	榆林		砖、石、瓦、瓷砖
	延安		砖、石、瓦、瓷砖、

2）农村住宅材料的使用与绿色节能

当前我国农村住宅使用的材料主要有砖、石、水泥瓦、涂料、面砖。

①砖

在现代农村住宅中，现代建造技术的模式化和快速化，造成了传统建造工艺的逐渐衰退。人们对建造工艺和细部处理采用一刀切的方式，失去了传统建筑材料建构艺术的表达和对灰缝艺术的追求，造成了砖块之间粗糙突兀的、不协调的细部，使砖材失去了鲜艳的建构魅力，并且造成了砖墙表面逐渐被瓷砖"掩盖"的趋势（如图2.25所示）；另一方面，在当前土地资源严重紧张的情况下，黏土砖的大量使用也造成黏土资源的大量浪费。

②石

随着现代建造技术的统一、材料的规格化，石材逐渐变得"无用武之地"。特别是在现代农村中，由于经济、施工、观念等原因，人们对于石材的应用也随着那些"老房子"的消失而衰微。在现代农村住宅中，石材的应用主要集中在墙基、台阶等建筑部位和石窑建筑中。

在陕南地区，由于石材丰富，随着技术的发展和材料规格化的应用，人们把天然片状石材加工为一定规格的石板瓦进入了市场。虽然保留了

图2.25 被瓷砖"掩盖"的砖墙面

原材料的质地和逐层排布的搭叠方式，但是从建筑艺术美感的角度出发，现代石板瓦同传统自然纹理和规格的石板屋面相比，其艺术效果就不言而喻了（如图2.26所示）。

③水泥瓦

随着材料生产的进一步发展，市场上出现了许多传统黏土瓦的材料衍生。水泥瓦是近

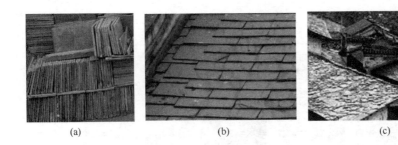

(a)   (b)   (c)

图 2.26　石板瓦屋面

(a) 石板瓦；(b) 现代石板瓦屋面；(c) 传统石板瓦屋面

些年来较流行的一种屋面材料之一，由于其生产速度快，造型新颖和科学的规格尺寸等优点，克服了传统黏土瓦脆性强、自重大、片小且施工效率低等缺点，逐渐成为新型的屋面材料之一。现代农村住宅中也逐渐出现水泥瓦的身影，从建筑整体效果来看，有着和传统青瓦一样的颜色和轮廓（如图 2.27 所示）。

图 2.27　水泥瓦的乡土化表达

虽然现代的瓦材与传统的瓦从质感、规格、施工方法等方面有明显的差异性，但是坡屋面作为建筑大面积的部位，把握住整体色调也就把握住了传统建筑的意象。无论是多么先进的瓦材料，只要以不变的宗旨进行创新，还会创造出与乡村地域特色相和谐的现代农村建筑。

④ 涂料

由于涂料造价低廉、施工简单等特点，在广大农村住宅中得到了广泛的应用。在陕南大部分地区，人们使用白色涂料在建筑的整块墙面，使用红色或是灰色涂料在建筑的楼板、墙面的边界、踢脚线处或是门窗处，施以涂料勾勒出建筑的界面和结构。如图 2.28

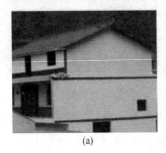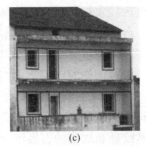

(a)   (b)   (c)

图 2.28　涂料的应用

(a) 陕南勉县某宅；(b) 陕南宁强某宅；(c) 陕南洋县某宅

所示两种涂料清晰地勾勒出了建筑的体块和结构。浅色涂料的勾勒不仅与青瓦色调达成了和谐统一，而且很容易使人联想到陕南地区常用的传统建筑材料石材。而深色涂料让人很自然地联想到传统建筑中的木构架。白墙、青瓦、硬山屋顶产生了很强的视觉效果，另有一番韵味。

⑤ 面砖

出于对传统砖墙效果的表达和考虑到现代材料的轻、薄，酷似砖面效果但是厚度较薄的瓷砖迅速统治了建筑市场。由于瓷砖、面砖的耐久性和自清洁性，而且价格相对低廉等优点，随着农村生活水平的提高和人们对居住质量要求的提高，在现代农村住宅中得到广泛的应用。瓷砖、面砖的使用色彩、质感、拼接方式和填缝处理，是影响材料乡土化、地域性表达的主要因素。我们要考虑墙面勾缝和面砖的排列等因素，加强细部的视觉效果，通过细部处理体现传统建筑的乡土特色和地域性（如图2.29所示）。如果墙面材料处理适宜，面砖、瓷砖可以达到传统墙面的效果。我们在对面砖、瓷砖使用时，无论其形态、肌

(a)   (b)

图 2.29 灰色仿古面砖的地域表达
(a) 建筑立面；(b) 材料细部

理、尺度或是虚实变化，都应避免采用一刀切的方法；从材料的规格、施工工艺到材料的拼贴方式、灰缝宽度，都应该避免用一种类似涂料的使用方法进行"平铺直叙"。

3）农村住宅材料使用中的问题与绿色节能

材料是传统乡土建筑最直接的建筑语言，也是现代农村住宅最真实的语言表达。它是营造农村乡土风貌和文化传统的重要方法，也是表达建筑文化情感和地域特色的最直接的手段。如今"新"与"老"的并存，造成传统乡土材料与各式各样的现代材料混杂在一起使用，传统乡土建筑建造的过程中，对材料、制作和细部处理的注重和关心逐渐地消失殆尽。然而在某种程度上，上述情况也是由于乡土材料加工不方便、物理特性不好等因素导致。

① 建造技术的简单、粗陋

建筑的发展离不开技术手段的支撑，而技术因素是由当地经济条件决定的，所以说不同的经济条件决定了不同的营建技术。技术的运用，只有与当地的经济条件、文化和自然条件相结合，才能实现建筑的可操作性和合理性。

经济全球化的蔓延，使人们的思想意识和价值观念逐渐趋向同一，技术至上的观念深入人心。随着农村现代技术材料应用的日渐繁荣，那些大批量生产的材料造价更加低廉，越来越多的农民可以接受。但是，由于人们对"现代建筑"概念的生吞活剥，人们在建造过程中的盲目性和攀高比阔的心理，造成了兵营式的小洋楼（如图2.30所示）。大部分住宅中红砖墙和平屋面都没有什么保温构造，住宅的整体保温性能差。由于建造的盲目性，人们倾尽毕生财力来建造对他们来说华而不实的"城市住宅"。

② 经济的发展导致传统生土材料逐渐被弃用

传统乡土建筑的形成，首先是从自然状态的环境中脱离出来的，是对当地自然环境、

图 2.30　建造技术的同一

自然气候及地理特征的直接反映。现代经济的发展也使得农村的建材市场出现了大量的工业化建筑材料，现代农村建筑的发展逐渐摆脱自然环境因素的限制，形成了与周围环境不和谐的状态。例如在陕北地区，融于自然的窑洞建筑是对黄土高原的气候条件、地理特征等自然条件最恰当的反映和产物，而现在人们弃窑建房，任其荒败（如图 2.31 所示）。另外，传统乡土材料逐渐衰退，生土房被人们认为是落后的象征，除了一些贫困地区外，人们基本上已经抛弃了生土材料的使用。

(a)　　　　　　　　　　　　　　　　(b)

图 2.31　现代农村住宅
(a) 弃窑建房；(b) 废弃的老房子

2.1.3　农村住宅工业化现状及问题

人类居住工业化的产生，不仅是人类文明的体现，而且是人类生产力发展的体现。随着社会的进步和经济的发展，不同的历史阶段农村住宅工业化有着不同的定义。如当农村住宅由土坯房向砖房进步时，则体现的是一种以手工业为基础的农村住宅工业化；当农村住宅开始使用预制楼板、陶瓦、水泥瓦等机械制品时，则体现的是手工业向工业化的生产，农村住宅达到了更进一步的工业化——装配式。

近几年，农村面貌发生了翻天覆地的变化，农村经济的发展以及农民对改善生活居住条件的渴求，使农村住宅建设形成了巨大的市场需求空间，为农村住宅大规模建设提供了良好的外部环境。然而当前农村住宅的建设多为一家一户自发性的建设，缺乏规划和技术上的统一。农村建造农宅还是以手工砌筑的方式为主，偶尔使用高效率的现场施工方式，如模板租赁、建材预制等方法。

随着住宅产业化的不断发展，一些住宅工业化技术也不断进步，为我国农村住宅在建设上提供了一些支撑。但是住宅工业化实际上是一个过程，与我国的生产力水平和科技水平紧密相关。目前农村住宅工业化仍然存在很多问题：

（1）农村住宅工业化水平比较低。农村建房还是以手工砌筑的方式进行，不仅不利于工业化的发展，而且劳动强度高但生产效率低，安全和功能质量都很难控制。

（2）农村住宅工业化没有考虑当前成熟的生态技术应用到农村住宅的建设中。

（3）农村住宅工业化技术创新和集成能力弱，使得施工周期长，资源和能源投入大，环境负荷重，可再生能源在建筑中应用规模小。

（4）工业化建造的住宅由于配筋等结构措施不到位，使得农村住宅使用寿命短，质量和性能还不完全令人满意。

（5）工业化建造建设的农村无地方特色。

但我们也预见到，随着土地集约化政策的实施，部分大的移民工程的开展和大的地质灾害的多发，未来一定要且急需走农村住宅产业化之路。

2.2　农村住宅绿色节能发展的影响因素及其发展趋势

2.2.1　农村住宅绿色节能发展的影响因素

2.2.1.1　城市化因素对农村住宅绿色节能的影响

（1）农宅城市化，农宅不断拆建节能效益差

中国经济大发展的背景下，我国农村住宅不断地适应时代发展的需要，向着城市化的方向发展，包括功能城市化，材料与结构、建造技术城市化等几个方面。农宅城市化发展，使得传统的农宅空间不适应这一发展的需要，不断被拆除重建，造成能源、资源的消耗，节能效益差。

农宅功能城市化具体表现为，农宅空间受城市生活的影响越来越大，农宅空间功能也从原先的以神性为主导的空间，发展为以世俗的城市生活方式为主的空间模式。如以电视为核心的客厅成了农宅空间的主角，逐步取代了原先居于正房正中敬神敬祖的空间；户外旱厕，在有些经济发展较好的地区，为水冲厕所所取代；一些距离城市较近的农村，液化气罐取代传统的柴草，成了主要厨房燃料，农村厨房也逐步向类似城市整体厨房的方向发展。

农宅材料与结构、建造技术的城市化，表现为农宅的材料受城市建筑材料、建造方式的影响越来越大。农宅承重结构材料由黏土到烧结砖、再到多孔砖，从空心楼板发展为现浇楼板；农宅的门窗也从木门窗、铁门窗发展为铝合金与塑钢门窗；农宅的外装饰材料，也经历了从涂料到白色瓷片，再到当代多种类型面砖的发展。从这些发展，可以看到城市建筑及建设方式的发展对农宅的影响。

农宅建设的城市化发展，逐步导致传统农宅由于功能落后、材料强度低、改造的利益较小等原因被不断拆建，这一拆建过程现在仍旧持续，造成了大量的能源资源被低效率使用，从而使得整个节能效益较差。

（2）城市化加速，进城农民回乡建房闲置备用，影响节能

中国的城市化进程不断加速，城市化水平从1980年的19%跃升至2010年的47%。同时随着工业化进程的发展，大量的农村人口涌入城市工作，但是受传统叶落归根思想以

及城市住宅价格高等多种因素的影响，很多农村打工者还是选择在家乡建房以备养老。但是由于大部分时间此类房屋并不居住，因此造成了大量的农宅闲置。等到真正回乡居住时，又面临空间功能设施老化的问题，需要重新进行改造或者拆建，这都造成了能源、资源浪费，不利于节能发展。

2.2.1.2　农村基础设施和公共服务设施发展因素带动农宅绿色节能发展

由于经济发展和社会进步，农村基础设施和公共服务设施近年也得到了较快的发展，国家的村村通公路、户户通电灯工程，以及农村合作医疗机构等极大地促进了农村经济社会的发展。基础设施建设包含了乡村公路、电力、电讯以及给水、排水等多方面的内容，公共服务设施也和基础设施一样近年得到较快发展，内容包括老年人活动中心、农村医疗机构、超市、托儿所、小学、托老所等。农村基础设施和公共服务设施的快速发展都要求农村住宅用地进行整合，即农村土地的集约化，通过用地整合以减少设施的投资成本，节约能源资源，促进基础设施和公共服务设施更有效发挥作用。

2.2.1.3　土地集约化利用的政策因素促进农宅绿色节能发展

农村集体土地集约利用就是要改变以往的粗放经营、分散经营的状态，改变高投入、低产出的模式，通过集中各种生产资料，统一管理经营，注重科技投入，提高土地利用率和生产率，从而提高经济效益。

图 2.32　河南某村集约化用地新住宅

土地集约化要求农村住宅集中建设，电力电讯设施集中敷设以节约成本，也为解决长期遗留的农村污水及垃圾处理等问题提供可能。农村土地的集约化利用政策要求农村住宅连片建设节约土地（如图 2.32 所示），同时也为农宅的污水、废弃物处理的生活系统以村为单位集约发展提供了可能性。农宅集约建设将大大缩短了村落里的电力电讯、给水排水等管线的敷设长度，可降低成本，从而取得明显的节能效益。

2.2.2　农村住宅的发展趋势与绿色节能

在我国经济飞速发展的大背景下，农村生活水平有了很大的提高，因此改善生活条件、提高居住品质就成为农村住宅发展的必然要求。当代中国农村由于地域经济发展的不平衡、农村建设呈现了不同的发展面貌，东南部发达地区的城市化日趋完成、农村建设也相对比较完善；地处我国中西部地区的广大农村（如陕西地区），其经济发展滞后于东南部发达地区的农村，目前正处于经济发展、居住环境亟待改变的历史阶段。

农村住宅的发展，从规划的层面看，包括农村住宅集约化发展以及传统的以打麦场宗族祠堂为中心、自组织的村落向以广场花园为中心、基础设施和公共服务设施完善的新型农村社区发展；从建筑单体的层面看，由单层院落空间向多层院落空间发展，住宅空间神性主导向世俗生活空间转变；从生态技术发展的角度看，由传统的低环保生态技术向多种生态技术措施综合应用的方向发展。这些不仅影响了农村住宅的绿色节能，也促进了绿色节能在农村住宅中的进一步发展。

（1）农村住宅整合规划连片建设，有利于绿色节能

进入 21 世纪，我国经济快速增长，城市化、工业化与农业产业化进程非常迅速，我国农村发展也由自发模式逐步走向有序规划、高效整合的模式；农宅建设也由自发建设向整合有序规划、连片建设的方向发展。农宅有序连片建设已在经济发达地区成为现实，也将成为农宅建设未来的主要方式。由村落向新型农村社区（新型农村社区是指有规划地进行农宅建设和土地利用，并且能够让居住条件的提升与耕地保护相协调，建设基础设施和公共服务设施齐全，人居环境优良，具有社区服务和管理功能的村落）的转变，需要规划层面的农村土地功能整合，改变以往的分散居住模式。新型农村社区不仅加强了农宅建设的规划，还可以在规划中通过预留建设用地等方法加强村落的可持续发展，所以新型农村社区是未来农村住宅规划的一个发展方向。村落空间形态组织也从打麦场、宗族祠堂等为中心、自组织的村落建设，向以广场花园为中心、基础设施和公共服务设施趋于完善的新型农村社区转变。这一趋势促使农宅集中建设、节约成本，并且集中后的公共设施、基础设施也更高效地服务居民，从而取得更好的绿色节能效益。

（2）农村住宅的建筑单体层面发展趋势与绿色节能

1）农宅形式发展与绿色节能

当前，适应有序化连片建设的新型农村社区建设的农宅形式主要有联排式、独立式、多层单元式三种，如图 2.33 所示。

联排式住宅是目前农村中最常见的一种住宅组合形式。通常多户横向连接成为一体，共用东西两侧山墙，南北通透，并且一般每户拥有各自的庭院。这种农宅形式外围护散热面积小，节能节地，同时保留了传统的居住习惯，而且空间连续性也使得邻里关系较易形成，因此成为农宅建设的主要形式之一。

独立式住宅也就是独门独户，外墙独立的住宅。因为有全部独立的外墙，因此各房间采光通风良好，居住条件较高；但因占地多，较少采用。

多层单元式住宅。随着城市化的进程，农村不断受到中心城市的影响，一些新型农村住宅形式也受到城市的影响，慢慢集中。这类农宅的居住模式是，每层居住两户以上，共用楼梯间，层数一般在三层以上，最多控制在六层。这种类型的住宅最大限度地节能节地，但因不符合传统的居住习惯，只是在距离城市较近、用地紧张的农村改建中才有所应用。

(a) (b) (c)

图 2.33　新型农村社区建设的农宅主要形式

(a) 联排式；(b) 独立式；(c) 多层单元式

2）农宅内部功能发展与绿色节能

① 农宅居住空间模式发展与绿色节能

随着农村经济的发展，农宅居住空间模式呈现多样化局面，有以农业生产为主的生产户、养殖户，以及以经营小商品为主的经营户等多种类型。过去，农业生产户、养殖户要求住宅满足生产的需要，具有较大面积的农具储藏空间、农业产品储藏空间以及相当面积的晾晒场地、养殖场所等。随着土地集约化经营、养殖工业化的发展，农业生产模式将逐步摆脱以家庭为单位的生产形式，向农业大户或合作经营方向发展，这也带动了生产与家庭生活逐步脱离，农宅仅需满足日常的生活居住需要即可，生产活动并不进入生活空间。由此所需的庭院空间及晾晒的空间面积将大大缩减，这也为整合农村用地，连片建设农宅创造了条件，具有明显的节能节地优势。

当前我国农村尚处在由家庭生产模式向农业大户或合作经营的生产模式转变的过程中，因此，这一时期的农宅建设应当根据发展情况，既兼顾现实需要，同时也着眼未来发展的要求。

② 农宅内部功能城市化发展与绿色节能

随着我国经济的发展、科技的进步，农村的生活水平普遍提高，伴随着城市的影响，农村住宅的一些内部功能也逐渐趋向城市化。例如，过去陕西农村一般都是习惯坐在炕上吃饭，当代农宅已经有了专门的餐厅；过去农村厕所，一般都是室外旱厕，现在随着村村通自来水等工程的开展，很多农村住宅也发展了城市化的水冲厕所；过去农村的厨房大都使用柴草火灶做饭，当代一些经济较为发达的农村已经开始使用环保清洁的灌装液化天然气作为主要燃料；过去农村一般习惯用牛车、驴车等拖拉货物，今天已经开始用农用车拖拉货物或小汽车，车库也逐步成为农宅的必备功能。

农宅功能的城市化发展，相应的能耗较大，因此需要从维护结构材料保温等方面着手，降低采暖等能耗。同时大量的水冲厕所也应当考虑建立以村为基础的污水处理设施，如分区建设的沼气池，沼气作为燃料，废弃物回收作为农田肥料，以形成废物的有效利用，取得较好的绿色节能效益。

（3）农村住宅建设的产业化趋势与绿色节能

农村住宅产业化是时代发展的需要，尤其是当前国家土地整合"迁村并点"的农村政策，更是促进了农村住宅产业化的发展。农村住宅产业化包含了以下几方面的内容：

1）村庄规划规范化。

2）农村住宅设计标准化，形成系列化、标准化的住宅设计方案。

3）农村住宅建设工业化，包括住宅构配件和部品生产工厂化，施工过程机械化，组织管理科学化。要求大量或全部构配件、部品甚至房间乃至整套住宅，都是在工厂里预制生产的，再用机械化的操作方法组装起来。住宅建筑工业化是农村住宅产业化的核心。

4）农村住宅产供销一体化，即将农村住宅建设的投资、设计、构配件生产、施工建造、销售及售后服务等形成有机整体，使有关企业、部门联合协作，成为一体。

钢结构大工业化农宅，由于其结构施工简便，维护结构也多是以 OSB 板、石膏板、水泥纤维板等通过自攻螺钉和各型号连接件与承重结构连接，施工现场多是通过干法施工进行安装，这是未来农宅产业化的主要发展方向。大工业化的生产方式节约了能源资源，现场干法施工多也有利于环保节能，发展钢结构大工业化的农宅具有重要的绿色节能意义。

当前，一些农村住宅建设中也开始逐步使用钢结构住宅，如北京市平谷区新农村建设的轻钢结构农宅、汶川地震灾区重建的钢框架结构、冷弯薄壁轻钢结构农宅等。目前，由于农宅部品开发，生产和供应的标准化、系列化还需要进一步的研究推广，同时相关的维护结构、部品的配套生产厂家也还需进一步发展，另外，农民的认可也需要时间。钢结构农宅的发展尚处于研究与起步阶段。

2.3 农村住宅建设绿色节能策略

农村的建设目标是实现由小农经济下的农宅独立建设经营逐步向农村新型社区统一建设经营的转变。对于这个转型期的农宅亟待解决的绿色节能问题，主要从规划、单体、当代生态技术应用、产业化发展四个层面提出解决策略。

2.3.1 规划层面的绿色节能策略

传统的村落规划原则与格局，经过了长期的发展完善，是生态智慧的结晶，这些智慧我们应该在新的条件下加以继承和发扬。以下从村落选址和连片建设两个方面介绍规划层面的农宅绿色节能策略。

2.3.1.1 村落选址方面的绿色节能策略

传统村落选址一般首先考虑水源、交通的地理条件，负阴抱阳，背山面水，趋利避害。其主要有以下几点要求：接近水源，交通方便，地势高爽、易于排水、不易洪涝，朝向好，生产方便、接近耕地，避免自然灾害，避开冲沟、易滑坡等危险地段。这些选址依据为以后村落选址提供了很大的参考、借鉴价值（典型的村落场地选址如图 2.34 所示）。农宅建设既要借鉴这些宝贵经验，还应结合当代需要。

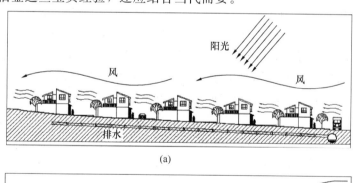

(a)

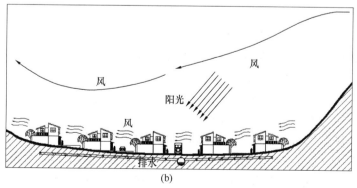

(b)

图 2.34 村落场地选址

（a）场地略高有利于通风、排水、采光；（b）场地低不利于通风、排水

村落大型化发展，是当前农村的主要发展方向，农宅连片建设，农宅的规模大小相同或类似。同时，在退耕还林，引导山区农民下山等政策影响下，村落的选址一般都在有大片平坦用地、各方面条件相对便捷的区域。根据不同的地理气候条件，再结合传统的生态智慧，可知陕南地区的农宅选址应更强调排水及洪水的因素，陕北则应多考虑防风砂的因素。

农宅的选址还应有利于基础设施建设，并考虑经济因素，为农村新型社区将来的产业和经济发展创造有利条件。农村新型社区周边最好有主要道路过境，使社区有一个便利的交通环境，无论发展第二产业还是发展商业或者服务业都能获得便利的交通。

2.3.1.2 连片建设绿色生态整合的当代规划策略

农村新型社区连片建设是当代农村土地集约化经营的重要方式与手段。通过连片建设可以打破过去村与村之间、农村居住用地之间的分散、分割状态，促进农村新型社区的产生和建立，形成村落之间、城乡之间开放的、有机的互动关系。连片建设统筹集中投入，有利于形成规模，方便基础设施的统一建设，从而提高资金的使用效益。

农村新型社区建设可以通过以下规划策略得以有效地实施：功能分区的农村用地规划策略、农宅联排建设策略、基础设施完善的生态节能策略。

（1）功能分区高效整合的策略

过去在小农经济体系下农户自给自足，农户依据自家所需进行种植、养殖、农产品加工等，对绿色节能不利，而且小农经济经营方式规模小，经济效益低。当前，农村经济逐步向集约化经营方向发展，这要求实施集中生产以获取规模经济效益，因此农村应当从结合功能分区思想进行整体式的整合规划，以整合农村各种功能用地从而提高生产效率、降低生活成本、节能节地。

功能分区能有效地提高居住品质，特别是将养殖、机具、农产品存放与居住空间的分离能非常有效地提高居住空间的卫生条件与居住品质，规划中可以对居住用地、种植用地、养殖用地、农产品深加工用地等各种用地进行集中整合分区，整合的绿色节能具体表现为：农宅集中，为农村基础设施建设提供便利，减少农村建设施工的难度、节约能源、降低所需的成本；耕地集中，便于科学化、机械化生产，在土地、能源消耗同等的条件下，提高农产品的品质、产量，进而实现节能节地的目的；养殖区集中、结合当地产业特点配套建设有养牛场、养猪场、养鸡场等，使原来传统单家独户的分散养殖转变为规模化、科学化的养殖方式；农产品加工集中，促进农产品加工一体化，有利于提高加工深度，获得更大的经济效益，同时降低加工时的能源消耗。

（2）节能节地联排住宅的规划策略

结合功能分区的农村整体规划，使得居住空间品质进一步提高，加快农村新型社区的建设进程，我们不仅应该合理规划农宅的布局方式，还应采用联排建设方法，获得生态整合效益。以下详细介绍棋盘式布局、联排住宅的绿色节能优点。

1）连片建设采用棋盘式布局方式获得生态效益

在连片建设时农宅选择的棋盘式布局方式既有利于冬季争取宝贵的日照取暖，也要有利于夏季的通风。同时考虑到农村的主要目的是有利于节约用地，采用棋盘式布局方式可以在满足基本居住条件的要求下尽可能多的节约土地。采用棋盘式布局模式可以在道路和住宅的整体规划布局上体现出一定的秩序性和均好性（如图2.35所示），同时使村庄的整体面貌比较统一，方便日后管理，降低维护成本。

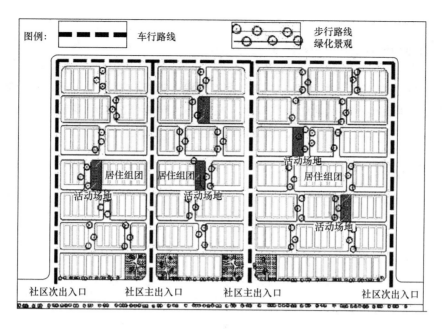

图例: ▬ ▬ ▬ 车行路线　　　　　步行路线 绿化景观

居住组团

活动场地　居住组团　活动场地　居住组团

活动场地

社区次出入口　　社区主出入口　　社区主出入口　　社区次出入口

图 2.35　对棋盘式加以改进符合传统农村空间特点

2）联排住宅绿色生态整合

联排住宅（如图 2.36 所示）是农村新型社区主要的农宅形式，联排住宅的生态优点有：

① 联排住宅有利于优化农宅朝向，还有利于改善农民生活的外围环境。方便基础设施的建设，降低农村新型社区建设的总成本，实现整合效益。

② 联排住宅的每一个农宅与其相邻的农宅都紧密连接，不设置宅基地之间的通道，减少宅基地面积，从而实现节地的目的。

图 2.36　联排住宅

③ 各个住宅的山墙面合用，减少住宅的散热面，进而减少农宅的热损失，从而达到节能的目的。

④ 农宅联排建设农宅统一设计施工，保证农宅的安全、坚固，降低农宅施工成本。根据不同住户对空间的不同需求，确定能适宜各种需求的空间模数。依据模数对各农宅针对性的设计，保证施工的统一性。经过设计的农宅，结构更加合理、平面布局更完善。

⑤ 农宅统一施工，可以统一采购施工材料降低材料成本。统一施工，可以保证施工质量，娴熟的施工技术还可以节省施工时间。

（3）基础设施完善的生态节能策略

在未来，为使农村获得绿色节能效益，不仅要采取功能分区的农村整体规划、联排建设农宅获得生态整合效益，生态节能的选择基础设施的尺度设计、布局规划，不仅可以获得生态效益，还能为现代人生活交通提供便利。农村的基础设施包括道路、供电、供水、通信、购物、网络、有线电视、垃圾污水处理等各项设施、管线，以下从道路系统的设计、排污系统完善介绍基础设施可产生的生态作用。

1) 道路系统的生态策略

① 道路布局模式选择与节地节能

在农村社区道路布局中我们通常有三种模式可以选择，就是常说的尽端式、贯通式、环通式，如图 2.37 所示。环通式效率最高也很便捷，但是比较浪费土地，其他两种通达性不是很好，能直接服务到的区域比较少。在农村的功能分区采用棋盘式布局方式情况下，我们在居住区优先选择环通式的道路布局模式，最为节地。

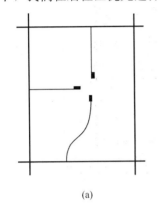 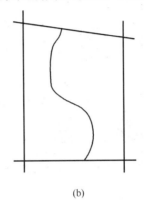 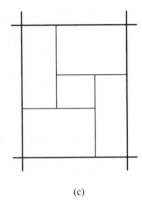

(a) (b) (c)

图 2.37　道路布局示意

（a）尽端式；（b）贯通式；（c）环通式

② 道路尺度的把握与绿色节能

在道路设置时不仅要选择合适道路的布局方式，还应对道路的尺寸把控。适宜的道路宽度不仅满足功能的需要，还能获得一定的绿色节能效益（如表 2.3 所示）。

农村道路系统的生态策略　　　　　　　　　　　　　　表 2.3

| 主干道的设置 | 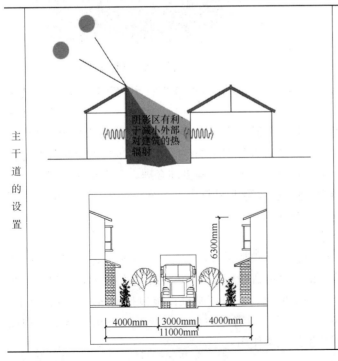 | （1）主巷道宽度多取 6m，方便农用车、私家车的出入；
（2）主巷的宽度与两旁建筑高宽比基本上为 1:1，创造了良好的宜人尺度，使人行走其中不会感到街道的空旷，而且在每排建筑之间有较合理的日照间距，保证有比较充足的日照条件 |

46

| 小巷的设置 | 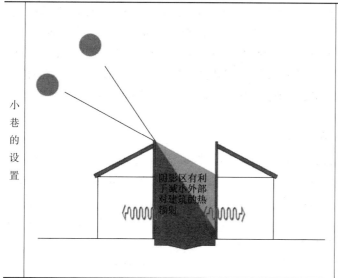 阴影区有利于减小外部对建筑的热辐射 | （1）小巷一般宽度在1.5～2m，主要起到连接住户分散人流作用；
（2）小巷的高宽比基本上保持在2：1，街巷尺度宜人并且有较强的亲近感。使人行走其中既不会感到街道的空旷也没有产生较强的压抑感。这种适宜的街巷尺度避免了街道空旷而形成的风道、风口等，减小外部风砂对村庄内部环境的影响，提高了村庄内部整体舒适度。在夏季，适宜的街巷尺度与旁边宅院的外墙形成窄长的空间，夏季时形成一个阴凉的外部空间，从而降低了村庄内部整体的热环境，也有利于村落内部建筑的夏季降温 |

2）农村排污系统完善与绿色节能

农村应该实行雨水和生活污水的分开排放：在陕南地区通常有完善的雨水排除设施，而且需要安排人员定期清理排水管道、沟渠的树叶、杂草等垃圾，保障排水通畅。在陕北干旱地区农村排出的雨水可以排放、收集起来用于农田灌溉。要有完善的生活污水排水设施，可以铺设地下排污管道，将各家各户的污水汇集起来处理。将生活污水（除排污用水）收集，可以根据社区的规模分片建设化粪池、人工湿地。

随着农村城市化的发展，很多农村的垃圾处理也成为急需解决的问题。垃圾处理应该由现在的随意堆放、卫生条件差向垃圾集中收集、绿色节能的方式转变。同时，农村的垃圾一定要分类收集，能循环利用的垃圾可以通过降解等处理使其再回到农村，不可回收利用的垃圾才运出农村。垃圾集中处理的方式有集中填埋然后在填埋的土地上做公园绿化、硬质铺地广场等，解决垃圾问题的同时为农村新型社区提供休闲娱乐场所。

2.3.2 农宅建筑空间设计层面的农宅绿色节能改良策略

传统民居在千百年的发展中，结合当地地理气候条件，因地制宜并且巧妙运用各种设计手法，并不断完善，是劳动人民长期积累的智慧结晶，为现代农宅的改良提供很多的借鉴。所以当代农宅空间设计时应传承传统民居的生态优点，并对其生态不足之处进行改良，使当代农宅更好地满足农户需要。建筑层面绿色节能策略主要体现在建筑的庭院设计、单体设计上。

2.3.2.1 建筑与院落空间设计的绿色节能改良策略

因气候特点各异，不同地区长期发展完善的传统庭院设计也不同。在陕西三个地区中，以关中窄四合院、陕北窑居形成的合院、陕南天井式合院最具特色。这些庭院的生态节能优点应该得到继承，对于不满足生态要求的应该进行改良。

关中传统的窄院、陕北窑居、陕南天井式合院是陕西农宅长期发展的产物，是人民智慧的结晶，有着其特有的绿色生态作用。有着我们应该继承保留的价值。同时，关中原有的窄院也有一些不足之处，如正房采光的小院过于狭小，开敞的沿廊空间保温隔热性能差，庭院缺少绿化、绿化搭配不合理；陕北传统的窑居院落也有很多缺点，如四面围合，院内的部分窑居采光不足，朝向、通风不好，庭院绿化率低等问题；陕南天井合院开口较小，不利于通风除湿与采光需要。以下不仅介绍关中传统宅院、陕北传统窑居、陕南传统合院的生态智慧，还将针对关中、陕北、陕南现有庭院绿色节能的不足之处提出解决策略。

（1）继承传统建筑庭院的绿色节能策略

陕西关中、陕南、陕北的传统院落形式如图2.38所示。传统的窄长形院落适应关中地区夏季炎热冬季寒冷的气候特点。夏季，窄长形院落起到遮阳降温作用，而到了冬季，窄长形院落有利于减少建筑内部热损失，防御外部大风侵袭的作用，形成建筑院落内部的小气候，调节建筑内部热环境，起到绿色节能作用。传统窑居，院落的围合性较强，适合陕北地区冬季较为寒冷的气候特征，有利于阻挡外部寒风的侵袭，形成建筑院落小气候，平衡室内外气温，降低了建筑能耗量，起到绿色节能的作用。传统陕南天井式院落，其主体建筑通常会有围合开敞式外廊，院内形成空气环流，起着较为重要的物理功能，即解决主体建筑室内采光、通风问题，降低建筑能耗，绿色节能较为明显。

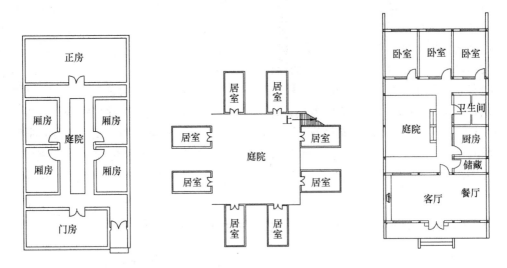

图2.38　传统院落

（2）院落空间模式改良设计策略

1）关中窄院式中心院落＋两个小院落的模式

关中地区传统农宅的空间模式主要有前院式、后院式、前后院式，农宅空间模式的改良可以通过改良农宅院落的营造方式，将厢房与正房之间距离扩大，这样可以加大正房一层房间冬季的采光率，并且在正房与厢房之间形成一个小院落，将原来的前院模式改良为一个中心院落＋两个小院落的模式。两个小院落还有利于正房与厢房室外环境的营造也可以改善房间内部的通风效果。

传统关中民居在厢房与正房之间的空间处理上，多采用预留一定的距离来为正房提供通风和采光，但是预留的距离非常狭小，一般为1.5～1.8m，再加上正房屋顶的挑檐，几乎将狭小的空间完全遮挡，使得正房难以得到正常日照时间，造成室内热舒适度较差，不利于节能。改良农宅设计中，前期设计阶段利用建筑模型模拟日照，分别对1.5m距离和3m距离模拟正房与厢房之间的距离对农宅正房日照的影响，得出正房与厢房之间的距离直接影响到正房一层房间内的自然采光，最终将厢房与正房之间的距离增大至3m，形成一个3m×3.3m的院落空间，一方面解决了正房的日照采光，另外一方面有利于房屋的通风（如图2.39所示）。

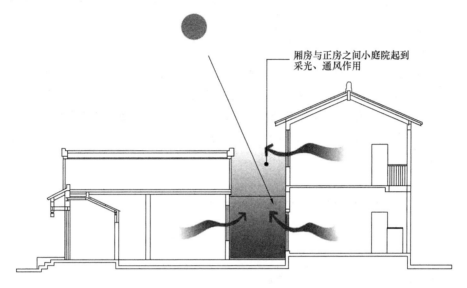

图2.39　小庭院采光通风示意

2）用院落组织建筑空间＋玻璃环廊

关中农宅传统空间组织方式是用中心院落组合建筑空间。农宅改良策略保留传统檐廊的设置，同时用现代的技术与手法对其进行重新设计。檐廊的空间设计手法与现代的玻璃廊技术相结合，形成环绕式玻璃内廊（如图2.40、图2.41所示）。玻璃回廊形成室内外的一个缓冲空间，夏季，将玻璃廊窗户打开，并且将玻璃廊顶部的遮阳布打开，可以防止玻璃廊在夏季形成温室；冬

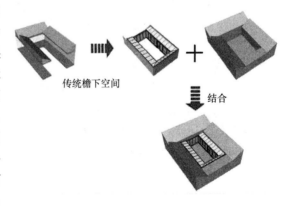

图2.40　农宅檐廊设计

季，将玻璃廊窗户紧闭，打开顶部的遮阳布，接受夏季阳光的辐射形成温室，并且有利于建筑室内的保温。

风雨环廊空间不仅能起到保温节能作用。风雨环廊对农户的日常生活也带来很多便利，在风雨、严寒的天气时，玻璃环廊窗户紧闭为住户提供洁净温暖的交通空间。当酷暑时，将玻璃环廊窗户打开，并且将玻璃环廊顶部的遮阳布打开，为农户提供一个有遮阳的户外空间。

图 2.41　农宅内部回廊设计

3）陕北采用前后院式

陕北地区传统农宅的空间模式主要是围合式、前院式，农宅的空间模式的改良可以通过改良农宅院落的营造方式，将围合式、前院式改成前后院式，这样宅院被分为前院、主体建筑、后院三部分，前院种植大量的乔灌木，既可以美化院落，夏季还可以遮挡阳光，冬季也不影响建筑采光（如图 2.42 所示）；后院种植高大树木，主要阻挡冬季寒风对房屋的侵袭，降低室内耗能。

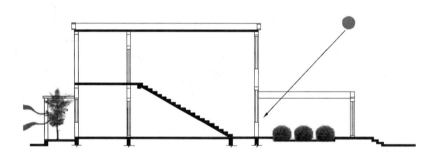

图 2.42　前、后庭院采光通风示意

4）陕南采用单檐廊侧敞院围合式布局

考虑到当代农村宅面阔三开间的宅基地划分方式的需要，陕南地区的天井围合式农宅可以改良为以三面围合、单廊环绕的侧敞院为农宅组织空间核心（如图 2.43 所示）。进深方向依次为最外侧布置客厅餐厅、中间为敞院、后部为卧室空间，敞院另一侧面可以布置卫生间厨房等辅助空间。单廊敞院有利于通风除湿，采光遮阴。院落中可以种植落叶乔木并与常绿灌木搭配，夏季遮阳，冬季有利于建筑采光保暖。

（3）庭院绿化优化设计策略

在当代农宅绿色节能设计中，不仅应对庭院的模式进行改良设计，还应优化庭院的绿化设计。在农宅院落内种植乔木、灌木，利用季节不同调节院落温度。关中、陕南夏季炎热，冬季寒冷，在中庭院或侧院内种植落叶乔木和灌木，夏季可以遮挡阳光，冬季不影响建筑采光，通过植物起到调节建筑内微环境；陕北地区冬季寒冷，为获得充足的阳光，前院种植以小乔木灌木为主。院落四周种植常绿植物，在建筑后部形成一道绿篱来缓冲风沙和调节通过建筑的风速。

1）庭院绿化的生态策略（见表 2.4）

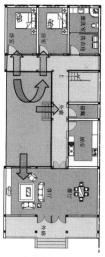

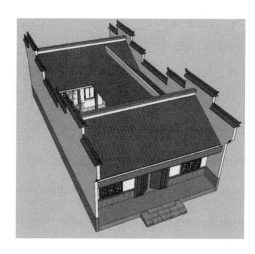
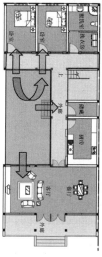

图 2.43　陕南宁强某钢结构农宅

庭院绿化的生态策略

表 2.4

农宅绿化 布置图	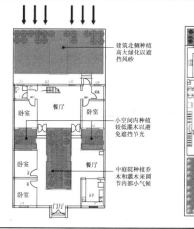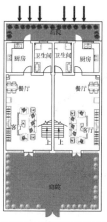	关中、陕南中庭院、侧院种植落叶乔木和灌木调节内部小气候。陕北地区农宅前院，由于庭院面积较小且起到采光作用，为了不影响采光所以种植以小乔木灌木为主，如小无花果树、石榴树等。农宅后部设计留出院落，院落内安放有人工湿地，并且院落四周种植常绿植物，在建筑后部形成一道绿篱来缓冲风砂和调节通过建筑的风速

	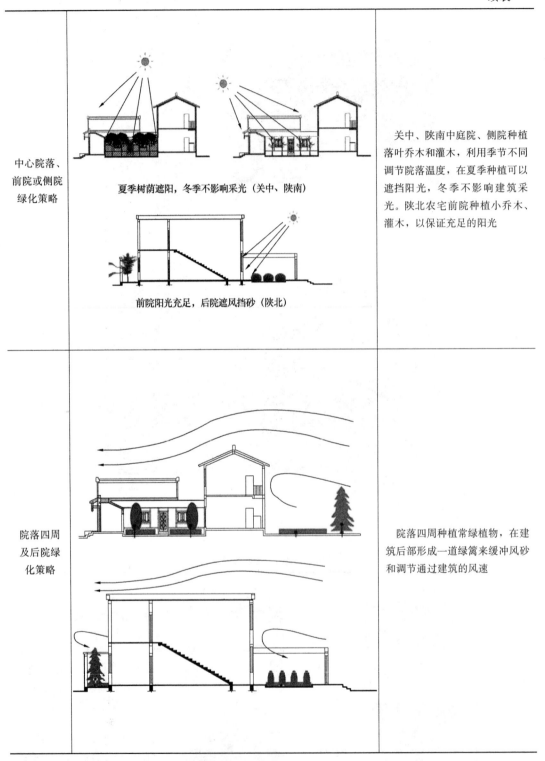	
中心院落、前院或侧院绿化策略	夏季树荫遮阳，冬季不影响采光（关中、陕南） 前院阳光充足，后院遮风挡砂（陕北）	关中、陕南中庭院、侧院种植落叶乔木和灌木，利用季节不同调节院落温度，在夏季种植可以遮挡阳光，冬季不影响建筑采光。陕北农宅前院种植小乔木、灌木，以保证充足的阳光
院落四周及后院绿化策略		院落四周种植常绿植物，在建筑后部形成一道绿篱来缓冲风砂和调节通过建筑的风速

2）适于不同平面布局的农宅的绿化遮阳

农宅所处的气候地区不同，对绿化的布置方式与树种的选择也有所差异（见表2.5）。

地区	种植示意图	种植要点
关中	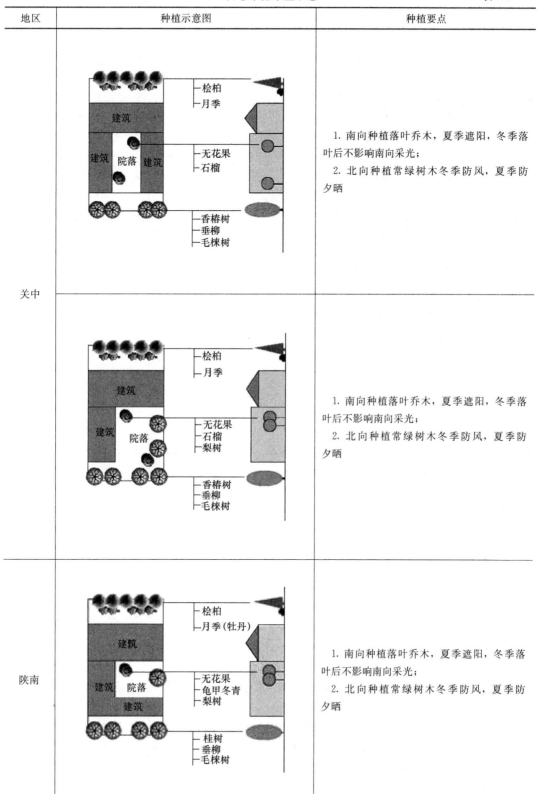 桧柏 月季 无花果 石榴 香椿树 垂柳 毛楝树	1. 南向种植落叶乔木，夏季遮阳，冬季落叶后不影响南向采光； 2. 北向种植常绿树木冬季防风，夏季防夕晒
	桧柏 月季 无花果 石榴 梨树 香椿树 垂柳 毛楝树	1. 南向种植落叶乔木，夏季遮阳，冬季落叶后不影响南向采光； 2. 北向种植常绿树木冬季防风，夏季防夕晒
陕南	桧柏 月季（牡丹） 无花果 龟甲冬青 梨树 桂树 垂柳 毛楝树	1. 南向种植落叶乔木，夏季遮阳，冬季落叶后不影响南向采光； 2. 北向种植常绿树木冬季防风，夏季防夕晒

地区	种植示意图	种植要点
陕北	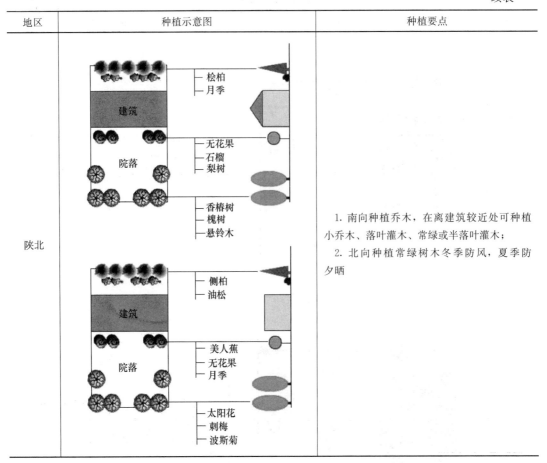	1. 南向种植乔木，在离建筑较近处可种植小乔木、落叶灌木、常绿或半落叶灌木； 2. 北向种植常绿树木冬季防风，夏季防夕晒

2.3.2.2　建筑单体空间设计的绿色节能策略

建筑单体设计的绿色节能策略也是当前农宅绿色节能设计的重要组成部分，由于不同地区的建筑单体特色各异，适宜的绿色节能手段也不同。以下分别针对陕西三个地区的农宅提出各自的改良策略。

（1）关中地区农宅建筑单体空间设计的绿色节能策略

在农村新型社区建设时，我们不仅要保留传统的绿色节能智慧，在新建筑中还应结合当代农宅的生活变化需要对农宅提出新的绿色节能策略，主要包括平面功能布局绿色节能优化、建筑通风保温节能优化设计、建筑单体造型设计传承传统绿色节能智慧等三个方面。

1）平面功能布局绿色节能优化

城市世俗化生活的功能成为农宅设计的主要依据，农宅设计应以此为基础通过布局优化组合实现绿色节能要求。

① 居住空间向正房集中，使主要用房获得良好朝向

正房一般为2~3层，将传统的以敬神敬祖的空间为中心的模式转换为将世俗化的客厅作为农宅的核心，设于一层，将老人卧室也设于一层；正房两层以上设置为卧室、书房等。主要居住空间集中在正房南向采光，提升居住品质，减少采暖能耗。

② 厨房优化设计减少污染，提高舒适度

农宅的厨房面积一般较城市住宅偏大，而且农村住宅的燃料有稻草、沼气、液化气、煤炭等多种形式，污染比城市住宅也多。为减小厨房污染，结合能源利用发展趋势可设两个厨房，一个为传统厨房，内设柴灶，一个为现代化厨房，基本配置与城市标准厨房配置相似，使用清洁污染小的石化燃料。

当前农户已大多使用罐装液化石油气作为主要的厨房燃料，而传统的柴灶仅在婚丧嫁娶活动普通液化气灶具不能满足使用时作为补充，使用较少，设计中可在一个面积较大的厨房中进行了分区化设置。

③ 卫生间结合沼气池建立绿色节能体系

随着农村公用基础设施的完善，农村的水冲卫生间已经逐步得以推广，同时还有大量的室外旱厕。水冲卫生间应考虑结合空间布置尽量放在朝向差的位置，污水处理应结合农村新型社区的排污系统，铺设统一的下水管道系统，将排泄物通过地下管道汇到分区建设的集中沼气池，用于生成沼气燃料等；对于旱厕，可以将排泄物结合沼气池处理，结合沼气发电、沼气燃料建立以户为单位的生态体系。

④ 楼梯位置优化，改善卫生条件，利于正房采光

现在普通二层结构的农宅，出于经济等因素，楼梯多设置在建筑的外部，最常见的位置是在厢房与正房之间。首先，外置楼梯在天气条件恶劣时（如下雨、下雪时）不利于使用，卫生条件差，有的在楼梯上单独再搭设简易遮雨棚也增加造价，而且这些楼梯的安放位置直接影响了一层房间的采光，故应将其移至建筑内部（见表2.6），设置在农宅北侧靠墙位置。

楼梯位置优化   表 2.6

优化设计前	优化设计后	优化策略
		楼梯内置带来以下优点： 1. 内置楼梯使用更加方便卫生条件更好； 2. 将楼梯后置可以将建筑一、二层房间全部靠南布置，从而争了更多的南向房间

2）房屋开窗位置优化

① 正房开窗位置优化

设有二层的农宅，二层要设置交通外廊，而且当前外廊多数是设置在南向，导致二层房间开窗不得不朝向北面（见表2.7），直接影响了主要用房的朝向。所以，在农宅改良设计中将交通走廊后置，将所有房间靠南向布置，正房房屋开口方向进行调整，将房间的窗户调整为南向的，从而最大限度地争取主要房间的南向。

优化设计前 （外廊影响用房的自然采光）	优化设计后 （走廊后置为用房争取自然采光）	优化策略
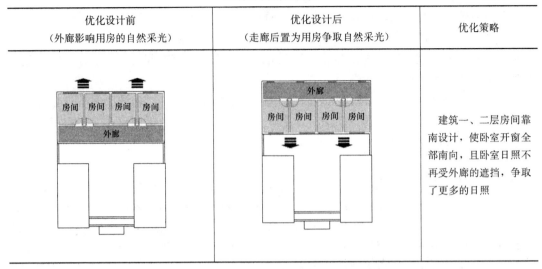		建筑一、二层房间靠南设计，使卧室开窗全部南向，且卧室日照不再受外廊的遮挡，争取了更多的日照

② 厢房开窗方式优化

关中地区传统农宅形式是以左右厢房加正房构成建筑整体，传统农宅的左右厢房由于受地形以及外部因素的影响，建筑开窗均朝向院落，包括厢房开窗开门也统一面向建筑内部院落。这种同侧开窗的方式影响了建筑内部的通风与热舒适度，影响卧室内部通风换气（如图 2.44a 所示）。农宅设计中，将厢房与正房之间距离设计加大，形成一小庭院，这样厢房可以面向小庭院开窗，从而避免了厢房门窗同向开启，改善房屋的通风条件（如图 2.44b 所示）。

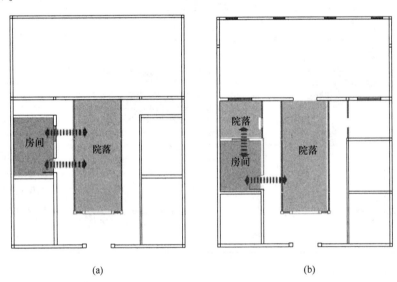

(a)　　　　　　　　　　　　　　　　(b)

图 2.44　厢房开窗方式优化
（a）传统厢房开窗方式；（b）调整后厢房开窗方式

3）建筑单体造型设计传承传统绿色节能智慧及改造策略

农宅东西两侧厢房依照传统形式采用单坡形式，坡屋顶向建筑内部倾斜，从正立面上看建筑呈"凹"字形（如图 2.45 所示）。这种"凹"字形设计围合性较强，有利于农宅内部环境的营造，有利于建筑的防风保温，以达到建筑整体低碳节能的要求。

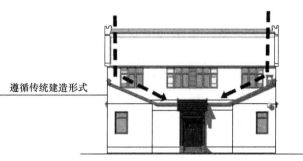

遵循传统建造形式

图 2.45　农宅正立面设计

农宅造型设计的传承及改良策略：

① 东、西两侧建筑外墙高耸，并且东、西两侧外墙上一般不开窗，有利于防风砂侵袭。

② 为给正房提供良好的采光通风，设计中遵循传统将厢房布置成一层，正房设置成两层，厢房不会遮挡正房的南侧阳光入射。

③ 在冬季，层数较高的正房可以抵挡冬季关中地区的偏北风，从而起到保护农宅内部环境的作用。

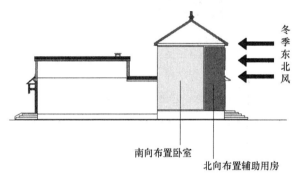

冬季东北风

南向布置卧室　　北向布置辅助用房

图 2.46　关中农宅北侧布置辅助用房

④ 北侧布置辅助用房包括储藏间、卫生间，可以减低冬季东北风对正房的影响，起到保温储热的作用（如图 2.46 所示）。

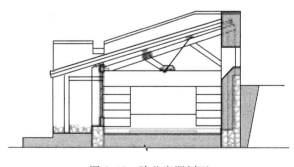

图 2.47　陕北窑洞剖面

（2）陕北地区建筑空间的内部改良策略

在黄土崖壁上挖土形成的窑洞（如图 2.47 所示）有着独特的绿色生态特点。夏季，窑洞内部的空间很少接触到阳光，从而保证了房间的阴凉；冬季，高度封闭的窑洞也有利于减少建筑内部热损失，防御外部大风侵袭的作用，起到绿色节能作用。

进入现代以来，随着人民经济水平的提高，砖混住宅逐渐涌现，但由于建设缺乏思考，许多住宅在绿色生态性上大不如前。陕北农宅建筑单体生态节能策略主要包括：

1）主要用房朝南，附属性的房间布局于房间北面

陕北地区冬季寒冷，而人们主要在室内活动，所以必须保证主要用房的良好采光。主

要居住空间集中在正房南向采光，提升居住品质。

2）建筑体量进一步简化，去除不必要的凹凸

陕北地区的寒冷气候导致冬季热损失严重，因此在建筑上需要通过压低体型系数的方法，达到保证房间温度，减少冬季采暖能耗的目的，如图2.48所示。

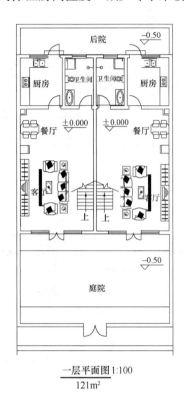 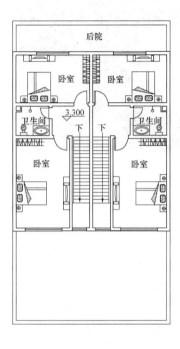

一层平面图1:100
121m²

二层平面图1:100
121m²

图2.48　陕北砖混住宅平面

（3）陕南地区建筑空间的内部改良策略

陕南农宅建筑生态节能策略主要包括平面功能布局绿色节能优化、建筑通风保温的传统传承与节能优化设计等方面。

1）平面功能布局绿色节能优化

住宅平面简洁（如图2.49所示），避免由于凹凸较多而具有较大体型系数的问题，减少建筑热损耗，便于冬季保温。主要功能用房通过院落侧位设计，以争取南向采光；将辅助房间比如储藏间、厨房布置于院落一侧，降低对主要功能用房的干扰。

2）建筑通风保温的传统传承与节能优化设计（如图2.50所示）

① 建筑单体进深小，便于通风。

② 传承单檐廊，串联各功能空间，利于建筑遮阳挡雨，通风除湿。

③ 传承坡屋顶，方便排水保温，利用屋顶空间进行储物，并设置檐口、山墙或天窗通风，增强夏季通风除湿降温效果，冬天关闭风口，以达到保温目的。

④ 北侧卧室后墙设置高窗（或窄窗等），形成穿堂风，以利于通风除湿，同时降低房间冬季的热损失。

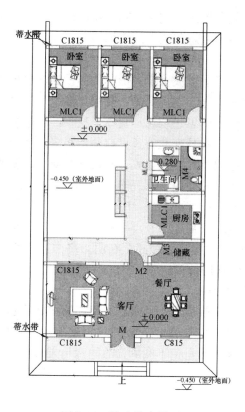

图 2.49 陕南住宅平面

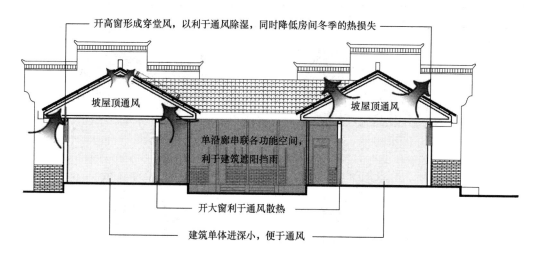

图 2.50 陕南农宅建筑单体进深小、农宅沿廊改造、坡屋顶通风及开窗分析

2.3.3 计算机绿色模拟技术与农宅设计结合策略

计算机节能模拟技术在当代有了长足的发展，通过该技术可以更加精确地研究空间设计绿色节能的相关问题，但是对于农村住宅的研究，此前还不多见。应用该技术能有效提高设计的节能效率，从而节约成本，取得良好的经济效益，因此确有必要加以推广。

以下将以计算机模拟关中地区窄院保温隔热作用以及房屋通风设计、外围护结构保温隔热，说明计算机模拟在建筑生态节能中的作用。

1) 模拟关中宅院保温隔热作用

由于地形的限制，关中民居形成了窄长形的院落设计。这种维护、内向性极强的院落空间形式正好满足关中地区的气候条件要求：夏季炎热、冬季寒冷，而春、秋两季风沙较大，符合中国传统"内向性"的思想观念。夏季，狭长的院落覆盖于屋檐的阴影下，阴凉舒适；冬季，院落温暖向阳，并且南北狭长可以争取更多的日照。

按照关中传统民居建造尺寸和比例建模，并且分别对春、夏两季建筑受光分析（见表2.8）。夏季，上午9：00内院和建筑内部完全在阴影中，可以避免夏季过早的阳光直射；上午10：00西侧厢房已经能接受到阳光；中午12：00，太阳直射入院落中，建筑可以依靠出檐来遮挡中午烈日照入；午后14：00院落已经基本上笼罩在阴影中了，使院落可以很快地降温；下午16：00之后建筑已经完全在阴影之中，避免了夏季夕晒。冬季，上午9：00~10：00庭院已经慢慢地开始接受阳光，到中午12：00阳光达到最佳，下午14：00之后建筑处于完全阴影中。

通过分析，关中传统"窄院"建造形式在夏季能够很好地起到隔热降温的作用，避免了阳光长时间照射。冬季"窄院"在白天取得日照的作用外，夜晚能够减小建筑的热损失。这种有效地利用自然条件和避免不利的自然因素是人们生存发展的智慧结晶，也体现了我国古人与自然抗衡、适应自然所做出的努力和成效，最终达到人与自然和谐相处的最高境界。

关中地区传统窄院日照模拟分析　　　　　　　　　　　　　表2.8

时间	夏至日日照模拟	大寒日日照模拟
上午9：00		
上午10：00		
中午12：00		

时间	夏至日日照模拟	大寒日日照模拟
下午 14：00	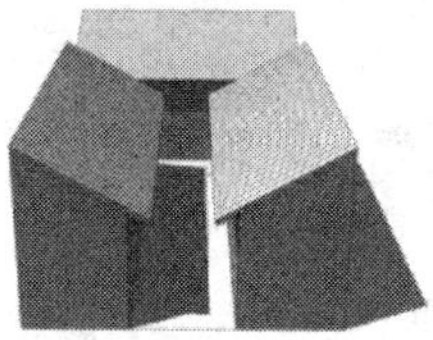	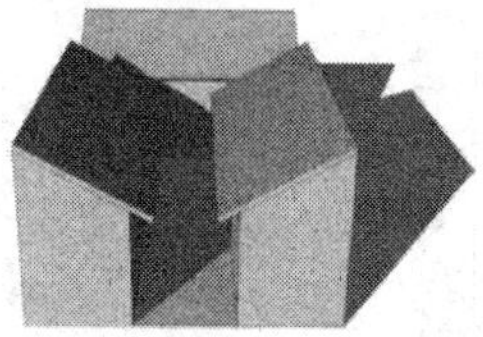
下午 16：00	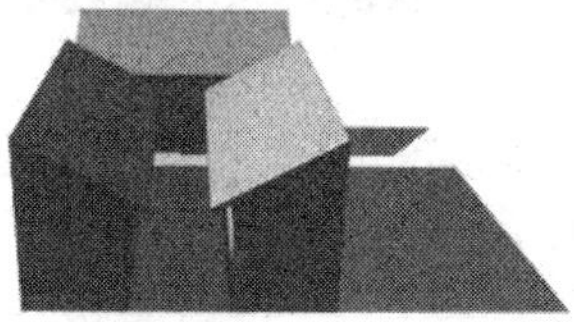	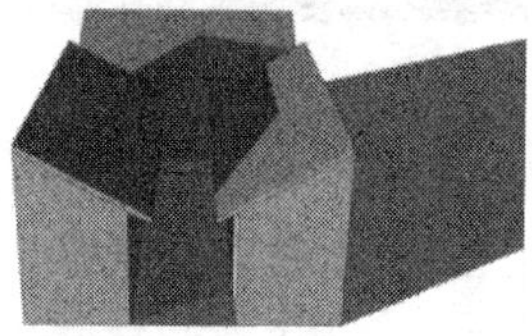
下午 18：00	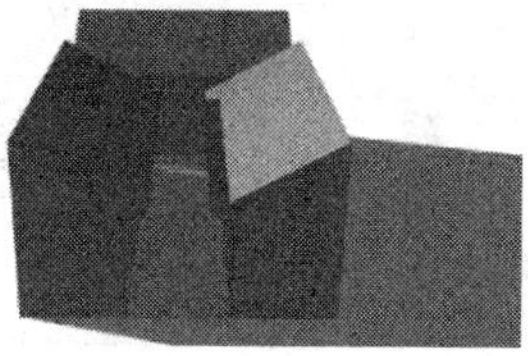	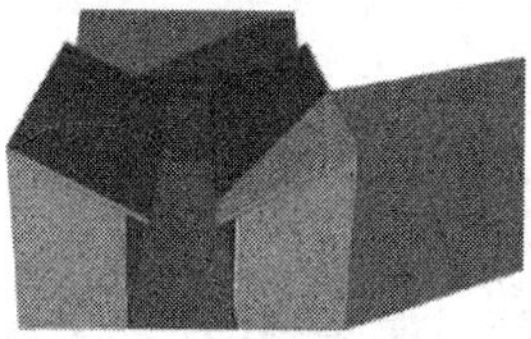

2）计算机模拟外围护结构保温隔热设计

关中地区为寒冷气候区，在对该气候区的农村住宅建筑进行节能优化设计时应当做到冬季保温，而且局部地区还应兼顾夏季防热。为满足这一要求，需要合理地采用一些必要的保温、隔热措施，使资源得到充分配置与利用，从而创造一个较为舒适的居住环境。通过用计算机模拟不同的保温层厚度、外窗类型、窗墙面积比等，选择出适宜关中地区的保温措施。

3）计算机模拟房屋通风设计

室内通风面积和质量与开口的面积大小有密切关系，开口大则气流大，开口小气流小，但是通风效果不是简单取决于开口面积大小，而是取决于进气口与出气口的面积之比。比值越小，通风效果越好。当进风口为出风口的 1/2 时，室内中心的风速明显增大，但室内涡旋也明显增加。由此可见，出风口较大比进气口较大的通风效果要好，也就是说适当地缩小进气口、增大出气口可以改善室内的通风效果。但是，如果进气口过小时，比如说小于出气口的 1/2 时，室内的涡流区明显增加。因此，进气口与出气口的大小不能差别太大，最好是控制在 1/2 以上（如图 2.51 所示）。进、出风口比例不同对室内通风状态的影响见表 2.9 所示。

进、出风口比例不同对室内通风状态影响 表 2.9

进风口面积/外墙面积	出风口面积/外墙面积	室外风速	室内平均风速		室内最大风速	
			风向垂直	风向偏斜	风向垂直	风向偏斜
1/3	3/3	1	0.44	0.44	1.37	1.52
3/3	1/3	1	0.32	0.42	0.49	0.67

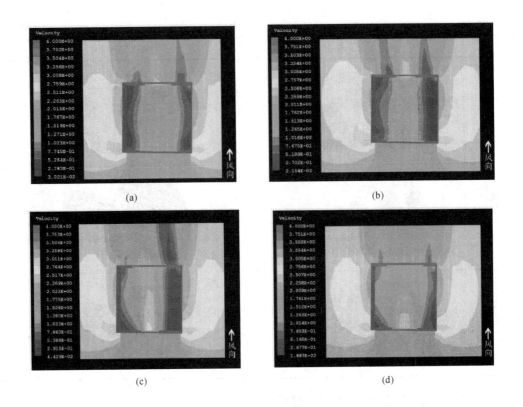

图 2.51　开口相对大小与室内通风情况分析
(a) 出风口宽度为进风口宽度的 2/3；(b) 出风口宽度为进风口宽度的 1/2；
(c) 进风口宽度为出风口宽度的 1/2；(d) 进风口宽度为出风口宽度的 1/3

通过计算机模拟辅助生态节能设计能够更好地促进农宅设计科学化、精确化、规范化，并且通过精确设计，发挥了材料、构造的潜力，有利于节约能源、资源。

2.3.4　农宅绿色节能建设策略——产业化及相关设计对策

产业化（工业化）是国家住宅发展的重要方向，根据相关资料，我国"用住宅产业化（工业化）方式建设，可以节约木材消耗 53.5%，节约用水 36.4%，节约用电 30.8%，减少建筑垃圾 36.9%；假设 2012 年度全国共需建设 10 亿 m² 住宅，20% 的住宅采用住宅产业化（工业化）方式建设，可以节约用电 34.7 亿度（相当于葛洲坝电站 3 个月发电量），节约用水 12353 万 m³（相当于 11.5 个西湖的水量），节约木材 60.5 万 m³（相当于 0.8 万 hm² 的森林）。"

产业化本身就是国家绿色节能建设发展重要途径之一，农宅产业化发展也是未来绿色节能建设的重要发展策略。通过产业化可以有效地降低资源能源的利用，并且大幅度地减少人工成本，减少传统建造方式现场湿作业较多对环境的影响。

农宅产业化就是通过大工业方式建造农宅，工厂可以预制加工农宅的承重及其维护结构的构件，现场拼装，甚至可以将房间单元模块化进行现场安装。这就要求建筑构配件标准化、模数化，符合建筑模数协调标准，适应工业化生产需要。

由于当前我国住宅产业化发展水平还不高，农村经济处于发展阶段。现阶段农村住宅主要通过结构、门窗的产业化，维护结构则选择砌块、空心砖等低水平的产业化进行。未来，维护结构可考虑选择使用挂板，甚至是单元模块的建设方式。

模数化是住宅产业化的前提条件，模数化一方面适应产业化发展的要求；另一方面，模数化也是空间弹性可变设计基础，农宅空间的弹性可变，避免了农宅因功能固化而被拆建的问题，从而延长建筑的使用周期，这本身就具有非常重要的绿色节能意义。

2.3.4.1 产业化背景下农村住宅的模数化设计

农村住宅模数化设计，包含结合使用合理、施工方便的建筑空间模数确定，结合弹性可变设计的模数化标准单元空间设计等方面。模数化标准单元空间设计就是要在总结各种功能空间的基础上，建立可分可合弹性使用的标准单元模块，标准单元既可以单独使用，也可以根据不同的功能要求组合使用，同时标准单元尽量可以满足空间功能互换的要求。

（1）模数的确定原则

在确定标准单元尺寸时，首先需要确定合理的模数，从而为各标准单元提供了一个模数化的空间，有利于标准单元之间的组合顺利进行；为建筑构件提供模数协调和模数化的装配方式，便于建筑构件的工业化生产。

确定合理的农村住宅建筑模数需要考虑以下原则：

1）模数系列的确定应符合模数制的相关国家规定，目前主要以国家规范《建筑模数协调统一标准》GBJ 2、《住宅建筑模数协调标准》GBJ 100 为参考依据。

2）应遵守有关的国家建筑标准以及各类有关用地、抗震等方面的规定。

3）应保证建造全过程中（诸如加工、运输、安装等）的要求，并应保证建设的经济利益。

因此，对模数的选择，就是在要满足各种功能空间对开间、进深、层高需求的情况下，确定出一个满足多种功能需要适度的标准化单元，然后将这个尺寸作为整个标准化设计的基本模数，使用统一尺寸，从而简化标准单元的设计和组合。

（2）标准单元模数确定

标准单元的模数确定依据有：住宅各个功能空间使用的尺寸要求、工厂加工预制件与围护结构尺寸匹配、宅基地的一般划分方式等。

1）标准轴网的确定依据住宅各个功能空间使用的尺寸要求

准农宅的最小单元的开间和进深应该满足住宅各功能的需求。一般农宅的基本功能房间有：客厅、卧室、厨房、餐厅、厕所、储藏、车库。各个空间使用的尺寸要求，这些基本的功能尺寸要求为我们提供了标准轴网确定的依据。

① 客厅（如图 2.52 所示）

作为会客功能的客厅，人的日常活动姿势与范围以及选用何种家具都决定了客厅的布置方式与客厅的尺度。其开间一般在 3.6m 以上就可以满足要求了，但是如果还要扮演礼仪性空间的角色，其对进深要求不得小于 4.2m，开间不得小于 3.9m。

② 卧室（如图 2.53a 所示）

卧室主要是睡眠和休息的地方，同时也兼有学习、梳妆、缝纫之用。开间和进深的尺度会直接影响到卧室的使用效果，如果考虑不周全，就会因咫尺之差带来生活不便。普通农宅卧室的开间常见的尺寸为 3.3m 和 3.6m，进深尺寸一般为 3.6m、3.9m、4.2m 和 5m，面积不大于 20m²。

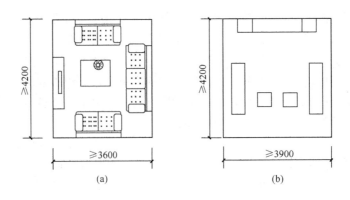

(a)   (b)

图 2.52　客厅基本尺寸

(a) 家庭起居空间；(b) 礼仪空间

③ 餐厅（如图 2.53b 所示）

餐厅一般开间、进深参照其相邻功能房间，面积以约 $10m^2$ 为宜。

④ 厨房（如图 2.53c 所示）

在设计中，应按照储藏、清洗、削切、入锅一系列的工艺流程对厨房进行设施布置。其次，根据厨房面积的不同，有多种布置的方式。考虑到农村有擀面的习惯，对厨房面积要求大，建议农村设两个厨房，一个大的厨房供擀面、烧柴、存放材料使用，一个现代清洁卫生的厨房供日常使用。

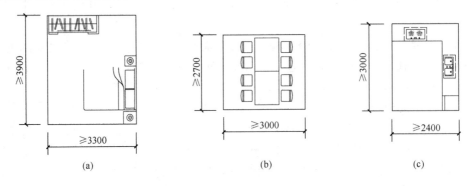

(a)   (b)   (c)

图 2.53　卧室、餐厅、厨房基本尺寸

(a) 卧室；(b) 餐厅；(c) 厨房

⑤ 卫生间（如图 2.54a 所示）

卫生间除了基本的卫生间三大件（马桶、浴缸、洗脸盆）之外，由于家用电器进入现代化卫生间的步伐逐渐加快，卫生间内又增加了洗衣机和洗浴设备等，因此卫生间的尺度也相对增大。卫生间的尺度从 1.5m×1.8m 洁厕卫生间组合、1.5m×2.7m 基本卫生间组合、2.1m×3m 洁浴洗卫生间组合等不同选择，可根据家庭规模、卫生需求和空间大小酌情选取。

⑥ 车库（如图 2.54b 所示）

随着农村经济的不断发展，家庭拥有小型农用车辆已经不再是个例，车库就成为农宅设计中的一个新问题。按照一般城市小汽车长宽尺寸来设计农宅车库的开间和进深是不合理的，因为一般农村使用的车辆除了普通车辆以外，还有为了生产使用的三轮车、货车等农用车辆，由于这类车辆的尺寸比普通车辆要大，而且在使用过程中的自我维修次数要比普通城市用车多，因此在车库或停车位的设计上不能完全参照城市车库的尺寸，应当适当放大，并配备必要的维修工具储藏空间。应在3m×6m的一般车库尺寸标准下适当放大，必要时还可以作为农作物的储藏空间。

通过前面对各种功能空间的分析可知，起居室的进深选择在4.2～6.0m较为合适；卧室适宜的进深为3.6～4.8m；餐厅分为独立的和与起居室或厨房合用的，所以在进深的要求上一般视情况而定；起居室和卧室相

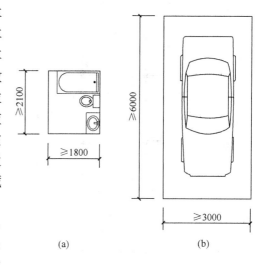

图2.54 卫生间、车库基本尺寸
(a) 卫生间；(b) 车库

对来说属于大进深，所以可以将它们的进深模数设定为同一个数值，根据前面分析取4.8m最为合适。餐厅、厨房、卫生间相对来说需要的进深较小，为了限制模数基数的种类从而减少装配构件的尺寸类型，其进深模数和开间模数选择同一数值即3.3m。此外，为了满足一些农村住宅加设外廊和阳台的要求，设一个数值较小的分模数加以协调。根据模数制中常用到的菲鲍纳西极数原理，取4.8m和3.3m的差数1.5m为分模数较为合适，同时这个数值也比较适合外廊和阳台的基本尺寸要求。

2）标准轴网单元的多样化功能空间布置方式

按照前面所设定的开间和进深的模数，可进一步设定出几种标准轴网单元（如图2.55所示），每种轴网空间可能有好几种布置形式。3300mm×4800mm的标准单元轴网的空间可用于卧室、起居室、卫生间等；3300mm×3300mm的标准单元轴网的空间可用于卫生间、厨房、楼梯间等。

3）陕西地区宅基地的一般划分方式

根据《土地管理法》和陕西省土地管理规定，城市郊区每户不超过133m²（二分），川地、原地每户不超过200m²（三分），山地、丘陵每户不超过267m²（四分）。

以关中地区农村的三分地为例，较多的宅基地划分方式是面宽约10m进深约20m的空间，这种方式也有利于空间按照开间3.3m每个标准单元的进行空间划分。

（3）模数化空间的弹性可变设计

弹性可变的空间设计满足了空间可持续发展的需要，可以在很大程度上改变因为功能空间固化导致当功能落后时原有空间被拆除重建的局面，从而节约大量的人力物力，取得财富积累的良好效益。农村住宅的弹性可变模数化设计主要包含以下几个方面：

1）标准单元

以3.3m×4.8m为模数的标准单元具有广泛的适应性，可以作为卧室、餐厅、厨房、书房、卫生间、起居室等，并且通过简单的组合变化就可以方便的布置为较大的功能空间。表2.10中所示图例为模数下功能空间弹性可变的设计布置。

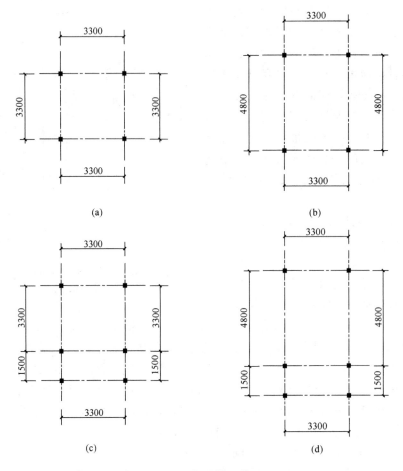

图 2.55　标准轴网单元

（a）适用于楼梯、厨房、餐厅、卫生间等功能空间；（b）适用于客厅、起居室、书房、卧室等功能空间；

（c）适用于加外廊的楼梯、厨房、餐厅、卫生间等功能空间；

（d）适用于车库、加外廊的客厅、起居室、书房、卧室等功能空间

农宅主要的功能空间　　　　　　　　　　　　　　　　　　　表 2.10

房间	图　　例	特　点
书房		书房，目前在农村住宅中并不普及，往往居民平时阅读、书写、学习及工作是在卧室或者起居室内进行，由于农村住宅面积普遍较大，足够空出空间建造一个书房，这样平时户主的阅读、书写、学习及工作可以在一个相对独立的空间进行，所必备的家具有书桌、书柜、座椅、沙发等

房间	图　例	特　点
卧室	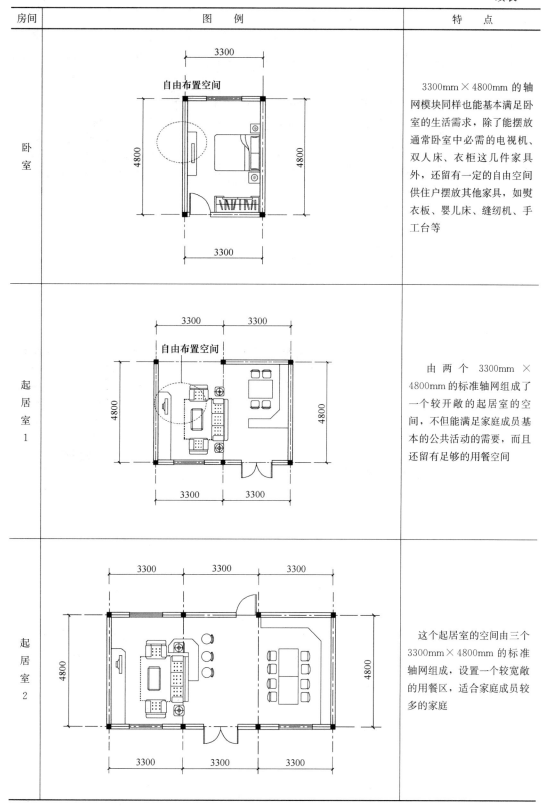	3300mm×4800mm 的轴网模块同样也能基本满足卧室的生活需求,除了能摆放通常卧室中必需的电视机、双人床、衣柜这几件家具外,还留有一定的自由空间供住户摆放其他家具,如熨衣板、婴儿床、缝纫机、手工台等
起居室 1		由两个 3300mm×4800mm 的标准轴网组成了一个较开敞的起居室的空间,不但能满足家庭成员基本的公共活动的需要,而且还留有足够的用餐空间
起居室 2		这个起居室的空间由三个 3300mm×4800mm 的标准轴网组成,设置一个较宽敞的用餐区,适合家庭成员较多的家庭

房间	图 例	特 点
起居室 3		这个起居室的空间由三个 3300mm×4800mm 的标准轴网组成，在其中一个轴网中设置一个较大的吧台，适合经常招待朋友的家庭
卫生间 1		这是一个前面带有洗衣房的卫生间的布置方式，洗衣空间较为充足，在其中一侧留有一定的储物空间，可以放置一个台面利于分拣脏衣物以及放置物品。卫生间呈开敞的布置方式，盥洗池旁也留有一定的空间作为搁置台面可放置一些化妆品、梳洗用品，使用起来较为方便
卫生间 2		这种布置方式适合作为主卧室的卫生间使用，前面留有一个化妆空间和一个可入式的衣橱，更加方便住户的使用

房间	图 例	特 点
卫生间 3	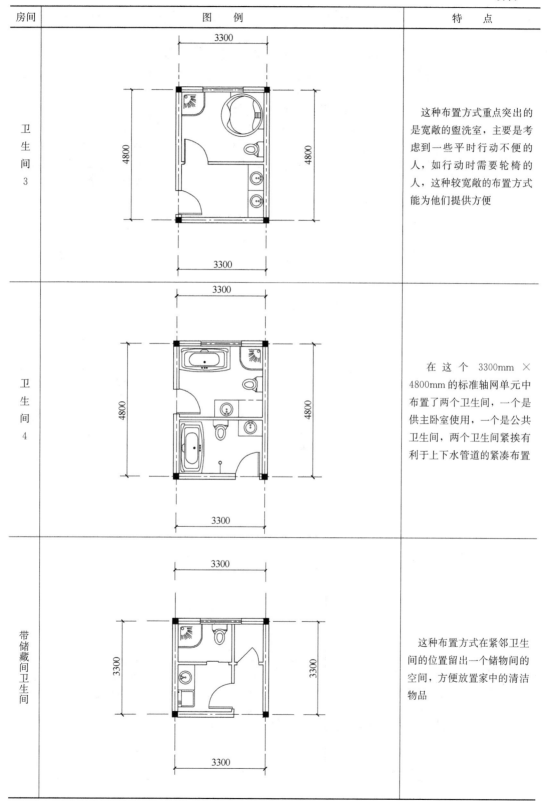	这种布置方式重点突出的是宽敞的盥洗室,主要是考虑到一些平时行动不便的人,如行动时需要轮椅的人,这种较宽敞的布置方式能为他们提供方便
卫生间 4		在这个 3300mm × 4800mm 的标准轴网单元中布置了两个卫生间,一个是供主卧室使用,一个是公共卫生间,两个卫生间紧挨有利于上下水管道的紧凑布置
带储藏间卫生间		这种布置方式在紧邻卫生间的位置留出一个储物间的空间,方便放置家中的清洁物品

房间	图　例	特　点
大空间式卫生间	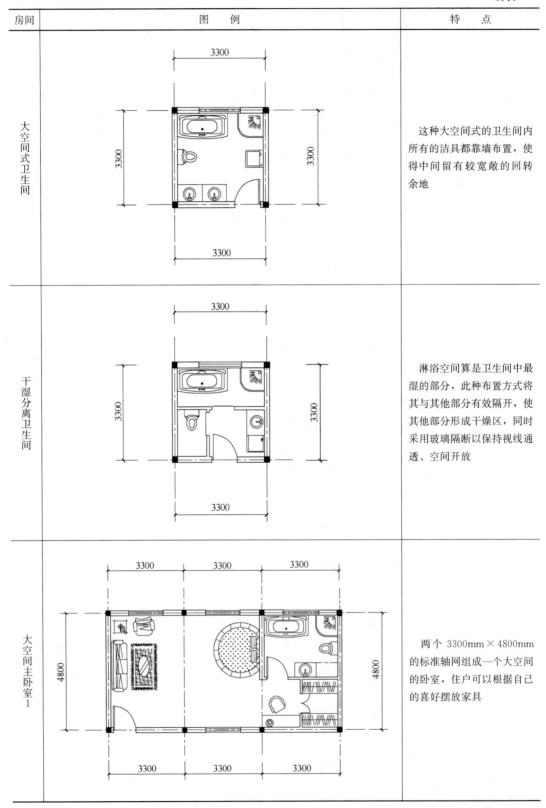	这种大空间式的卫生间内所有的洁具都靠墙布置，使得中间留有较宽敞的回转余地
干湿分离卫生间		淋浴空间算是卫生间中最湿的部分，此种布置方式将其与其他部分有效隔开，使其他部分形成干燥区，同时采用玻璃隔断以保持视线通透、空间开放
大空间主卧室1		两个 3300mm×4800mm 的标准轴网组成一个大空间的卧室，住户可以根据自己的喜好摆放家具

房间	图例	特点
大空间主卧室2	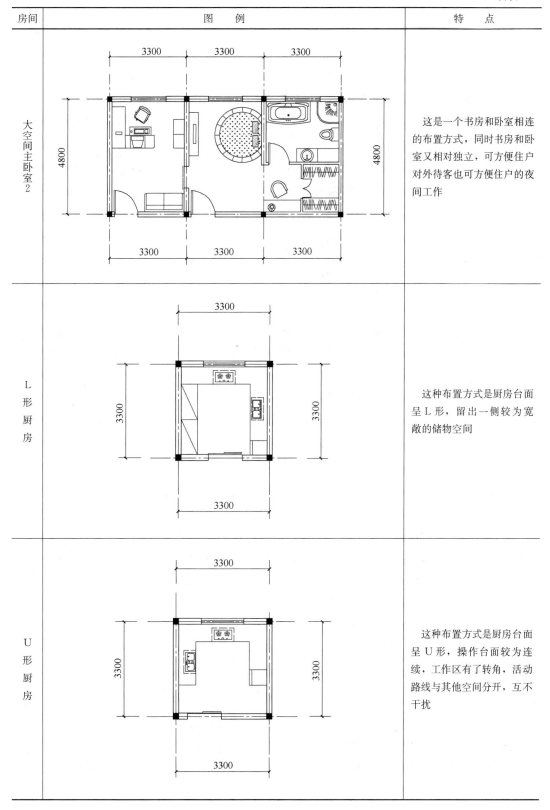	这是一个书房和卧室相连的布置方式,同时书房和卧室又相对独立,可方便住户对外待客也可方便住户的夜间工作
L形厨房		这种布置方式是厨房台面呈L形,留出一侧较为宽敞的储物空间
U形厨房		这种布置方式是厨房台面呈U形,操作台面较为连续,工作区有了转角,活动路线与其他空间分开,互不干扰

房间	图例	特点
一字形厨房	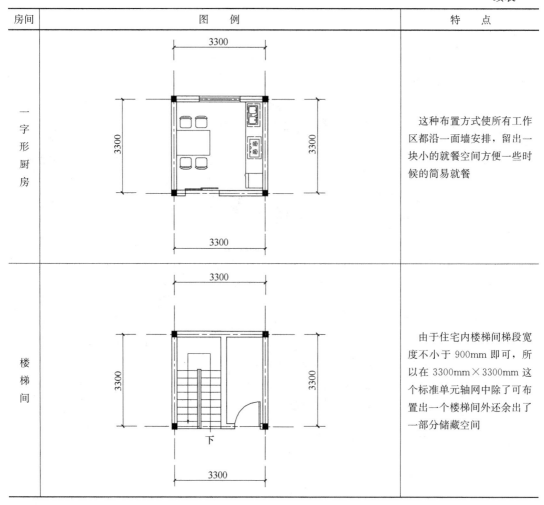	这种布置方式使所有工作区都沿一面墙安排，留出一块小的就餐空间方便一些时候的简易就餐
楼梯间		由于住宅内楼梯间梯段宽度不小于 900mm 即可，所以在 3300mm×3300mm 这个标准单元轴网中除了可布置出一个楼梯间外还余出了一部分储藏空间

2）模数化下的不同农宅形态应对适应性需要

农村住宅主要有两种常见形态，包括无院落形态和有院落形态（如图 2.56 所示）。无院落形态即以客厅这个标准单元为核心，将其他各个标准单元环绕式地组织在一起，以室内楼梯为联系上下层的垂直交通。有院落式形态是指采用标准单元进行围合式组合，进而形成相互衬托、渗透、形式丰富的院落空间。通常采用连廊或踏步等以形成庭院。

3）标准单元的灵活组合应对适宜化需要

所谓"组合"就是要提炼具有足够典型性的典型，再灵活多样的组合成各种建筑。"标准化"是要求提炼的典型尽可能的"少"；而"多样化"则要求组合尽可能的"多"。这里要求的"少"必须是具有多样化灵活性的"少"。这里要求的"多"则是以尽可能少的组合单位组成的"多"。这对多与少的矛盾几乎交织在建筑设计的每一个技术问题里。这种"组合"的原则渗透在每个设计环节中，小至节点的设计，大至每幢住宅的组合以至由每幢住宅组成的建筑群。采用单元定型组合方法进行农村住宅建筑的设计，优选平面参数，确定的这几种参数组成一些"基本间"，这些基本间再组织成若干"组合单位"（如图 2.57 所示）。

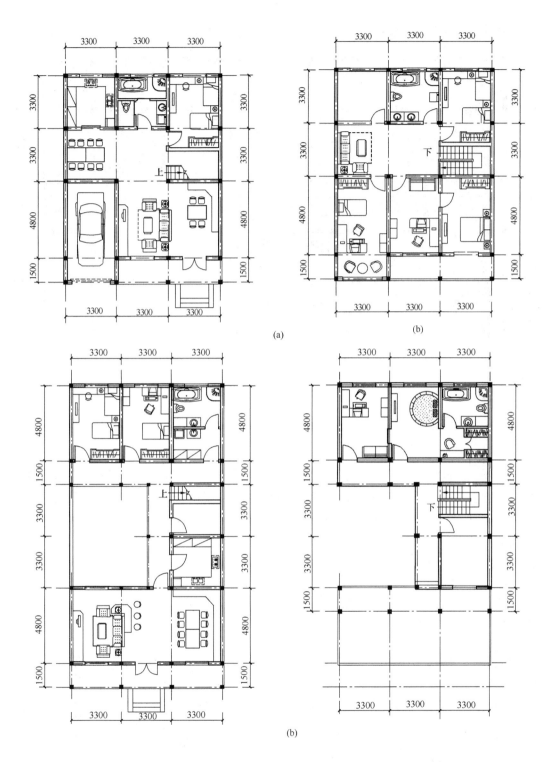

图 2.56　农村住宅的标准单元组合（一）

（a）无院落形态组合（适合进深较小不宜设置院落的宅基地）

（b）有院落式形态组合（中间形成一个院落，南北通透，适合陕南地区）

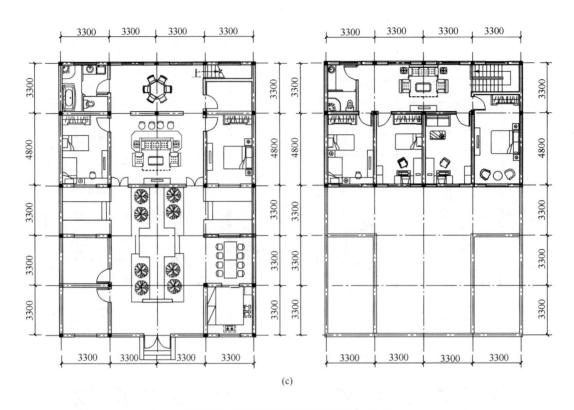

(c)

图 2.56　农村住宅的标准单元组合（二）

（c）有院落式形态组合（形成住宅自身的一个小环境，适合宅基地较大的户主使用）

（4）空间竖向的模数化控制

为了实现标准化的建筑制品和建筑构配件的工业化生产，单纯地只进行平面的模数化控制是远远不够的，同时还要进行空间竖向的模数化控制，而墙体的模数化算是这种控制中在竖向维度的处理方式。在现代的新型墙体材料砌块、砖和板材三大类中，墙体板材类材料的大量应用为进行墙体的模数化设计提供了物质基础。在此，将针对前面设计的集中式形态的农宅建筑，进行墙体的模数化设计。

如图 2.58 所示农宅，在选择墙体的模数时以宽度 500mm 和 600mm 为主，以 100mm 作为协调模数。高度由前面所设定的建筑层高所决定，每层为 3300mm。窗和门的宽度和高度也是以 500mm 和 600mm 为基本模数进行设计，窗的尺寸有 1200mm×1800mm、1200mm×2400mm；门的尺寸有 900mm×2100mm、1200mm×2400mm、2400mm×3000mm。这样不但能保证窗和门都是基本模数的整数倍，还能保证窗间墙也是基本模数的整数倍。

2.3.4.2　产业化背景下农村住宅建筑结构、材料的绿色节能设计策略

倡导绿色节能发展是当代农村住宅产业化的方向。从结构的角度看，更多的结构、维护构件工厂标准化预制，现场施工尽可能减少湿作业，提高干作业的比重，标准化施工、安装，提高施工效率，节约人工成本就是节约能源、节约资源的体现。

从建筑材料的角度看，选择生态节能要求的材料是当代农村住宅产业化发展方向。生态节能一方面提倡使用绿色环保可持续的建筑材料，另一方面选择耐久性强的材料增强其使用寿命也是重要的绿色节能手段。

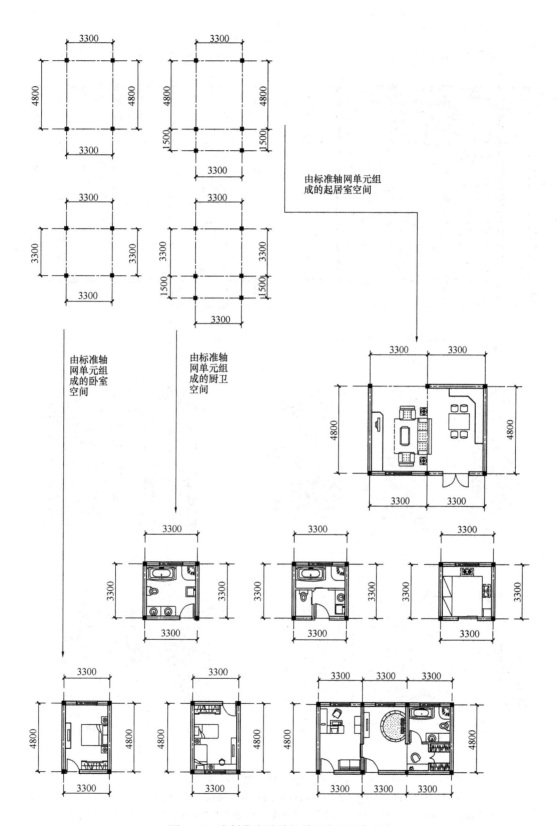

图 2.57　农村住宅设计的单元定型组合方法

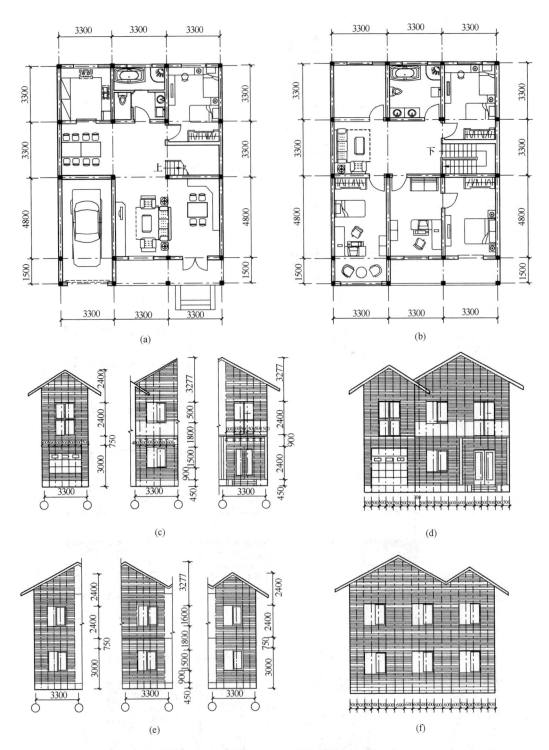

图 2.58　农村住宅空间竖向的模数化控制（一）

（a）一层平面；（b）二层平面；（c）每个 3300mm 轴网单元的正立面外墙；（d）由 3 个 3300mm 轴网单元的组成
的正立面外墙；（e）每个 3300mm 轴网单元的背立面外墙；（f）由 3 个 3300mm 轴网单元的组成的背立面外墙

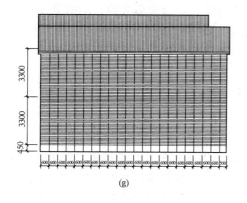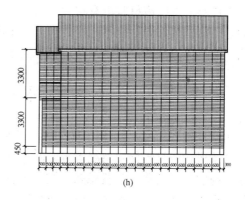

(g)　　　　　　　　　　　　　　　　　(h)

图 2.58　农村住宅空间竖向的模数化控制（二）

（g）西立面外墙；（h）东立面外墙

在技术条件尚不发达的情况下，人们使用土、木、石头等原生材料进行住宅建设，这些材料来自于自然，并最终可以回归到自然环境之中，从而实现其生态节能效益，但这种生态节能是建立在低水平和较低的生活质量上的。随着生活水平要求的提高，人们对农宅舒适度的要求进一步增强，传统原生材料以及建造的粗陋不能满足人们物质生活提高的要求，而且以原生材料为基础的农宅建造大多采用以户为单位的互助建造的方式，其相较工业化住宅生产标准化强、质量高、生产快等诸多优势，就相形见绌了。当代农宅的建材使用，需要从逐步适应工业化建造的角度入手来加以考虑。

（1）农宅承重结构与材料的绿色生态策略

从农宅工业化建造的角度看，承重结构体系中可以较多地使用钢结构，钢结构具有轻质高强（质量轻、结构强度高）、易于工厂标准化加工的特点，有利于实现前述的模数化与构件的标准化，而且钢材本身也方便回收再利用，更能满足当代建筑绿色生态发展的需要。

钢结构可以按材料性质分为低层轻钢结构和普通钢结构，其中钢框架结构和轻钢龙骨结构是当代较多采用的低层建筑方便工业化的结构体系。钢框架结构是指以型钢或者钢管为结构材料，以梁柱组成框架来共同承担使用过程中出现的水平和竖向荷载的结构，其相较于砌体结构具有强度高、自重轻、刚度大、空间划分改造灵活的特点；轻钢龙骨结构是一种以轻钢龙骨组合墙体作为主要的竖向承重构件的新型结构，具有标准化程度高、结构自重轻、方便人工操作的特点，但空间灵活性不如框架结构，在寒冷季节容易形成冷桥而增加建筑能耗，不宜直接用于寒冷地区。低层轻钢结构又可分为冷弯薄壁轻钢结构（通过冷作加工成型的薄壁的钢结构，壁厚小于 6mm）和热轧型钢结构（使用在高于再结晶温度下轧制的型钢的钢结构）两种。

（2）农村住宅维护结构与材料的绿色节能策略

当代农宅建设围护结构材料由黏土砖到免烧砖、多孔砖的使用，再到混凝土砌体、砌块的使用，从传统的黏土瓦到水泥瓦、油毡瓦、金属瓦等使用，都体现了节约黏土资源、建材可回收利用的绿色节能思想。未来农宅的外围护结构，随着生产力以及工业化的发展进步，当代发明的快速喷涂施工的泡沫颗粒混凝土维护结构技术以及绿色材料的复合挂板的外围护结构将会得到更广泛的应用。

当代农宅的门窗材料也有很大发展，历经木门窗、铝合金单玻窗、塑钢单玻窗等多种材料，门窗的热保温性能不断提升。近年来出现的断桥铝真空双层玻璃窗更是有效地提高了窗户的热保温性能，而且其造型美观大方，材料的耐久性强、可回收再利用。

2.4 本 章 小 结

本章从规划和建筑单体层面，以陕西地区为例，对农村地区规划布局、住宅空间模式、建筑形式和材料使用情况等方面的绿色节能现状及存在问题进行了具体分析和研究。基于当前农村集约化的经营思路，探讨了农村住宅产业化的可行性及农村住宅未来的发展趋势，提出了相应的农村住宅空间改良策略，以及应对住宅产业化发展的农村住宅模数化设计方法。

参 考 文 献

[2-1]　陈晓键，陈志新，钱紫华. 陕西关中地区人居环境研究[M]. 西安：陕西人民出版社，2004.

[2-2]　李洪峰. 西安农村调研[M]. 北京：学习出版社，2004.

[2-3]　李群. 西部新型城镇建设中可借鉴的开发理念[J]. 小城镇建设，2002，2：11-13.

[2-4]　周庆华. 黄土高原传统窑居空间形态更新模式初探[J]. 新建筑，2005，4：28-30.

[2-5]　刘加平，何泉，杨柳，闫增峰. 黄土高原新型窑居建筑[J]. 建筑与文化，2007，6：39-41.

[2-6]　胡晓舟. 关中民居建筑特色的继承与发展——有地域特色新农村建设探索[D]. 西安建筑科技大学硕士学位论文，2009.

[2-7]　张碧田，刘振亚. 陕西民居[M]. 北京：中国建筑工业出版社，1993.

[2-8]　李罡. 关中民居的现代适应性转型研究[D]. 西安建筑科技大学硕士学位论文，2007.

[2-9]　张鸽娟. 陕南新农村建设的文化传承研究[D]. 西安建筑科技大学博士学位论文，2011.

[2-10]　李琰君. 陕西关中传统民居建筑与居住民俗文化[M]. 北京：科学出版社，2011.

[2-11]　王启瑞. 在新农村建设项目中应如何对待地方传统文化——中德合作贵州镇山绿色住宅示范工程项目设计中的文化考虑[J]. 华中建筑，2007，7：60-62.

3 农村钢结构住宅的设计与施工

3.1 钢结构住宅概述

1997年，我国钢产量达1亿t，1998年投产的轧制H型钢系列，有关规范标准配套出台，给钢结构创造了良好的物质技术基础。无论在国内还是国外，钢结构在建筑中的应用已非常广泛，除许多高楼大厦、大型公共建筑等采用钢结构外，钢结构住宅依其自重轻、基础造价低、适用于软弱地基、安装容易、施工快、周期短、投资回收快、施工污染环境少、抗震性能好等综合优势而受到各方的重视，发展迅猛。近年来，在北京、上海、天津、浙江等地兴建的约300万m²低层、多层和高层钢结构住宅试点、示范工程，显示出钢结构住宅广阔的发展前景。

在钢结构住宅的政策支持和技术推广方面，1999年建设部编制的《轻型钢结构住宅建筑通用体系的开发和应用》正式列入国家重点技术创新项目；2000年有关部门讨论了国家建筑钢结构产业"十五"计划和2010年发展规划纲要及建筑钢结构工程技术政策，提出"十五"期间应以住宅钢结构为发展重点；2002年建设部年发布了《钢结构住宅产业化技术导则》，明确钢结构住宅建筑技术发展的基本原则；2003年建设部下达了编制《钢结构住宅》国家建筑标准设计图集的任务；2004年开始制定《钢结构住宅设计规程》等有关文件。

钢结构住宅代表了未来的住宅发展新模式，它与传统的砖混结构和钢筋混凝土框架结构相比，在使用功能、设计、施工、综合经济效益等方面具有明显的优势。

（1）钢结构重量轻、抗震性能好

钢结构住宅是以工厂化生产的钢梁、钢柱为骨架，同时配以轻质墙板等新型材料作为围护结构和内隔墙建造而成。它与同面积的建筑楼层相比，钢结构住宅楼的重量可减轻近30%。同时，由于钢材具有较强的延展性，能比较好地消耗地震带来的能量，所以抗震性能好，结构安全度高。

（2）钢结构建筑占地面积小，具有良好的空间感

现如今投资者越来越多地考虑楼内空间的灵活性以及自由发挥度。利用钢材强度高的特点，设计可采用大开间布置，使建筑平面能够合理分隔，灵活方便，创造开放式住宅。而传统结构（砖混结构、混凝土结构）由于材料性质限制了空间布置的自由，以往开间一般常在3.2m、3.4m、3.6m，如果过大，就会造成板厚、梁高、柱大，出现"肥梁胖柱"现象，不但影响美观，而且自重增大，增加造价，购房者在二次装饰时，经常由于自行改变墙体位置，增加隐患。

（3）钢结构住宅的综合效益高于传统的住宅体系

首先，钢结构构件，可以实行工厂化生产，现场安装。由于现场作业量小，对周围环

境污染少，同时，施工机械化程度高，加快了施工速度。根据统计，同样面积建筑物，钢结构比混凝土结构工期，可缩短三分之一，而且可节省支模材料。其次，由于自重轻，基础费用降低，总体用料减少，直接成本降低，建设工期短，间接费又可减少。因此，钢结构住宅的发展具有极强的竞争力和良好的市场前景。

（4）钢结构建筑以其特有的环保优势而备受青睐

钢结构建筑现场作业量小、无噪声、不污染周围环境。传统建筑用的实心黏土砖，因大量浪费土地资源、污染环境已被限时禁止使用。相反，由于钢结构住宅易于实现工业化生产、标准化制作，可以采用节能、环保的新型墙体材料与之配套，因而健康、环保、抗震的钢结构住宅，符合我国住宅产业化和可持续发展的要求，是我国现代化住宅建筑发展的必然趋势。

住宅产业化是我国住宅业发展的必由之路，也必将成为推动我国经济发展新的增长点。尽管我国年钢产量早已超过 1 亿 t，但钢材在建筑钢结构中的使用量所占比例却不到 5%。因此，住房和城乡建设部及有关部门成立了建筑用钢领导小组，其主要任务就是促进在建筑上用钢的比例，同时住房和城乡建设部已经把钢结构住宅列入全国重点推广项目。另外，随着人们对生活质量要求的不断提高，钢结构住宅建筑必将是我国未来工程建设中的主角。

3.2　农村住宅钢框架结构体系

3.2.1　农村住宅钢框架结构体系用材

框架结构是农村住宅的常用结构形式之一，容易实现住宅的大开间要求，且可灵活进行建筑平面布置，通用性强。

钢框架结构的主要优点有：

（1）抗震性能良好。由于钢材延性好，既能削弱地震反应，又使得钢结构具有抵抗强烈地震的变形能力。

（2）自重轻，可以显著减轻结构传至基础的竖向荷载和地震作用。

（3）充分利用建筑空间。由于柱截面较小，可增加建筑使用面积 2%～4%。

（4）施工周期短，建造速度快。

（5）形成较大空间，平面布置灵活，结构各部分刚度较均匀，构造简单，易于施工。

钢框架结构的主要缺点有：

（1）侧向刚度小，在水平荷载作用下二阶效应不可忽视；由于地震时侧向位移较大，引起非结构性构件的破坏。

（2）耐火性能差。钢结构中的梁、柱、支撑及用作承重的压型钢板等要求喷涂防火涂料。

实际上，钢框架结构就是由沿纵横方向的多榀框架构成，用以承担水平荷载的抗侧力结构，梁柱连接常采用刚接。

3.2.1.1　钢材性能指标

钢结构对材料性能的要求是多方面的，所用的钢材对材料的要求主要包括强度、塑形、韧性、冷弯性能、可焊性、耐久性等一系列重要的性能。它们都直接影响着钢结构是否能安全可靠地工作以及钢结构的工程造价。

（1）钢材的力学性能

钢材的主要力学性能包括强度、塑形、冷弯性能与冲击韧性4个方面，并可用6个指标加以体现：强度指标2个，即屈服点f_y与抗拉强度f_u；塑形指标1个，即伸长率δ或截面收缩率Ψ；180°冷弯性能指标1个；常温和低温冲击韧性指标（A_{kv}）2个。它们可分别由单向均匀拉伸试验和冷弯、冲击试验取得。采用的钢材均应符合各自的标准。

1）强度性能

钢材的强度性能指标值可以通过采用标准试件在常温（100～350℃）、静载（满足静力加载的加载速度）作用下进行一次加载拉伸试验所得到的钢材应力-应变关系曲线来显示（如图3.1a所示），对图3.1（b）所示简化的钢材应力-应变关系曲线各受力阶段的特征阐述如下：

① 弹性阶段

线弹性阶段（OA段）：应力与应变呈直线关系，卸载后变形完全消失，说明材料为弹性。OA段直线的斜率为弹性模量$E = 2.06 \times 10^{11} \text{N/m}^2$。

非线性弹性阶段（OA'段）：应力与应变呈非线性关系，但卸载后变形完全消失，说明材料仍为弹性。

弹－塑性阶段（$A'B$段）：应力与应变呈非线性关系，该阶段内任一点的变形都包括弹性变形和塑性变形两部分，其中塑性变形在卸载后不能恢复为零，故称残余变形或永久变形。设计中取用的设计强度通常以下屈服点（即B点）为依据，用符号f_y表示。对低碳钢，f_y对应的应变ε约为0.15%，对于高碳钢（即没有明显屈服台阶的钢材）可取卸载后残余应变$\varepsilon = 0.2\%$所对应的应力为f_y。

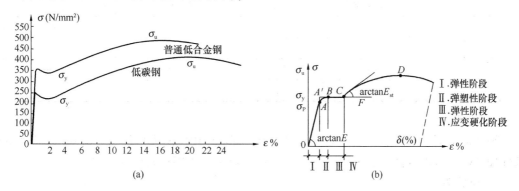

图 3.1　钢材的一次拉伸应力-应变曲线

② 塑形阶段（BC段）

当应力增大到屈服点f_y时，钢材暂时不能承受更大的荷载，且伴随产生很大的变形，形成塑性流动现象（在$\sigma-\varepsilon$曲线上形成稳定的水平段，称作屈服平台），因此在进行钢结构设计时，一般将f_y作为承载能力极限状态计算的限值，并据以确定钢材的强度设计值f（见表3.1）。

③ 强化阶段（CD段）

屈服平台结束以后，钢材又恢复了承载能力，继续加载后，$\sigma-\varepsilon$曲线开始缓慢上升至

最高点 D 点，此阶段称为应变硬化阶段。D 点应力称作抗拉强度或强度极限，用符号 f_u 表示。

④ 颈缩破坏阶段（DE 段）

当应力达到 f_u 后，试件局部开始出现横向收缩（即颈缩），随后变形剧增，荷载下降，直至断裂。f_u 是钢材破坏前能够承受的最大应力，设计时仅作为钢材的强度储备考虑，常用 f_y/f_u（屈强比）表示钢材强度储备的大小。

钢材的强度设计值（N/mm²） 表 3.1

钢材		抗拉、抗压和抗弯 f_t	抗剪 f_v	端面承压（刨平顶紧）f_{cc}
钢号	厚度或直径（mm）			
Q235 钢	≤16	215	125	325
	>16~40	205	120	325
	>40~60	200	115	325
	>60~100	190	110	325
Q345（16Mn 钢、16Mnq 钢）	≤16	310	180	400
	>16~35	295	170	400
	>35~50	265	155	400
	>50~100	250	145	400
Q390（15MnV 钢、15MnVq 钢）	≤16	350	205	415
	>16~35	335	190	415
	>35~50	315	180	415
	>50~100	295	170	415
Q420 钢	≤16	380	220	440
	>16~35	360	210	440
	>35~50	340	195	440
	>50~100	325	185	440

2）塑性

塑性是指钢材破坏前产生塑形变形的能力，其值可用由静力拉伸试验得到的力学性能指标伸长率 δ 与截面收缩率 Ψ 来衡量。δ 与 Ψ 值越大，表明钢材塑形越好。

① 伸长率

伸长率等于试件拉断后的原标距的塑性变形（即伸长值）与原标距的百分比。取圆形试件直径 d 的 5 倍或 10 倍为标定长度，其相应的伸长率用 δ_5 或 δ_{10} 表示：

$$\delta = \frac{L_1 - L_0}{L_0} \times 100\% \tag{3.1}$$

式中　L_0 ——试件原标距长度；

　　　L_1 ——试件拉断后标距的长度。

② 截面收缩率

截面收缩率等于颈缩断口处截面面积的缩减值与原截面面积的百分比，用 Ψ 表示：

$$\psi = \frac{A_0 - A_1}{A_0} \times 100\% \qquad (3.2)$$

式中　A_1——试件颈缩时断口处横截面面积。

3）冷弯性能

钢材的冷弯性能不仅可以反映钢材在常温下进行冷加工时产生的塑性变形性能，还能表示钢材的冶金质量。根据试件厚度，按规定的弯心直径将试件弯曲180°，其表面及侧面无裂纹或分层则为"冷弯试验合格"。重要结构中需要有良好的冷热加工的工艺性能时，应有冷弯试验合格保证。

4）冲击韧性

钢材的韧性可用冲击试验来判定，并可用冲击韧性值（即击断试件所需的冲击功 A_{kv}）表示，单位为 J（焦耳）。现行国家标准采用夏比试验法（Charpy V-not ch test）。试验时采用截面 10mm×10mm、长 55mm 且中间开有 V 形缺口的长方体试件，放在冲击试验机上用摆锤击断，刚好击断试件缺口时的摆锤重量与其垂直下落高度之乘积为所消耗的冲击功。

冲击韧性值还受温度影响，温度低于某值时将急剧降低。设计处于不同环境温度的重要结构，尤其是受动载作用的结构时，要根据相应的环境温度对应提出常温（20±5℃）冲击韧性、0℃冲击韧性或负温（-20℃或-40℃）冲击韧性的保证要求。

（2）可焊性

钢材的焊接性是指在给定的构造形式和焊接工艺条件下获得符合质量要求的焊缝链接的性能。钢材的可焊性包含两方面的含义：其一是说钢材本身具有可焊接的条件，通过焊接，可以方便地实现多种不同形状和不同厚度的钢材的链接；其二是说钢材焊接后，焊接接头的强度、刚度一般可达到与母材相等或相近，能够承受母材金属所能承受的各种作用。建筑钢材中，Q235 系列钢有较好的可焊性，Q345 系列钢可焊性次之，用于重要结构时需采取一些必要措施，如预加热焊件等。

（3）耐久性

钢材的耐久性主要表现在其抗腐蚀性能。对于长期暴露在空气中或经常处于干湿交替环境下的钢结构，容易产生锈蚀破坏。腐蚀对钢结构的危害不仅仅是对钢材有效截面的均匀削弱，而且由此产生的局部锈蚀会导致应力集中，从而降低结构的承载力，使其产生脆性破坏。故对钢材的防锈蚀问题及防腐措施应特别重视。

（4）各种因素对钢材主要性能的影响

影响钢材主要力学性能的因素很多，主要包括化学成分、冶炼和轧制工艺（如脱氧程度，是镇静钢还是沸腾钢，是否产生偏析、非金属夹杂、裂纹、分层等）、工作温度、硬化（冷作硬化、时效硬化与人工时效）、复杂应力（折算应力 σ_{eq}）与应力集中以及重复荷载引起的结构疲劳破坏等方面。另外，焊接和氧割等产生的残余应力也会导致构件的刚度和稳定性能降低。

3.2.1.2　钢构配件形式

（1）热轧型钢

热轧型钢的截面形状合理，材料在截面上的质量分布较为均匀，同时形状简单，种类和尺寸分极少，便于轧制，而且构件间便于连接，因此热轧型钢是钢结构中采用的主要钢

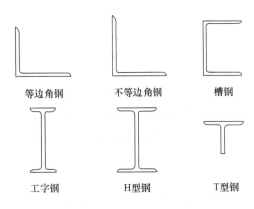

等边角钢　　　　不等边角钢　　　　槽钢

工字钢　　　　H型钢　　　　T型钢

图 3.2　热轧型钢的截面形式

材。常用的热轧型钢有角钢、槽钢、工字钢、H 型钢、T 型钢和钢管等（如图 3.2 所示）。

1）角钢：角钢分为不等边和等边两种类型。不等边角钢的规格表示方法为"∟长边（mm）×短边（mm）×壁厚（mm）"；等边角钢的规格表示方法为"∟边宽（mm）×壁厚（mm）"。角钢可以用作受力杆件也可以用来作为受力构件之间的连接零部件。

2）槽钢：槽钢有热轧普通槽钢和轻型槽钢两种类型，分别用槽钢符号"[截面高度"和"Q[截面"表示，槽钢截面高度的单位是厘米。另外，14 号以上的槽钢由于腹板厚度的不同，还要标注出腹板厚度类别符号 a、b、c，从 a 到 c，腹板厚度越来越厚。与普通槽钢截面高度相同的轻型槽钢，其翼缘和腹板均较薄，截面面积小但回转半径大。

3）工字钢：工字钢有普通工字钢和轻型工字钢两种类型，标注方法与槽钢相同，但槽钢符号"["应改为"I"，另外，20 号以上的工字钢才附有腹板厚度类别符号 a、b、c。工字钢常单独用作梁、柱等构件。

4）H 型钢：H 型钢根据翼缘宽度分为宽、中、窄三种类型，分别用"HW、HM、HN"表示，H 型钢的规格表示法为："HW（HM 或 HN）高（mm）×宽（mm）×腹板厚（mm）×翼缘厚（mm）"。一般来说，宽翼缘 H 型钢（HW），宽度＝高度；中翼缘 H 型钢（HM），宽度＝（1/2～2/3）高度；窄翼缘 H 型钢（HN），宽度＝（1/3～1/2）高度。H 型钢比工字钢翼缘大，并为等厚度，截面抵抗矩较大且质量较小，便于与其他构件连接。

5）T 型钢：T 型钢一般都是由 H 型钢剖分而来，标注方法与 H 型钢相同，但 H 型钢符号"HW、HM、HN"应改为"TW、TM、TN"。

6）钢管：钢管包括无缝钢管和焊接钢管两种类型。它们的规格表示方法为"φ外径×壁厚"，其中截面尺寸单位为厘米（mm）。

（2）焊接工字钢

在设计中，设计师选用的钢材不一定是固定型号的型钢，而更多时候都会采用焊接的工字钢，以获得在特定条件下的最经济的截面尺寸。但是焊接的工字钢应该满足最基本的受力条件，同时翼缘的宽厚比和腹板的高厚比都应该满足设计规范的要求。焊接工字钢的表示方法为"I 高度（mm）×上翼缘宽度（mm）×下翼缘宽度（mm）×腹板厚度（mm）×上翼缘厚度（mm）×下翼缘厚度（mm）"。

（3）方钢管

方钢管有无缝和焊缝之分，无缝方钢管是将无缝圆管挤压成型而成。焊缝方钢管是带钢经过工艺处理卷制而成。一般是把带钢经过拆包，平整，卷曲，焊接形成圆管，再由圆管轧制成方形管然后剪切成需要长度。方钢管的表示方法为"口边长（mm）×边长（mm）×厚度（mm）"。

（4）焊接材料

1）钢结构焊接材料包括焊条、焊丝、焊钉、焊剂等。而钢结构的焊接方法有手工电弧焊、埋弧焊（自动或半自动）、电阻焊、气体保护焊。在施工过程中最常用的是用焊条进行的手工电弧焊，焊条由焊芯和药皮两部分组成。

手工电弧焊是最常用的焊接方法。通电后，在涂有药皮的焊条与焊件之间产生电弧。由电弧产生高温。在高温作用下，电弧周围的金属变成液体，形成熔池。同时，焊条中的焊丝很快熔化，滴落在熔池中，与焊件的熔融金属相互结合，冷却后即形成焊缝。由焊条药皮形成的气体和熔渣覆盖熔池，防止空气中的氧、氮等有害气体与熔融金属接触而形成易脆的化合物。另外，手工电弧焊焊条应与焊件的金属强度相适应。对 Q235 钢采用 E43 型焊条（E4300～E4328）；对 Q345 钢采用 E50 型焊条（E5000～E5048）；对 Q390 钢和 Q420 钢采用 E55 型焊条（E5500～E5518）。当不同钢种的钢材连接时，宜用与低强度钢材相适应的焊条。

2）焊缝符号主要由引出线和基本符号组成，必要时还可以加上辅助符号、补充符号和焊缝尺寸符号。焊缝的连接强度设计值如表 3.2 所示。

焊缝的强度设计值（N/mm²）　　　　　　　　　　表 3.2

焊接方法和焊条型号	构件钢材		对接焊缝				角焊缝
	牌号	厚度或直径（mm）	抗压强度	焊缝质量为下列等级时，抗拉强度		抗剪强度	抗拉强度、抗压强度和抗剪强度
				1级、2级	3级		
自动焊、半自动焊和 E43 型焊条的手工焊	Q235 钢	≤16	215	215	185	125	160
		>16～40	205	205	175	120	
		>40～60	200	200	170	115	
		>60～100	190	190	160	110	
自动焊、半自动焊和 E50 型焊条的手工焊	Q345 钢	≤16	310	310	265	180	200
		>16～35	295	295	250	170	
		>35～50	265	265	225	155	
		>50～100	250	250	210	145	
自动焊、半自动焊和 E55 型焊条的手工焊	Q390 钢	≤16	350	350	300	205	220
		>16～35	335	335	285	190	
		>35～50	315	315	270	180	
		>50～100	295	295	250	170	
	Q420 钢	≤16	380	380	320	220	220
		>16～35	360	360	305	210	
		>35～50	340	340	290	195	
		>50～100	325	325	275	185	

（5）螺栓连接材料

1）普通螺栓

普通螺栓分为 A、B、C 三级。A、B 级普通螺栓的材料性能属于 8.8 级，一般由优质碳素钢中的 45 钢和 35 钢制成，其制作精度和螺栓孔的精度、孔壁表面粗糙度等要求都比较严格。A、B 两级的区别只是尺寸不同，其中 A 级包括 $d \leqslant 24mm$，且 $L \leqslant 150mm$ 的螺栓，B 级包括 $d > 24mm$ 或 $L > 150mm$ 的螺栓（d 为螺杆直径，L 为螺杆长度）。C 级普通螺栓的材料性能属于 4.6、4.8 级，一般由普通碳素钢 Q235B·F 钢制成，其制作精度和螺栓的允许偏差、孔壁表面粗糙度等要求比 A、B 级普通螺栓要低，因此成本较低，同时由于其传递拉力的性能较好且拆装方便，所以 C 级普通螺栓广泛用于承受拉力的安装连接，不重要的连接或用作安装时的临时固定。

2）高强度螺栓

高强度螺栓分为摩擦型连接和承压型连接两种类型。高强度螺栓摩擦型连接依靠被连接构件间的摩擦力传递外力，并以剪力不超过接触面摩擦力作为设计准则；高强度螺栓承压型连接允许接触面滑移，以螺杆不被剪坏或孔壁承压不破坏作为设计准则。高强度螺栓的杆身、螺母和垫圈都要用抗拉强度高的钢材来制作。高强螺栓的性能等级包括 10.9 级（20MnTiB 钢和 30VB 钢）和 8.8 级、（40B 钢、45 号钢和 35 号钢）两种。

3）螺栓规格的表示方法是用代号字母"M"和公称直径来表示。螺栓连接的强度设计值如表 3.3 所示。

螺栓连接的强度设计值（N/mm²）　　　　　　　表 3.3

螺栓的钢材牌号（或性能等级）和构件的钢材牌号		普通螺栓						锚栓	承压型连接高强度螺栓		
		C 级螺栓			A 级、B 级螺栓						
		抗拉 f_t^b	抗剪 f_v^b	承压 f_c^b	抗拉 f_t^b	抗剪 f_v^b	承压 f_c^b	抗拉 f_t^a	抗拉 f_t^b	抗剪 f_v^b	承压 f_c^b
普通螺栓	4.6 级、4.8 级	170	140	—	—	—	—	—	—	—	—
	5.6 级	—	—	—	210	190	—	—	—	—	—
	8.8 级	—	—	—	400	320	—	—	—	—	—
锚栓	Q235 钢	—	—	—	—	—	—	140	—	—	—
	Q345 钢	—	—	—	—	—	—	180	—	—	—
承压型连接高强度螺栓	8.8 级	—	—	—	—	—	—	—	400	250	—
	10.9 级	—	—	—	—	—	—	—	500	310	—
构件	Q234 钢	—	—	305	—	—	405	—	—	—	470
	Q345 钢	—	—	385	—	—	510	—	—	—	590
	Q390 钢	—	—	400	—	—	530	—	—	—	615
	Q420 钢	—	—	425	—	—	560	—	—	—	655

3.2.1.3　围护结构材料

围护结构是指围合建筑空间四周的墙体、门、窗等以及构成建筑空间、抵御环境不利影响的构件（也包括某些配件）。根据在建筑物中的位置，围护结构分为外围护结构和内围护结构。外围护结构包括外墙、屋顶、侧窗、外门等，用以抵御风雨、温度变化、太阳辐射等，应具有保温、隔热、隔声、防水、防潮、耐火、耐久等性能。内围护结构如隔墙、楼板和内门窗等，起分隔室内空间作用，应具有隔声、隔视线以及某些特殊要求的性能。围护结构通常是指外墙和屋顶等外围护结构。外围护结构按构造可分为单层的和多层复合的两类。单层构造如各种厚度的砖墙、混凝土墙、金属压型板墙、石棉水泥板墙和玻璃板墙等。多层复合构造围护结构可根据不同要求和结合材料特性分层设置。通常外层为防护层，中间为保温或隔热层，内层为内表面层。各层或以骨架作为支承结构，或以增强的内防护层作为支承结构。外围护结构的材料有砖、石、土、混凝土、纤维水泥板、钢板、铝合金板、玻璃、玻璃钢、塑料以及复合板材等。下面对钢框架结构中常用的围护结构材料进行介绍。

（1）砌体

作为围护材料的砌体材料还有一定的强度，根据《砌体结构设计规范》GB 50003，块体强度等级应按表3.4选取。

块体强度等级 表3.4

名　　称	强度等级
烧结普通砖	MU30、MU25、MU20、MU15 和 MU10
蒸压灰砂砖、蒸压粉煤灰砖	MU25、MU20、MU15 和 MU10
砌块	MU20、MU15、MU10、MU7.5 和 MU5
石料	MU100、MU80、MU60、MU50、MU40、MU30 和 MU20
砂浆	M15、M10、M7.5、M5 和 M2.5

而砌体材料中应用最普遍的是烧结多孔砖砌体等材料，烧结多孔砖砌体的抗压强度性能如表3.5所示。

烧结普通砖和烧结多孔砖砌体的抗压强度设计值（MPa） 表3.5

砖强度等级	砂浆强度等级					砂浆强度
	M15	M10	M7.5	M5	M2.5	0
MU30	3.94	3.27	2.93	2.59	2.26	1.15
MU25	3.60	2.98	2.68	2.37	2.06	1.05
MU20	3.22	2.67	2.39	2.12	1.84	0.94
MU15	2.79	2.31	2.07	1.83	1.60	0.82
MU10	—	1.89	1.69	1.50	1.30	0.67

（2）复合板材

板材型墙体可以定型化设计、工厂化生产，适合于装配式施工建造，更加符合工业化住宅发展的要求。随着我国建材工业的发展以及大量引进国外先进的建材产品生产线，作为建筑物外围护结构的墙体板材品种越来越多。墙板根据材料的组成类型可分为单一材质墙板和复合材质墙板。目前，国内钢结构住宅中应用较多的单一材料墙板主要是加气混凝土板，除低重度的加气混凝土外大多不能很好地满足我国建筑节能标准的要求。而复合墙板的出现和使用，给墙体材料带来了新的革命，能更好地满足了钢结构住宅的墙体要求，更好地满足国家节能标准。

复合围护墙板是指由两种或两种以上材料结合为一体的墙板，复合围护墙板按生产加工及施工建造工艺不同分为工厂预制型复合围护墙板和现场复合型复合围护墙板两种。预制型复合围护墙板是指墙板在工厂制作成品，运输到施工现场再安装。预制型复合围护墙板的种类主要有钢筋混凝土绝热材料复合墙板、钢丝网架水泥夹心板、金属复合板、玻璃纤维增强水泥复合板等。

现场复合型围护墙板是将每一种材料如保温材料、龙骨材料、内外墙板及饰面材料分别在工厂定型化大量生产，而复合组装在施工现场进行的。与预制型复合围护墙板相比，现场复合型围护墙板的主要优点有保温隔热性能良好、防止雨水渗漏功能强、有效避免热桥的产生、避免墙板安装中面对的通缝问题等。现场复合型外墙板对建筑在使用期内的维修保养也非常有利，由于各层墙板相对独立，出现破损可以及时进行局部更换，而不影响居住者的生活。目前，现场复合型围护墙板在我国钢结构住宅中应用越来越广泛，种类也很多，较常用有金邦板复合墙板、PVC 外挂板复合墙板、ASA 板等，现以 ASA 板为例进行说明。

ASA 系列板材主要原材料是水泥、粉煤灰、闭孔（物理）发泡剂。在生产过程中不需烧结、热压、蒸压，是低能耗建材产品，且粉煤灰及各种工业废渣、填料占 50% 以上，可大量节省水泥，又属利废产品。使用该材料建筑的房屋使用 50 年拆迁后，钢材、塑钢、门等均可回收再用，使用过的 ASA 板在粉碎后仍可作为填料生产新的 ASA 板材，真正做到了无建筑垃圾。ASA 板的类型与规格以及 ASA 板的材料性能分别如表 3.6 和表 3.7 所示。

ASA 板类型与规格　　　　　　　　　　　　　　表 3.6

板材类型	代号	规格		备注
		板厚（mm）	板长（mm）	
复合保温外墙板 （FX 板）	FX60	60	≤3000	F：复合板 X：玻纤网格布增强
	FX90	90	≤3000	
	FX120	120	≤3000	
圆孔隔墙板 （YX 板）	YX90	90	≤3000	Y：圆孔板 X：玻纤网格布增强
	YX120	120	≤3000	
屋面板 （WG 或 WGG 板）	WG90	90	≤3000	W：屋面板 G：单面钢筋增强 GG：双面钢筋增强
	WGG90	90	≤3000	
	WG120	120	≤3000	
	WGG120	120	≤3000	
楼板 （LP 板或 LZ 板）	LP120	120	≤3000	L：楼板 P：普通型 Z：增强型
	LZ120	120	3000～4200	
	LP120	120	≤3000	
	LZ120	120	3000～4200	
实心墙板 （SX 板）	SX60	60	≤3000	S：实心板 X：玻纤网格布增强
门窗洞边板 （FXD、YXD 板）	FXD60	60	≤3000	F：复合板 Y：圆孔板 X：玻纤网格布增强 D：洞边板
	FXD90	90	≤3000	
	FXD120	120	≤3000	
	YXD90	90	≤3000	
	YXD120	120	≤3000	

注：所有板标准宽度均为 600mm。

ASA 板材料性能   表 3.7

检测项目		单 位	数 值
抗压强度		MPa	7.6
冻后抗压强度		MPa	5.9
轴心抗压强度		MPa	5.8
劈裂抗拉强度		MPa	1.5
抗折强度		MPa	2.1
静力受压弹性模量		MPa	4000
体积密度		kg/m³	802
含水率		%	9.5
吸水率		%	22
干燥收缩值		mm/m	0.11
干湿循环系数		—	0.243
抗冻性	质量损失	%	2.66
执行标准			GB/T 11969～11975

（3）喷涂轻质砂浆-冷弯薄壁型钢隔墙体系

喷涂轻质砂浆－冷弯薄壁型钢结构作为一种在钢框架中应用的新型隔墙体系，具有自重轻、施工快速方便、材料绿色环保、结构整体性好、墙体保温、隔声、耐火等优点，在欧洲和北美等地已开始推广应用。近年来，西安建筑科技大学和广州固保系统建筑材料有限公司对这种新型隔墙体系进行了系统的研究，在北京、上海、云南和陕西等地进行了试点，取得了良好的使用效果。

喷涂轻质砂浆-冷弯薄壁型钢隔墙以冷弯薄壁型钢骨架作为结构骨架（如图 3.3a 所示），在型钢骨架区格内放置聚苯乙烯泡沫（EPS）板（如图 3.3b 所示），将型钢骨架四周喷涂轻质砂浆使之完全包裹（如图 3.3c 所示），最终在型钢骨架和 EPS 板两侧喷涂轻质砂浆和墙体抹灰形成完整的隔墙结构体系（如图 3.3d 所示）。

(a)　　　　　　　(b)　　　　　　　(c)　　　　　　　(d)

图 3.3　喷涂轻质砂浆－冷弯薄壁型钢隔墙的构造形式
（a）型钢骨架；（b）安装 EPS 板；（c）砂浆包裹型钢构件；（d）喷涂轻质砂浆

该新型隔墙体系采用的喷涂轻质砂浆作为一种新型建筑材料，主要由灰浆混合料、聚苯乙烯颗粒和矿物基础黏合剂等组成，该材料通过喷涂方式，快速初凝，经过一定时间养护后，形成一定强度，并兼有良好保温、隔声以及耐火等性能，其性能指标见表 3.8。喷涂式轻质砂浆利用工业固体废弃物，如磷石膏、脱硫石膏、氟石膏等，取材方便，既绿色环保，又可提高居住舒适度，亦能降低二氧化碳的排放量。

喷涂轻质砂浆材料性能

表 3.8

项　　目		技术指标	项　　目	技术指标
干表观密度（kg/m³）		≤800	抗折强度 MPa	≥0.8
导热系数［W/（m·K）］		≤0.165	收缩值%	≤0.2
冻融循环后的砂浆强度损失率（%）		≤5	燃烧性能分级	A2 级
拉伸粘结强度（MPa）	与钢材	≥0.10	内照射指数	≤1.0
	与混凝土	≥0.15	外照射指数	≤1.0
立方体抗压强度（MPa）		≥1.0		

3.2.2　农村住宅钢框架结构体系设计

3.2.2.1　设计概述

框架的近似计算的方法很多，工程中最实用的是力矩分配法及 D 值法（反弯点法），前者多用于竖向荷载下求解，后者用于水平荷载下求解。框架近似计算方法有如下假定：

（1）一片框架可以抵抗在本身平面内的侧向力，而在平面外的刚度很小，可以忽略。因而整个结构可以划分成若干个平面结构共同抵抗与平面结构平行的侧向荷载，垂直于该方向的结构不参加受力。

（2）楼板在其自身平面内刚度无限大，楼板平面外刚度很小，可以忽略。因而在侧向力作用下，楼板可作刚体平移或转动，各个平面抵抗力结构之间通过楼板互相联系并协同工作。

（3）忽略梁、柱轴向变形及剪切变形。

（4）杆件为等截面（等刚度），以杆件轴线作为框架计算轴线。

（5）在竖向荷载下结构的侧移很小，因此在作竖向荷载下计算时，假定结构无侧移。

根据上述假定可以解决以下问题：水平荷载在各抗侧力结构之间的分配；每片平面结构在所分到的水平荷载作用下的内力和位移。

3.2.2.2　结构计算分析方法

（1）竖向荷载下的近似计算——分层力矩分配法

在竖向荷载作用下，框架的侧移较小，计算内力时，通常按无侧移框架处理，即假定荷载产生的轴力只考虑向下传递以及结构无侧移。因此，在计算框架结构在竖向荷载下的内力时，采用分层力矩分配法，其计算内容如下：

1）计算各层梁上竖向荷载值和梁的固端弯矩。

2）将框架分层，各层梁跨度及柱高与原结构相同，并且假定柱端为固定端。

3）计算梁、柱线刚度。当进行框架弹性分析时，压型钢板组合楼盖中梁的惯性矩宜取：

$$I = kI_r \tag{3.3}$$

式中　I_r——按矩形截面计算的梁截面惯性矩；

k——系数，两侧有楼板时，$k = 1.5$；一侧有楼板时，$k = 1.2$。

对于柱，考虑到实际还存在一定的转角，因而除底层外，上层各柱线刚度均乘以 0.9 修正。

4）计算和确定梁、柱弯矩分配系数和传递系数。按修正后的刚度计算各节点周围杆件的杆端分配系数，所有上层柱的传递系数取 1/3，底层柱的传递系数取 1/2。

5）按力矩分配法计算单层梁、柱弯矩。

6）将分层计算得到的、但属于同一层柱的柱端弯矩叠加得到柱的弯矩。一般情况下，分层计算法所得杆端弯矩在各节点不平衡。如果需要更精确的结果时，可将节点的不平衡弯矩再进行分配。

（2）水平荷载下的近似计算（D 值法和反弯点法）

对比较规则的、层数不多的框架结构，当柱轴向变形对内力及位移影响不大时，可采用 D 值法或反弯点法计算水平荷载作用下的框架内力及位移。

1）D 值法

假定每个柱各层节点转角相等，则可得到柱剪力 V 和层间位移 δ 的关系：

$$V = \alpha \frac{12i_c}{h^2} \delta \tag{3.4}$$

式中　α——刚度修正系数，小于 1。如果写成抗侧刚度的表达式，则：

$$D = \frac{V}{\delta} = \alpha \frac{12i_c}{h^2} \tag{3.5}$$

D 值定义是：柱节点有转角时使柱端产生单位水平位移所需施加的水平推力。α 系数与梁柱刚度相对大小有关，梁刚度越小，α 值越小，即柱的抗侧刚度越小。表 3.9 分别给出了一般柱和底层柱、中柱和边柱 α 值的计算公式，其中 K 为梁柱刚度比。

刚度修正系数 α 计算公式　　　　　　　　　　　表 3.9

楼层	简　图		K	α
	边柱	中柱		
上层柱	i_2 i_c i_4	i_1 i_2 i_c i_3 i_4	$K = \dfrac{i_1 + i_2 + i_3 + i_4}{2i_c}$	$\alpha = \dfrac{K}{2+K}$
底层柱	i_2 i_c	i_1 i_2 i_c	$K = \dfrac{i_1 + i_2}{i_c}$	$\alpha = \dfrac{0.5+K}{2+K}$

根据平面框架内各柱侧移相等，可得各柱剪力分配的计算公式为：

$$V_{ij} = \frac{D_{ij}}{\sum\limits_{j=1}^{s} D_{ij}} V_{pi} \tag{3.6}$$

式中　V_{pi}——该片平面框架 i 层总剪力；

V_{ij} ——第 i 层第 j 根柱分配到的剪力；

D_{ij} ——第 i 层第 j 根柱的抗侧刚度；

$\sum\limits_{j=1}^{s} D_{ij}$ ——第 i 层 s 根柱的抗侧刚度之和。

如此，由 D 值分配框架剪力的方法称为 D 值法。

2）反弯点法

反弯点法是 D 值法的特例，即令 $\alpha = 1.0$ 可得。一般在工程中当 $i_b/i_c \geqslant 3 \sim 5$ 时可采用反弯点法，并且一般只在层数很少的多层框架中适用。

由 D 值法或反弯点法得到柱剪力后，只要确定反弯点位置就可以确定柱的内力。而反弯点位置与柱端约束有关，其中影响柱端约束刚度的主要因素有：柱子所在的楼层位置，上、下梁的相对线刚度比，上、下层层高的变化，梁柱线刚度比，荷载形式。

计算反弯点的具体方法是令反弯点距柱下端距离为 yh，y 为反弯点高度比。由力学分析推导求得标准情况下（即各层等高，各跨相等，各层梁、柱线刚度均不变的情况）的反弯点高度比 y_n，再根据各种影响因素，对 y_n 进行修正，但如此却比较繁琐，在此不具体介绍。而在实际设计中，可假定上部各层柱子反弯点在柱中点，由于底层柱的底端为固定端，底层反弯点设在 $2h_1/3$ 处。当框架规则，各层层高及梁柱断面相差不大时，采用估算的方法误差是不大的。

3）计算步骤与内力

当只考虑结构平移时，内力计算的步骤及方法如下：

① 计算作用在第 i 层结构上的总层剪力 V_i （1，2，……n），并假定它作用在结构刚心处；

② 计算各梁、柱的线刚度 i_b、i_c。梁刚度按式（3.3）计算（考虑现浇楼板的作用）；

③ 计算各柱抗推刚度 D；

④ 计算总剪力在各柱间的剪力分配；

⑤ 确定柱反弯点高度系数 y；

⑥ 根据各柱分配到的剪力及反弯点位置 yh 计算第 i 层第 j 个柱端弯矩：

上端弯矩

$$M_{ij}^t = V_{ij}h(1-y) \tag{3.7a}$$

下端弯矩

$$M_{ij}^b = V_{ij}hy \tag{3.7b}$$

⑦ 由柱端弯矩，并根据节点平衡计算梁端弯矩：

对于边跨梁端弯矩

$$M_{bi} = M_{ij}^t + M_{i+1,j}^b \tag{3.8}$$

对于中跨，由于梁的端弯矩与梁的线刚度成正比，因此

$$\begin{cases} M_{bi}^l = (M_{ij}^t + M_{i+1,j}^b)\dfrac{i_b^l}{i_b^l + i_b^r} \\[4mm] M_{bi}^r = (M_{ij}^t + M_{i+1,j}^b)\dfrac{i_b^r}{i_b^l + i_b^r} \end{cases} \tag{3.9}$$

⑧ 根据力平衡原理，由梁端弯矩和作用在该梁上的竖向荷载求出梁跨中弯矩和剪力。

一般情况下每根柱子都有反弯点，底层柱子的轴力、剪力和弯矩最大，由下向上减小；注意，当柱子刚度比梁刚度大很多时，柱子可能没有反弯点（计算得到的反弯点高度比大于 1.0）。

（3）水平荷载作用下侧移的近似计算

框架总位移由杆件弯曲变形产生的侧移和柱轴向变形产生的侧移两部分叠加而成。由杆件弯曲变形引起的"剪切型侧移"，可由 D 值计算，为框架侧移的主要部分；由柱轴向变形产生的"弯曲型侧移"，可由连续化方法作近似估算。后者产生的侧移变形很小，多层框架可以忽略。

为了理解上述两部分变形，把框架看成空腹柱，通过反弯点将框架切开，其内力如图 3.4 所示，V 为剪力，它由 V_A、V_B 合成，V_A、V_B 产生柱内弯矩与剪力，由于框架结构层剪力由下向上逐渐减小，而各层的 D 值接近（柱截面及层高接近），层间变形由底层向上逐渐减少，所以沿高度分布曲线是下部突出的，因而成为"剪切型侧移"；M 是由柱内轴力 N_A、N_B 组成的力矩，N_A、N_B 引起柱轴向变形，产生的侧移相当于悬臂柱的弯曲变形，形成的侧移曲线是上部向外甩出，称为"弯曲型侧移"。

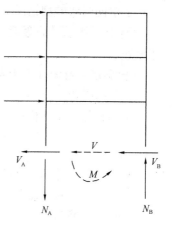

图 3.4　框架内力简图

1）梁、柱弯曲变形产生侧移

设第 i 层结构的层间变形为 δ_i^M（上标 M 表示由杆件弯曲变形产生），当柱总数为 s 时，由式（3.5）D 值定义可得：

$$\delta_i^M = \frac{V_{pi}}{\sum_{j=1}^{s} D_{ij}} \tag{3.10}$$

各层楼板标高处侧移绝对值是该层以下各层层间侧移之和。第 i 层侧移为：

$$\Delta_i^M = \sum_{i=1}^{i} \delta_i^M \tag{3.11}$$

2）柱轴向变形产生的侧移

假定在水平荷载作用下仅在边柱中有轴力及轴向变形，并假定柱截面有底到顶线性变化，则各楼层处由柱轴力变形产生的侧移 Δ_i^N（上标 N 表示由柱轴向变形产生），由下式近似计算：

$$\Delta_i^N = \frac{V_0 H^3}{EA_1 B^2} F_n \tag{3.12}$$

第 i 层层间变形为：

$$\delta_i^N = \Delta_i^N - \Delta_{i-1}^N \tag{3.13}$$

式中　V_0——底层总剪力；

H、B——分别为建筑物总高度及结构宽度（即框架边柱之间距离）；

E、A_1——分别为混凝土弹性模量及框架底层柱截面面积；

F_n——根据不同荷载形式计算的位移系数。

3.2.2.3 构件、节点、基础设计

（1）框架梁设计

在框架结构中，框架梁的受力状态一般为单向受弯。一般采用双轴对称的普通工字钢、H型钢或焊接工字形截面。

1）框架梁为普通工字钢或H型钢

对于单向受弯的型钢梁，计算步骤如下：

① 计算梁所承受的弯矩，选择弯矩最不利截面，对于单向弯曲梁，最不利截面在最大弯矩处。

② 根据最大弯矩计算所需要的梁截面抵抗矩：

（a）单向受弯

当梁的整体稳定从构造上有保证时：

$$W_{nx} \geqslant \frac{M_{max}}{\gamma_x f} \tag{3.14}$$

式中　M_{max}——所计算构件范围内对 x 轴的最大弯矩设计值；

　　　W_{nx}——梁对 x 轴的净截面模量；

　　　γ_x——截面塑形发展系数，抗震设计时取 1.0；

　　　f——钢材强度设计值，抗震设计时应除以承载力的抗震调整系数 γ_{RE}。

当需要计算整体稳定时：

$$W_x \geqslant \frac{M_{max}}{\varphi_b f} \tag{3.15}$$

式中　W_x——梁受压翼缘的毛截面模量；

　　　φ_b——梁的整体稳定系数，按《钢结构设计规范》GB 50017 的规定确定，当梁在端部仅以腹板与柱（或主梁）连接时，φ_b（或当 $\varphi_b > 0.6$ 时的 φ_b'）应乘以降低系数 0.85；

　　　f——钢材强度设计值，抗震设计时应除以承载力的抗震调整系数 γ_{RE}。

（b）双向受弯

当梁的整体稳定从构造上有保证时：

$$\frac{M_x}{\gamma_x W_{nx}} + \frac{M_y}{\gamma_y W_{ny}} \leqslant f \tag{3.16}$$

当需要计算整体稳定时：

$$\frac{M_x}{\varphi_b W_x} + \frac{M_y}{\gamma_y W_y} \leqslant f \tag{3.17}$$

通常，双向弯曲型钢梁按抗弯强度条件选择型钢截面，由下式估算所需净截面模量：

$$W_{nx} = \frac{1}{\gamma_x f} \Big(M_x + \frac{\gamma_x W_{nx}}{\gamma_y W_{ny}} M_y \Big) = \frac{M_x + \alpha M_y}{\gamma_x f} \tag{3.18}$$

对热轧型钢（窄翼缘 H 型钢和工字钢）可近似取 $\alpha \approx 0.7$。

③ 根据计算的截面模量在型钢规格表中（一般为 H 型钢或普通工字钢）选择合适的型钢。

④ 验算弯曲正应力、局部压应力、整体稳定和强度。

弯曲正应力和整体稳定和抗弯强度在选择型钢的时候，若截面模量满足②所说的要

求，即能满足；而且型钢截面的翼缘和腹板的厚度较大，不必验算局部稳定；但是框架梁端部腹板受切割削弱时，尚应按下式验算梁端部截面的抗剪强度：

$$\tau = \frac{VS}{I_x t_w} \leqslant f_v \tag{3.19}$$

$$\tau = \frac{V}{A_{wn}} \leqslant f_v \tag{3.20}$$

式中　　V—— 计算截面沿腹板平面作用的剪力；

　　　　S——计算剪应力处以上毛截面对中和轴的面积矩；

　　　　I_x——梁对 x 轴的毛截面惯性矩；

　　　　t_w——梁腹板厚度；

　　　　A_{wn}——扣除扇形切角和螺栓孔后的腹板受剪面积；

　　　　f_v——钢材抗剪强度设计值，抗震设计时应除以承载力的抗震调整系数 γ_{RE}。

2）框架梁为组合梁

① 初选截面

组合梁常采用三块钢板焊接而成的工字形截面。设计时，首先要初步估算截面高度、腹板厚度和翼缘尺寸，再进行验算。具体设计内容如下：

（a）梁的截面高度

梁的截面高度应该考虑建筑高度、刚度条件和经济条件。

实际采用的梁高应小于由建筑高度决定的最大梁高 h_{max}；大于由刚度条件决定的最小梁高 h_{min}；而且接近由经济条件决定的经济梁高 h_{ec}。同时，腹板的高度宜符合钢板宽度规格，取 50mm 的倍数。其中

$$h_{min} = \frac{f}{1.285 \times 10^6} \cdot \frac{l}{[v_T]/l} \tag{3.21}$$

$$h_{ec} \approx h_w = (16.9 W_x)^{2/5} \approx 3 W_x^{2/5} \tag{3.22}$$

（b）腹板厚度

腹板厚度应满足抗剪强度和局部稳定的要求，即

$$t_w \geqslant 1.2 \frac{V_{max}}{h_w f_v} \tag{3.23}$$

同时，考虑局部稳定、经济和构造等因素后，腹板厚度一般可用下列经验公式进行估算：

$$t_w \geqslant \frac{\sqrt{h_w}}{11} \tag{3.24}$$

式中的 t_w 和 h_w 的单位是厘米（cm）。腹板的厚度一般采用 2mm 的倍数，且要求腹板厚度不得小于 6mm，也不应使高厚比超过 $250\sqrt{235/f_y}$。

（c）翼缘尺寸

翼缘板的宽度不宜过小，以保证梁的整体稳定，但也不宜过大，减少翼缘中应力分布不均的程度。因此，翼缘板的宽度通常为 $b = (1/5 \sim 1/3)h$，且 $b \geqslant 180$mm，一般取 10mm 的倍数，其中厚度 $t = A_f/b$ 一般取 2mm 的倍数。同时，确定翼缘板的尺寸时，应注意满足局部稳定要求，使受压翼缘宽厚比 $b/t = 30\sqrt{235/f_y}$（弹性设计）或 $b/t = 26\sqrt{235/f_y}$（考虑塑形发展）。

② 截面验算

根据选定的截面，求出各种几何特征参数如惯性矩、截面模量、面积矩等，然后进行梁的强度、刚度、整体稳定和局部稳定的验算。需要设置加劲肋的时候还需另行设计。

③ 翼缘焊缝的验算

根据剪应力和局部压应力可以算出需要的焊脚尺寸，分别如下：

$$h_\mathrm{w} \geqslant \frac{VS_\mathrm{f}}{1.4I_\mathrm{x}f_\mathrm{f}^\mathrm{w}} \tag{3.25}$$

$$h_\mathrm{w} \geqslant \frac{1}{1.4f_\mathrm{f}^\mathrm{w}}\sqrt{\left(\frac{\phi F}{\beta_\mathrm{f}l_\mathrm{z}}\right)^2 + \left(\frac{VS_\mathrm{f}}{I_\mathrm{x}}\right)^2} \tag{3.26}$$

（2）框架柱设计

框架柱一般都是压弯构件，宜采用双轴对称截面，常用的截面形式有焊接箱形和工字形、H 型钢、圆钢等。轧制型钢虽然比较经济，但其规格尺寸有时不能满足框架柱的承载力要求，这时需要采用焊接工字形截面。

框架柱的截面设计应满足强度、刚度、整体稳定和局部稳定的要求，其具体设计内容如下：

1）确定框架柱的内力设计值，包括弯矩、轴心压力、剪力。

2）选择合适的截面形式。框架柱截面的设计通常根据其受力大小和方向、使用要求、构造要求等，选择合适的截面形式。

3）确定钢材及其强度设计值。

4）计算弯矩作用平面内和平面外的计算长度 l_0x、l_0y。等截面框架柱在框架平面内的计算长度等于该层柱的高度乘以计算长度系数 μ，该系数可按框架无侧移和有侧移分别由《钢结构设计规范》GB 50017 的附录 D-1 和附录 D-2 查得。

5）结合经验或参照已有资料，初选截面尺寸。在满足局部稳定和使用与构造要求时，截面应做得轮廓尺寸大而板件较薄，以获得较大的惯性矩和回转半径，充分发挥钢材的有效性，从而节约钢材。同时，为取得较好的经济效益，宜使弯矩作用平面内和平面外的整体稳定性相接近，即等稳定性。

6）验算截面，包括强度验算、弯矩作用平面内整体稳定验算、弯矩作用平面外整体稳定验算、局部稳定验算、刚度验算等。

① 强度计算

$$\frac{N}{A_\mathrm{n}} + \frac{M_\mathrm{x}}{\gamma_\mathrm{x}W_\mathrm{nx}} + \frac{M_\mathrm{y}}{\gamma_\mathrm{y}W_\mathrm{ny}} \leqslant f \tag{3.27}$$

② 强轴平面内稳定

$$\frac{N}{\varphi_\mathrm{x}A} + \frac{\beta_\mathrm{mx}M_\mathrm{x}}{\gamma_\mathrm{x}W_\mathrm{x}\left(1 - 0.8\dfrac{N}{N'_\mathrm{Ex}}\right)} + \eta\frac{\beta_\mathrm{ty}M_\mathrm{y}}{\varphi_\mathrm{by}W_\mathrm{y}} \leqslant f \tag{3.28}$$

③ 弱轴平面内稳定

$$\frac{N}{\varphi_\mathrm{y}A} + \eta\frac{\beta_\mathrm{tx}M_\mathrm{x}}{\varphi_\mathrm{bx}W_\mathrm{x}} + \frac{\beta_\mathrm{my}M_\mathrm{y}}{\gamma_\mathrm{y}W_\mathrm{y}\left(1 - 0.8\dfrac{N}{N'_\mathrm{Ey}}\right)} \leqslant f \tag{3.29}$$

式中　　φ_x、φ_y——对强轴 $x\text{-}x$ 和弱轴 $y\text{-}y$ 的轴心受压构件稳定系数；

　　　　φ_bx、φ_by——均匀弯曲的受弯构件整体稳定系数；

M_x、M_y——所计算构件段范围内对强轴和弱轴的最大弯矩；

N'_{Ex}、N'_{Ey}——参数，$N'_{Ex} = \pi EA/(1.1\lambda_x^2)$，$N'_{Ey} = \pi EA/(1.1\lambda_y^2)$；

W_x、W_y——对强轴和弱轴的毛截面模量；

β_{mx}、β_{my}——等效弯矩系数，应按《钢结构设计规范》GB 50017 第 5.2.2 条弯矩作用平面内稳定计算的有关规定采用；

β_{tx}、β_{ty}——等效弯矩系数，应按《钢结构设计规范》GB 50017 第 5.2.2 条弯矩作用平面外稳定计算的有关规定采用；

γ_x、γ_y——对强轴和弱轴的截面塑形发展系数；

N——所计算构件范围内的最大轴力；

f——钢材强度设计值，抗震设计时应除以承载力的抗震调整系数 γ_{RE}。

④ 对于局部稳定通过控制梁柱节点域的腹板厚度、板件宽厚比和框架柱的长细比。

在柱与梁连接处，应在与梁上下翼缘相对应位置设置柱加劲肋，使之与柱翼缘相包围处形成柱节点域。抗震设计时，工字形截面柱和箱形截面柱腹板在节点域范围的厚度，首先应满足下式要求：

$$t_w \geqslant (h_b + h_c)/90 \qquad (3.30)$$

式中 t_w——柱在节点域的腹板厚度；

h_b、h_c——梁腹板高度和柱腹板高度。

节点域柱腹板的厚度不宜太厚，也不宜太薄。腹板太厚会使节点域延性较差，耗能能力降低；腹板太薄会使节点域有较大的剪切变形，从而使框架的侧向位移过大。

而对于板件宽厚比，按 6 度设防和非抗震设计的框架柱，不会出现塑性铰，板件宽厚比可按《钢结构设计规范》GB 50017 第 5 章的规定确定。按 7 度和 7 度以上抗震设防的框架柱，其板件的宽厚比限值应较非抗震时更为严格，应满足表 3.10 的要求。

框架柱板件宽厚比限值　　　　　表 3.10

板 件 名 称		抗震设防烈度			
		6 度	7 度	8 度	9 度
不超过 12 层	工字形截面翼缘外伸部分	—	13	12	11
	箱形截面壁板	—	40	36	36
	工字形截面腹板	—	52	48	44
超过 12 层	工字形截面翼缘外伸部分	13	11	10	9
	箱形截面壁板	39	37	35	33
	工字形截面腹板	43	43	43	43

设计框架柱的截面时，除验算柱是否有足够的承载力和稳定性外，还需控制柱的长细比。一般来说，柱的长细比越大，延性就越差，并容易发生框架整体失稳。框架柱的长细比应满足表 3.11 的要求。

框架柱的长细比限值　　　　　表 3.11

烈度	6 度	7 度	8 度	9 度
不超过 12 层	120	120	120	100
超过 12 层	120	80	60	60

（3）柱脚设计

柱脚的作用是将柱身内力传给基础，并和基础牢固的连接起来。柱脚按其与基础的连接形式可分为铰接与刚接两种。

1）铰接柱脚

铰接柱脚不承受弯矩，主要承受轴心压力和剪力。铰接柱分为无靴梁和有靴梁两种。一般常用的是有靴梁的铰接柱，其具体的设计内容如下：

① 底板的计算

（a）底板的面积以及底板长度 L 和宽度 B

底板平面尺寸决定于基础材料的抗压能力，计算时认为柱脚压力在底板和基础之间是均匀分布的，则需要的底板面积按下式确定：

$$A = B \times L = N/f_c + A_0 \tag{3.31}$$

式中　N——柱的轴心压力设计值；

　　　f_c——基础混凝土的抗压强度设计值，当基础上表面面积大于底板面积时，混凝土的抗压强度设计值应考虑局部承压引起的提高；

　　　A_0——锚栓孔面积，锚栓孔直径一般取锚栓直径的 $1.5 \sim 2.0$ 倍。

底板宽度 B 可由柱截面宽度和相关部件尺寸确定，可取 $B = b + 2t_b + 2c$，式中 b 为柱宽，t_b 为靴梁厚度，常取 $t_b = 10 \sim 16\text{mm}$，$c$ 为底板悬臂部分长度，一般取 $c = 10 \sim 100\text{mm}$，当有锚栓孔，$c = (2 \sim 5)d$，d 为锚栓直径。B 应为 10mm 的倍数，且使底板长 $L \leqslant 2B$。确定了 L 和 B 后，底板下的压应力应满足：

$$\frac{N}{L \times B - A_0} \leqslant f_c \tag{3.32}$$

（b）底板厚度 t

底板的厚度由板的抗弯强度决定。底板可视为支承在靴梁、隔板和柱端的平板，它承受基础传来的均匀反力。因此，可以根据混凝土板的原理，视靴梁、肋板、隔板和柱端面为底板的支承边，由此可得到不同情况下的，各区格板单位宽度上的最大弯矩值。并根据以下公式确定底板厚度 t：

$$t \geqslant \sqrt{\frac{6M_{\max}}{\gamma_x f}} \tag{3.33}$$

式中　γ_x——受弯构件的截面塑性发展系数，当构件承受静力或间接动力荷载时，对钢板受弯取 $\gamma_x = 1.2$；当构件承受直接动力荷载时，取 $\gamma_x = 1.0$。

底板的厚度通常取 $20 \sim 40\text{mm}$，最薄不得小于 14mm，以保证底板具有必要的刚度，从而满足基础反力均匀分布的假设要求。

② 靴梁计算

靴梁承受由底板传来的沿靴梁长均匀分布的基础反力，靴梁按支承于柱身两侧的连接焊缝处的单跨双伸梁计算其强度。靴梁的高度通常由其与柱身间的竖向焊缝长度来确定，厚度可取略小于柱翼缘的厚度。设计时先计算靴梁与柱身间的连接焊缝，再验算靴梁的强度。

（a）靴梁与柱身间的连接焊缝计算

一般采用 4 条竖向焊缝传递柱全部轴心压力设计值 N：

$$4h_f l_w = \frac{N}{0.7f_f^w} \tag{3.34}$$

由此，再假定焊缝尺寸 h_f 后，可以得到焊缝长度 l_w，并可以选取靴梁高度 h_b，且满足：

$$h_b \geqslant l_w + 10 \tag{3.35}$$

（b）靴梁与底板间水平焊缝计算

通常认为柱上的全部压力 N 是通过两个靴梁与底板间的水平焊缝传递给底板的，则应满足：

$$h_f \geqslant \frac{N}{0.7\beta_f f_f^w \sum l_w} \tag{3.36}$$

式中　β_f——正面角焊缝的强度设计值增大系数。

（c）靴梁强度验算

靴梁应按照求得的最大弯矩和最大剪力验算靴梁截面的抗弯和抗剪强度。

③ 隔板和肋板的计算

隔板作为底板的支撑边也应该具有一定的刚度，其厚度不应小于宽度的 1/50，但可比靴梁略薄；高度一般取决于与靴梁连接焊缝长度的需要。注意隔板内侧的焊缝不易施焊，计算时不能考虑受力。肋板可按悬臂梁计算其强度和与靴梁的连接焊缝。

2）刚接柱脚

刚接柱脚除传递轴心压力和剪力外，还要传递弯矩。刚接柱脚分为整体式、分离式、插入式。下面对整体式刚接柱脚进行介绍。

① 确定底板的面积

首先应根据构造要求确定底板宽度 B，悬臂长宜取 20～50mm，然后可以根据下式求出长度 L：

$$\sigma_{max} = \frac{N}{BL} + \frac{6M}{BL^2} \leqslant f_c \tag{3.37}$$

② 确定底板的厚度

底板另一边缘的应力可由下式计算：

$$\sigma_{min} = \frac{N}{BL} - \frac{6M}{BL^2} \leqslant f_c \tag{3.38}$$

由此可得底板下压应力的分布图形。当 $\sigma_{min} > 0$ 时，可以用类似铰接柱脚求底板厚度的方法，根据底板的最大弯矩，确定底板的厚度。

③ 锚栓的设计

锚栓除了能固定柱脚位置，还应能承受柱脚底部由压力 N 和弯矩 M 组合作用引起的拉力 N_t。当 $\sigma_{min} < 0$ 时，可假定拉应力的合力由锚栓承受，根据对压应力合力作用点的力矩平衡条件 $\sum M_D = 0$，可得：

$$N_t = \frac{M - Na}{x} \tag{3.39}$$

式中　a——底板压应力合力作用点至轴心压力 N 的距离，$a = \frac{L}{2} - \frac{e}{3}$；

　　　x——底板压应力合力的作用点至锚栓的距离，$x = d - \frac{e}{3}$；

e —— 压应力的分布长度，$e = \dfrac{\sigma_{max} L}{\sigma_{max} + |\sigma_{min}|}$；

d —— 锚栓至底板最大压应力处的距离。

根据 N_t 可以计算出锚栓需要的截面面积，从而选出锚栓的数量和规格。

④ 靴梁和隔板的设计

可采用和铰接柱脚类似的方法计算靴梁强度、靴梁与柱身及与隔板等的连接焊缝，并根据焊缝长度确定各自的高度。

在计算靴梁与柱身连接的竖直焊缝时，应按可能承受的最大内力计算 N_1，即：

$$N_1 = \frac{N}{2} + \frac{M}{h} \tag{3.40}$$

式中 h —— 柱截面高度。

(4) 梁柱连接设计

1) 次梁与主梁的连接

次梁与主梁的连接通常设计为铰接，主梁作为次梁的支座，次梁可视为简支梁，其连接形式如图 3.5 所示。次梁腹板与主梁的竖向加劲板用高强度螺栓连接；当次梁内力和截面较小时，也可直接与主梁腹板连接。

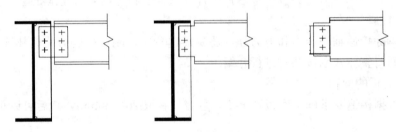

图 3.5　次梁与主梁的简支连接

当次梁跨数较多，跨度、荷载较大时，次梁与主梁的连接宜设计为刚接（如图 3.6 所示），此时次梁可视为连续梁，这样可以减少次梁的挠度，节约钢材。

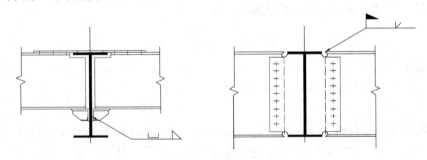

图 3.6　次梁与主梁的刚性连接

次梁与主梁连接节点的设计步骤如下：

① 确定此节点的内力设计值，包括弯矩和剪力；

② 根据内力计算，确定螺栓总面积以及焊接长度等；

③ 初选螺栓尺寸和焊脚尺寸；

④ 根据抗震构造要求再完善节点设计；

⑤ 验算节点。

2）梁与柱的连接

梁柱连接的设计原则是安全可靠、传力路线明确简捷、构造简单、便于制造和安装。根据受力变形特征，钢结构梁和柱的连接可分为刚性连接（能承受弯矩和剪力）、铰接连接（仅能承受剪力，不能承受弯矩）和半刚性连接（能承受剪力与一定的弯矩）三类。

对于刚性连接，梁上下翼缘都要与柱连接；铰接连接仅梁腹板或一侧梁翼缘与柱连接。而半刚接连接结构的分析与设计方法现在还不完善，因而在实际工程中还很少采用。

在框架结构中，梁与柱的连接节点一般采用刚性连接。梁与柱的刚性连接要有足够的刚度，能够承受设计要求的弯矩，所连接的梁柱之间不发生相对转动，连接的极限承载力不低于被连接的屈服承载力。

梁与柱刚性连接的构造形式主要有以下三种：

① 全焊接节点，梁上、下翼缘用全熔透坡口焊缝，腹板用角焊缝和柱翼缘连接。

② 栓焊混合连接节点，梁的上、下翼缘用全熔透坡口焊缝和柱翼缘连接，腹板用高强度螺栓同柱翼缘上的节点板连接。此种连接是目前多高层框架结构梁与柱连接最常用的构造形式。

③ 全栓接节点，梁翼缘和腹板借助 T 形连接件用高强度螺栓同柱翼缘连接，安装比较方便，但节点刚性不如以上两种连接形式好，一般只适用于非地震区的多层框架。

梁上翼缘的连接范围内，柱的翼缘可能在水平拉力的作用下向外弯曲以使连接焊缝受力不均；在梁下翼缘附近，柱腹板可能由于水平压力的作用而导致局部失稳。因此，需在对应与梁的上、下翼缘处设置柱的水平加劲肋或横隔。

（5）基础设计

在钢结构农村住宅中所用到的基础一般是钢筋混凝土扩展基础，即钢筋混凝土独立基础和墙下钢筋混凝土条形基础。扩展基础的埋置深度和平面尺寸的确定方法与刚性基础相同。由于采用钢筋承担弯曲所产生的拉应力，可以不满足刚性角的要求，基础高度可以较小，但仍需满足抗弯、抗剪和抗冲切破坏的要求：

1）抗剪要求

$$V \leqslant 0.25 f_c b h_0 \tag{3.41}$$

式中 V——验算截面的剪力设计值，计算荷载中不包括基础自重及其上的土重；

f_c——混凝土轴心抗压强度设计值；

b——基础验算宽度，对条形基础取 1m。

h_0——基础的有效高度，即基础的总高度减去钢筋保护层厚度。

2）抗冲切破坏要求

$$F_l \leqslant 0.7 \beta_{hp} f_t a_m h_0 \tag{3.42}$$

$$a_m = \frac{a_t + a_b}{2} \tag{3.43}$$

$$F_l = P_j A_l \tag{3.44}$$

式中 β_{hp}——受冲切承载力截面高度影响系数，当 h 不大于 800mm 时，β_{hp} 取 1.0；当 h 大于等于 2000mm 时，β_{hp} 取 0.9，其间按线性内插法取值；

a_m——冲切破坏锥体最不利一侧计算长度；

P_j——扣除基础自重及其上土重后相应于荷载效应基本组合时的地基土单位面积净反力，对偏心受压基础可取基础边缘处最大地基土单位面积净反力；

A_l——冲切验算时取用的部分基底面积；

F_l——相应于荷载效应基本组合时作用在 A_l 上的地基土净反力设计值。

3）基础底板的配筋（抗弯要求）

$$A_s = \frac{M}{0.9 f_y h_0} \tag{3.45}$$

扩展基础的构造还应符合下列要求：

① 锥形基础的边缘高度一般不小于 200mm，也不宜大于 500mm；阶梯形基础的每阶高度，宜为 300~500mm。

② 通常在底板下浇筑一层素混凝土垫层，垫层两边伸出基础底板不小于 70mm，厚度一般为 100mm，垫层混凝土强度等级应为 C10。

③ 底板受力钢筋直径不应小于 10mm，间距不大于 200mm 也不宜小于 100mm，当基础底面边长 $b \geqslant 2.5$m（柱基础）或 $b \geqslant 1.6$m（条形基础）时，钢筋长度可减短 10%，并应均匀交叉放置。底板钢筋的保护层，当设垫层时不宜小于 40mm，无垫层时不宜小于 70mm。

④ 混凝土强度等级不宜低于 C20。

⑤ 当柱下钢筋混凝土独立基础的边长和墙下钢筋混凝土条形基础的宽度大于 2.5m 时，底板受力钢筋长度可取边长或宽度的 0.9 倍，并宜交错布置。

3.2.2.4 结构抗震分析与校核

根据"小震不坏，中震不修，大震不倒"的抗震设计原则以及抗震设防三水准和两阶段的设计要求，框架钢结构建筑的抗震设计，也应该采用两阶段设计法。第一阶段为多遇地震作用下的弹性分析，验算构件的承载力和稳定以及结构的层间侧移；第二阶段为罕遇地震下的弹塑性分析，验算结构的层间侧移和层间侧移延性比。

结构抗震计算的常用方法有底部剪力法、振型分解反应谱法和时程分析法三种。对于钢框架结构，宜采用底部剪力法进行计算。

同抗震计算一样，按照下列计算步骤进行计算：

（1）地震作用计算；

（2）地震作用下内力与位移计算；

（3）构件设计；

（4）侧移控制。

在框架结构的第一阶段抗震设计中，结构构件承载力应满足：

$$S \leqslant R/\gamma_{RE} \tag{3.46}$$

式中　S——地震作用效应组合设计值；

　　　R——结构构件承载力设计值；

　　　γ_{RE}——结构构件承载力的抗震调整系数，按表 3.12 的规定采用。

构件承载力的抗震调整系数　　　　　表 3.12

构件名称	梁	柱	支撑	节点板件	连接螺栓	连接焊缝
γ_{RE}	0.80	0.85	0.90	0.90	0.90	1.0

在框架结构的第二阶段抗震设计中，结构的层间侧移延性比，即最大层间侧移与楼层刚刚进入其弹塑性状态时的侧移之比，应满足表3.13的限值：

结构层间侧移延性比   表3.13

结构类别	层间侧移延性比	结构类别	层间侧移延性比
钢框架	3.5	中心支撑框架	2.5
偏心支撑框架	3.0	有混凝土剪力墙的钢框架	2.0

另外，在构造上框架柱的长细比以及梁、柱板件的宽厚比都应该满足一定的限制，见表3.10、表3.11。

3.2.3 农村住宅钢框架结构体系施工

3.2.3.1 钢结构的工厂制作

钢结构的制造从钢材进厂到成品出厂，一般要经过生产准备、零件加工、装配和涂装、成品检验、装运等一系列工序（典型的制造工序如图3.7所示），通常安排流水作业生产。根据制作加工产品的种类、结构特点、批量、企业的生产能力和生产规模、产品的进度要求、工艺方法等，可安排大流水作业生产工艺流程（如图3.8所示），形成相对固定的生产区域。对于规模较小的加工制作单位，可根据具体情况组织生产过程。下面简单介绍钢结构工厂制作的主要流程工艺：

图3.7 钢结构工厂的典型制造工序
(a) 放样切割；(b) 零件矫正；(c) 组装；(d) 手工焊接；(e) 自动焊接；(f) 喷砂、油漆

（1）钢材采购、检验、储备

施工管理人员首先应进行内部图纸会审，经翻样工作人员翻样后列出各类钢材的材料用量表，并做好材料规格、型号的归纳，交采购人员进行材料采购。材料进厂后，应会同业主、质监、设计，按设计图纸和国家标准对材料进行检验。

（2）放样、下料和切割

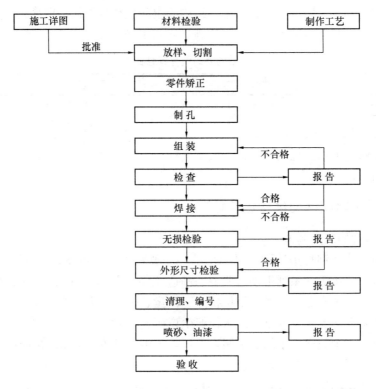

图 3.8　钢结构工厂生产工艺流程

1）按施工图上的几何尺寸，以 1∶1 比例在样台上放出实样以求得构件的真实形状和尺寸，然后根据实样的形状和尺寸制成样板、样杆，作为下料、弯制、铣、刨、制孔等加工依据。

2）钢材下料前应先对材料进行校正，矫正后的偏差值不应超过相关规范及设计规定的允许偏差值，以保证下料的质量。

3）利用样板计算出下料尺寸，直接在板料成型钢表面上画出零构件形状的加工界限，然后采用剪切、冲裁、锯切、气割等方法进行下料。

4）根据工艺要求，在放样和下料时应预留制作和安装时的焊接收缩余量以及切割、刨边和铣平等加工余量。

5）切割前应将钢材表面切割区域内的铁锈、油污等清除干净；切割后清除断口边缘的熔瘤、飞溅物，断口上不得有裂纹和大于 1mm 的缺棱，并清除毛刺。

6）切割截面与钢材表面垂直度不应大于钢板厚度的 10%，且不得大于 2mm。

7）精密切割的零件，其表面粗糙度不得大于 0.03mm。

8）机械切割的零件，其剪切与号料线的允许偏差不得大于 2mm；机械剪切的型钢，其端部剪切斜度也不得大于 2mm。

（3）矫正和成型

1）普通碳素结构钢在高于 −16℃时，采用冷矫正和冷弯曲。矫正后的钢材表面不得有明显的凹面和损伤，表面划痕深度不应大于 0.5mm。

2）零件、部件在冷矫正和弯曲时，其曲率半径和最大弯曲矢高应该按照设计和规范要求进行加工。

3）H 型钢应先采用矫正机进行翼缘板的矫正，焊接旁弯变形可采用火焰进行矫正。

4）零件采用热加工成形时，加热温度宜控制在 900～1000℃，碳素结构钢在温度下降到 700℃之前结束加工。

（4）制孔

1）制孔应根据情况分别采用冲孔、钻孔、气割割孔等。

2）柱、梁端板的螺栓孔用钢模钻孔，以保证螺栓位置、尺寸准备。H 型钢梁、柱上的螺栓孔采用三维钻床一次成孔，檩条、墙梁上的孔通常利用计算机在成型生产线上自动完成。

3）自动化的钻孔使得孔的偏差远小于规范值，确保安装和质量。

（5）组装

1）板材、型材的拼接应在组装前进行，构件的组装在部件组装、焊接、矫正后进行。

2）组装顺序应根据结构形式、焊接方法和焊接顺序等因素确定。连接表面及焊缝每边 30～50mm 范围内的铁锈、毛刺和油污必须清理干净。当有隐蔽焊缝时，必须先预施焊，经检验合格方可覆盖。

3）布置拼装胎具时，其定位必须考虑预放出焊接收缩量，以及齐头、加工的余量。

4）为减少变形，尽量采取小件阻焊，经矫正后再大件组装。胎具及组装出来的首件必须经过严格检验，方可大批地进行装配工作。

5）将实样放在装配台上，按照施工图及工艺要求预留焊接收缩量。装配台应具有一定的刚度，不得发生变形，影响装配精度。

6）装配好的构件应立即用油漆在明显的部位处进行编号，写明图号、构件号和件数，以便查收。

7）定位点焊所用焊接材料的型号，要与正式焊接的材料相同，并应由有合格证的焊工施焊。

（6）焊接操作工艺

1）焊条使用前，必须按照质量证明书的规定进行烘焙后，放在保温箱内随用随取。

2）首次采用的钢种和焊接材料，必须进行焊接工艺性能和物理性能试验，符合要求后才可采用。

3）多层焊接应连续施焊，其中每一层焊道焊完后应及时清理，如发现有影响焊接质量的缺陷，必须清除后再焊。

4）要求焊成凹面贴角焊缝，可采用船位焊接使焊缝金属与母材间平缓过渡。

5）焊缝出现裂纹时，焊工不得擅自处理，须申报焊接技术负责人查清原因，确定修补措施后才可处理。

6）严禁在焊缝区以外的母材上打火引弧，在坡口内起弧的局部面积应熔焊一次，不得留下弧坑。

7）重要焊接接头，要在焊件两端配置起弧板和收弧板，其材质和坡口形式应与焊件相同。焊接完毕后应用气割除并修磨平整，不得用锤击落。

8）要求等强度的对接和丁字接头焊缝，除按设计要求开坡口外，为了确保焊缝质量，焊接前还应采用碳弧气刨刨焊根，在清理根部氧化物后再进行焊接。

3.2.3.2 钢框架的现场安装

钢框架结构是由柱、梁、楼板和屋面板等构件组成，构件重量大，连接构造和施工技术复杂，质量要求严格。构件安装时，建筑物平面及每节间构件堆放位置均应处在选用的吊装起重机臂杆回转半径范围内，避免二次倒运。构件在工厂制作运到现场应按平面布置图堆放或采取分阶段运送、随运随吊的方法。结构吊装前，应根据钢框架的高度与平面尺寸、构件的重量与所在位置以及现场机械设备条件等因素选择适宜的吊装机具。钢框架安装的施工工艺流程如图3.9所示。

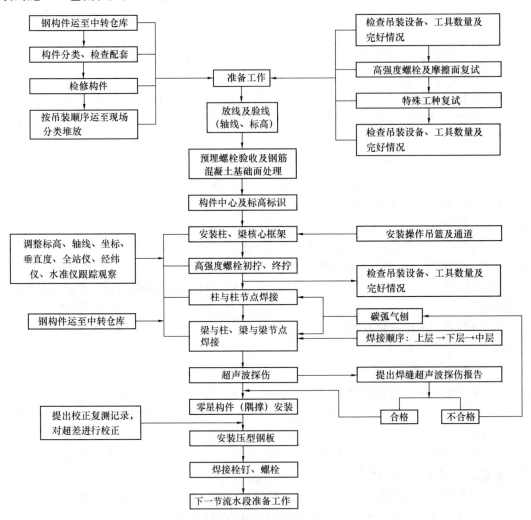

图3.9 钢框架安装施工工艺流程

（1）钢构件吊装（如图3.10所示）

钢构件的吊装顺序通常应先低跨后高跨，由一端向另一端依次进行，这样既有利于安装期间结构的稳定，又有利于设备安装单位的进场施工。起重机的布置和开行路线有跨内和跨外两种，履带式起重机吊装多采用前者，塔式起重机吊装多采取后者。根据起重机开行路线和构件安装顺序的不同，可分为以下两种吊装方法：

1）综合吊装法

106

综合吊装法是指用1～2台履带式起重机在跨内开行，起重机在一个节间内将各层构件一次吊装到顶，并由一端向另一端开行。采用综合法逐间逐层把全部构件安装完成，适用于构件重量较大且层数不多的钢框架结构吊装。

每一层结构构件吊装均需在下一层结构固定完毕和构件混凝土强度达到70％后进行，以保证已吊装好结构的稳定。同时，应尽量缩短起重机往返行驶路线，并在吊装中减少变幅和更换吊点的次数，妥善考虑吊装、校正、焊接和灌浆工序的衔接以及工人操作方便和安全。

2）分件吊装法

分件吊装法是指用一台塔式起重机沿跨外一侧或四周开行，一类一类构件依次分层吊装。本法按流水方式不同，又可分为分层分段流水吊装和分层大流水吊装两种。前者将每一楼层（若柱为两层一节时，取两个楼层为一个施工层）根据劳力组织（安装、校正、固定、焊接及灌浆等工序的衔接）以及机械连接作业的需要，分为2～4段进行分层流水作业；后者是不分段进行分层吊装，适用于面积不大的多层钢框架结构吊装。

图 3.10　钢构件吊装

（2）构件接头（节点）施工

1）多层钢框架结构柱一般较长，常分成多节吊装。上、下节柱多采用榫接头或钢板接头，上节柱吊装须在下节柱永久固定后进行。榫接头柱安装就位后，上、下节柱接头用型钢夹具临时固定（如图 3.11a 所示），调整螺栓可以调正上柱下端，而上端多用管式支撑校正和临时固定（如图 3.11b 所示），不高的楼层柱也可用钢管脚手架及木楔临时固定。钢板接头柱安装就位固定与分节柱吊装相同。

2）钢框架结构的梁柱接头（节点）形式有柔性（简支）和刚性两种，前者只传递垂直剪力，施工简便；后者可传递剪力和弯矩，使用较多，实际施工时多采用全焊接或栓焊混合连接的形式。

3）对整个钢框架而言，梁柱刚性接头（节点）的焊接顺序应从整个结构的中间开始，先形成框架，然后再纵向继续施焊。同时，梁应采取间隔焊接固定的方法，避免两端同时焊接，否则梁中易产生过大的温度收缩应力。

（3）安装质量验收

钢框架的安装质量应根据《钢结构工程施工质量验收规范》GB 50205 的有关规定，主要包括：主体结构的整体垂直度和整体平面弯曲偏差，主体结构总高度偏差，构件安装

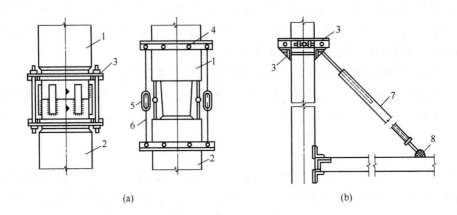

(a)   (b)

图 3.11　柱子接头临时固定

(a) 用角钢螺杆固定；(b) 用管式支撑固定

1—上柱；2—下柱；3—角钢夹箍；4—角钢用螺栓与柱连接；5—法兰螺栓；6—钢筋拉杆；

7—管式支撑；8—预埋吊环

偏差等。

3.2.3.3　围护结构的施工

根据在建筑物中的位置，围护结构分为外围护结构和内围护结构。外围护结构包括外墙、屋顶、侧窗、外门等，用以抵御风雨、温度变化、太阳辐射等，应具有保温、隔热、隔声、防水、防潮、耐火、耐久等性能。内围护结构如隔墙、楼板和内门窗等，起分隔室内空间作用，应具有隔声、隔视线以及某些特殊要求的性能。围护结构通常是指外墙和屋顶等外围护结构。不同的材料的围护结构的施工工艺是不一样的。

对普通砖的砌筑形式主要有三种，即一顺一丁、三顺一丁和梅花丁。砖墙的砌筑一般有抄平、放线、摆砖样、立皮数杆、盘角、挂线、砌筑、勾缝、清理等工序。

对复合板材的施工主要应注意：

（1）腹板板材及网格布、胶浆等辅助材料进场时应确保证明文件齐全，包括出厂合格证、检验报告、备案证书、准用证、施工方案等，且必须经送检试验合格后方可使用，施工方案经监理方审核同意后方可实施。

（2）在施工过程中，监理人员将对现场材料应随即抽样检查。

（3）墙板组合安装时要根据设计要求确定选用板型，模数计算合理，墙板组砌规范，减少板材损耗。轴线、安装尺寸应严格控制。

（4）镶嵌安装墙板时应使用专门的卡件或扣件固定，每板不少于 3 个，其间距应能保证墙板在施工期间的稳定性。

（5）墙板安装时梁底与板上口要留缝设置，板与板拼缝间采用专用胶粘剂填实挤严。

（6）使用的胶浆其配比应严格控制，采用专用接缝胶浆及板面胶粘剂。

（7）墙体安装完毕后，所有板缝表面应用专用胶粘剂附加粘贴一定宽度的耐碱玻纤网格布加强。

（8）门窗洞口尺寸、窗台板高度要严格控制。窗洞口预埋砖时必须进行防腐处理，预埋位置距洞口上下 300mm 各设置一块。

（9）墙面电气线盒敷设管线应在找平前开槽预埋，且不得外漏地面，留槽采用专用胶粘剂填实粘牢。

在钢框架结构中使用喷涂轻质砂浆-冷弯薄壁型钢新型隔墙体系时，应做好隔墙与主体钢框架结构的连接形式。为避免隔墙承受框架荷载，二者之间应实现柔性连接，实际做法是利用螺钉将 U 形扣件连接在主体框架上，再将冷弯薄壁型钢骨架夹住，并使框架梁与隔墙顶处留有 15mm 空隙（如图 3.12 所示）。而关于喷涂轻质砂浆-冷弯薄壁型钢隔墙的施工具体方法和步骤，可参照第 3.3.5 节的有关叙述，此处不赘述。

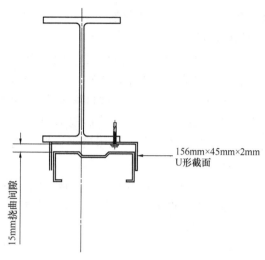

图 3.12　主体结构与隔墙的连接形式

3.3　农村住宅冷弯型钢结构体系

冷弯型钢结构体系（如图 3.13 所示）属于轻型钢结构范畴。作为木结构的替代品，自 20 世纪 80 年代起，在北美、欧洲、澳大利亚以及日本等国家开始推广，现已得到广泛应用。自 20 世纪九十年末，国外的轻钢生产厂家将整套结构体系引入我国。近年来，北京、上海、深圳等发达城市以及"5.12"汶川地震中震害严重的四川、陕西、甘肃等部分地区相继建起了低层冷弯型钢结构房屋。我国《低层冷弯型钢房屋建筑技术规程》JGJ 227—2011 颁布实施，作为低层冷弯型钢结构房屋的主要设计依据，在一定程度上促进了我国冷弯型钢结构体系的发展。随着我国钢产量位居世界第一、国家鼓励用钢政策的推行以及建筑节能政策的推广，大力发展此类轻型钢结构房屋体系的条件已日趋成熟。我国人

(a)　　　　　　　　　　(b)

图 3.13　冷弯型钢结构体系

（a）冷弯型钢结构骨架；（b）冷弯型钢结构住宅

口众多，特别是农村和城镇人口占很大比例，低层冷弯型钢房屋在农村和城镇市场应具有广阔的应用前景。

冷弯型钢结构体系与传统住宅结构相比，有许多突出优点：

（1）房屋结构材料轻质高强，抗震性能好

冷弯型钢结构的主要承重材料为冷弯型钢，厚度仅约为1mm，整体结构自重仅为混凝土框架结构的1/4～1/3，为砖混结构的1/5～1/4，对地基承载能力要求相应降低，基础造价可以减少约30%。房屋属于柔性结构、自重轻，因而能有效地降低地震响应及灾害程度，有利于抗震。

（2）施工简便，建造周期短，施工质量容易控制

房屋主要部件采用工厂化生产，现场拼装，建造周期仅约为传统砖混结构的1/3。施工中较之传统砖混结构房屋，无须动用大型机械设备，并大幅度减少施工人员。由于大部分为干作业，施工受季节和气候影响小，从而相应延长了可用的施工时间，一栋300m²建筑主体建造和装修，只需5个熟练工人30个工作日便可以完成。主要部件均采用标准化生产，从而保证了精度和质量。

（3）建筑材料绿色环保

建筑中使用的钢材、轻质墙面板、保温棉及呼吸纸等均为可回收利用材料，墙体构造形式能够满足一定的保温、隔音和隔热要求，完全可以替代目前建筑中大量使用的实心黏土砖、空心黏土砖以及混凝土砌块等墙体材料，避免过度开垦耕地，满足绿色建筑的要求，符合国家倡导的可持续发展。

（4）得房率高

房屋外墙体厚度较传统砖结构薄，且内外墙体本身就是承载结构，无需立柱，相对于同一建筑面积的房屋，冷弯型钢结构的得房率要比砖混结构高约30%。管线可暗埋在墙体及楼层结构中，布置方便，建筑内部实际使用面积大幅增加。

（5）建筑设计灵活

房屋外观造型及室内布局设计十分灵活，可以充分发挥设计师想象力的同时，满足入居者的个性需求，甚至在使用过程中也可以根据客户的要求，给出合理的改造建议，轻易地实现扩建和改造，还可以根据客户的经济条件，设计出符合客户经济承受能力的理想住房。

（6）有助于住宅产业化

冷弯型钢结构体系在发达国家已经实现了系统化、标准化、工业化的生产体系，利用电脑及相关软件，可以实现快速生产和建造。住宅产业是我国国民经济的重要支柱产业，而且住宅的建造和消费对各行各业的带动效应巨大。我国的冷弯型钢结构也已经有了一定的发展，其势必会为我国住宅产业化的推进起到很大的作用。

在我国，低层冷弯型钢房屋尚未得到有效推广，冷弯型钢结构对于广大消费者甚至工程设计人员而言还很陌生，该房屋结构体系的推广应用在当前主要面临以下障碍：

（1）消费者的传统观念

冷弯型钢住宅采用大量的轻型结构材料、墙面材料和屋面材料，面对如此"轻"的建筑，购房者首先关注的是结构的安全性，对房屋是否坚固、是否足以阻挡外人入侵等产生怀疑。由于对房屋的结构体系缺乏了解，甚至有消费者把该类房屋戏称为"铁皮房"。

（2）建筑造价偏高

虽然冷弯型钢房屋在增加房屋有效使用面积、适应现代化生活需要、缩短工期、减小污染等方面综合经济效益较好，但由于该房屋体系的主要结构材料为钢材，加之我国对房屋的建造尚难以实现标准化、产业化，导致其单位面积的造价比砖混结构偏高。

（3）防腐和防火问题

钢材容易发生锈蚀，且构件越薄，锈蚀的损失率就越大，进而会影响使用寿命，这是人们对钢结构房屋的普遍认识。由于我国规范与北美规范在防火方面的规定差别较大，北美规范注重火灾发生后的逃生功能，而我国规范则偏重于材料及构件的耐火极限。根据我国防火规范，即使是低层住宅结构体系其耐火极限也要达到 2.5h 以上，而一般冷弯型钢房屋住宅的耐火极限只有 1.5h。为了满足我国防火规范的耐火极限要求，轻钢房屋住宅通常采用防火涂料、发泡防火漆、外包防火板和加厚石膏板等措施，致使防火成本过高。

（4）技术力量缺乏

多年来，受钢材产量以及价格等因素的制约，我国钢结构房屋的使用主要局限于重型工业厂房和大跨度民用建筑，由此导致了我国从事钢结构特别是轻钢结构的研究和设计人员匮乏。冷弯型钢结构与一般普通钢结构相比有其特殊之处，因此这类结构还有许多技术问题有待深入研究，大部分工程人员对冷弯型钢房屋的性能缺乏了解是阻碍该房屋体系推广应用的重要原因之一。

3.3.1 冷弯型钢结构体系

冷弯型钢结构体系是一种以冷弯型钢构件和轻型面板共同作为承重和维护结构的新型体系，该体系一般适用于二层或局部三层以下的独立或联排式低层建筑。该结构体系的基本构件主要有U 形（普通槽形）和 C 形（卷边槽形）两种截面形式。U 形截面构件一般用于顶梁、底梁及边梁等非承重构件，C 形截面构件一般为梁、柱等承重构件。构件所用钢材等级一般可采用 Q235、Q345 和 LQ550，钢板厚度一般为 0.45～2.50mm，顶梁、底梁、边梁和承重构件的钢板厚度应不小于 0.85mm。冷弯型钢结构体系主要由组合墙体，组合楼盖，屋盖及维护结构组成（如图3.14 所示）。

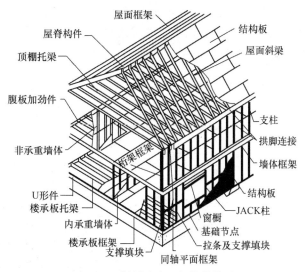

图 3.14 低层冷弯型钢结构体系

3.3.1.1 组合墙体构造形式

墙体结构体系是由间距 400～600mm 的墙架柱与双面轻质墙面板通过一定间距的自攻螺钉连接形成（如图 3.15 所示）。常用的轻质墙面板有定向刨花板（OSB 板）、石膏

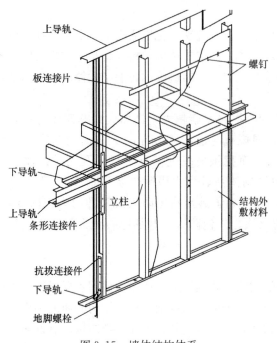

上导轨

螺钉

板连接片

下导轨

上导轨

立柱

结构外敷材料

条形连接件

抗拔连接件

下导轨

地脚螺栓

图 3.15　墙体结构体系

板、硅钙板及带肋钢板等。墙体结构体系是该结构体系中最重要的承重构件，主要承受由屋面和楼面传来的竖向荷载、风荷载作用在墙体上产生的面外荷载以及地震作用或风荷载作用在墙体产生的面内水平荷载。

近年来，国内外学者对墙体结构体系研究发现，当墙体承受竖向荷载时，轻质墙板对冷弯型钢立柱起到一定的约束作用使其竖向承载力有较大提高；当墙体承受面内水平荷载时，轻质墙板通过蒙皮效应与轻钢骨架一起共同抵抗水平荷载，使墙体的抗剪性能有明显增强。因此，在对该墙体结构体系进行分析设计时，忽略轻质墙板对轻钢骨架的支承作用是不可取的，必须考虑轻钢骨架与轻质墙板之间一定的组合作用，将墙体结构体系作为组合墙体进行研究分析。

3.3.1.2　组合楼盖构造形式

楼面结构体系一般采用梁板结构，楼面梁一般采用 C 形截面钢梁或者冷弯型钢桁架，在钢梁（钢桁架）上平铺楼面结构板（如水泥纤维板、OSB 板、压型钢板上浇筑轻骨料混凝土薄板、钢筋混凝土预制楼板），梁与板之间通过螺钉或者栓钉连接（如图 3.16 所示）。楼面结构一方面承受本层楼面荷载，另一方面将风荷载和地震作用产生的水平力传递给墙体结构体系。

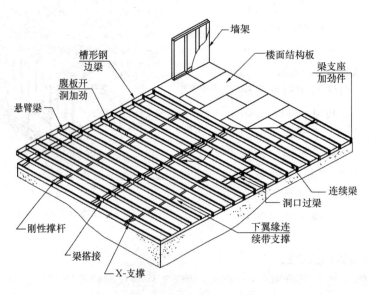

墙架

楼面结构板

梁支座加劲件

槽形钢边梁

腹板开洞加劲

悬臂梁

连续梁

洞口过梁

刚性撑杆

下翼缘连续带支撑

梁搭接

X-支撑

图 3.16　楼面结构体系

底层楼面与混凝土基础之间通过锚栓连接（如图 3.17 所示），锚栓宜选用下部带弯钩的 M24 锚栓，并在抗拔螺栓外增设钢套管以进一步增加强度，在混凝土基础中埋置深度不应小于 300mm。

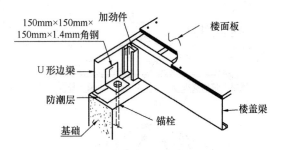

图 3.17　楼盖与混凝土基础的连接

由于每层墙体被楼盖隔开，墙体在结构上不连续，还必须设置贯通楼盖的抗拔锚栓或条形连接件将上下层墙体连成整体（如图 3.18 所示），同时靠抗剪螺栓将墙体和楼盖连为一体。在低层冷弯型钢结构住宅的基础上，地脚锚栓的设置应按计算确定，其直径不应小于 12mm，间距不应大于 1200mm，地脚锚栓距墙角或墙端的距离不应大于 300mm。

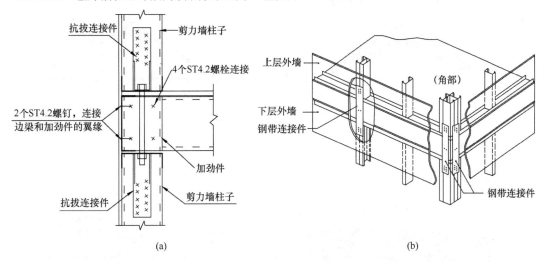

图 3.18　抗拔件连接上下层柱

（a）抗拔锚栓；（b）条形连接件

当楼盖梁悬挑时，楼盖梁的悬挑长度不应超过 0.6m，向内延伸长度不应小于 1.8m。悬挑梁的腹板不允许开孔；底层悬挑梁需采用两个构件组合而成的截面。在悬挑梁支承处，沿支承墙体方向，每隔一个悬挑梁间距应设置一个刚性支撑件。刚性支撑件的每个翼缘通过 3 个 ST4.2 螺钉与楼面板或下部构件连接。

3.3.1.3　屋盖构造形式

屋面结构体系由屋面板和屋架结构通过自攻螺钉连接而成（如图 3.19 所示），屋架通常采用三角形桁架或无腹杆的三角架，间距与墙架柱相同。当外墙跨度较大时可采用三角形桁架；当外墙跨度较小时可采用无腹杆的三角架。屋面结构及其构件的强度、刚度稳定均应满足设计要求。

端屋架搁置在山墙上，其他屋架搁置在承重墙上，当承重墙上有门窗洞口时必须设置过梁。屋架下弦与承重墙的顶梁、屋面板与屋架上弦、端屋架与山墙顶梁以及屋架弦杆之间的连接构造如图 3.20 所示。墙体顶梁通过檐口连接件和通长的钢拉带与屋盖连接，檐口连接件沿墙方向设置，间距不大于 1.2m。

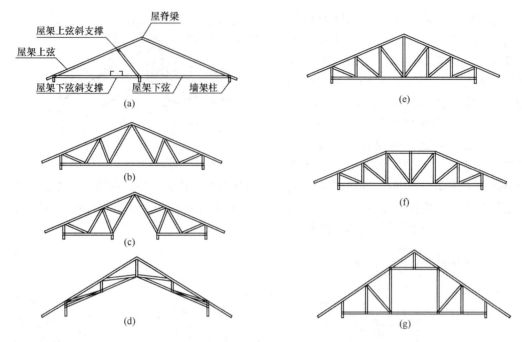

图 3.19　典型屋架示意

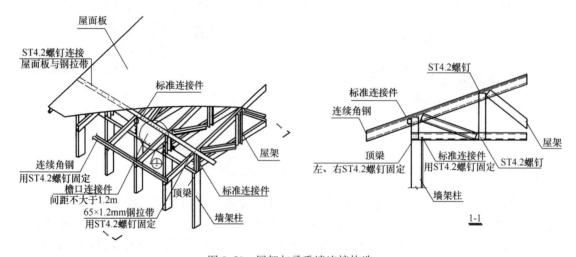

图 3.20　屋架与承重墙连接构造

3.3.2　冷弯型钢结构材料

3.3.2.1　钢材

　　用于冷弯型钢住宅承重结构的钢材，应采用符合现行国家标准《碳素结构钢》GB/T 700、《低合金高强度结构钢》GB/T 1501 规定的 Q235 钢或 Q345 钢要求，也可以采用符合现行国家标准《连续热镀锌钢板及钢带》GB/T 2518、《连续热镀铝锌合金镀层钢板及钢带》GB/T 14978 规定的 LQ550 级钢材。冷弯型钢住宅承重结构使用的钢材，应具有抗拉强度、伸长率、屈服强度、冷弯试验和硫、磷含量的合格保证。

　　冷弯型钢以镀锌或者镀铝的形式进行防锈处理，采用较多的是镀锌层。用于承重结构的冷弯型钢钢带或钢板，其镀层标准应当符合现行国家标准《连续热镀锌钢板及钢带》GB/T 2518、《连续热镀铝锌合金镀层钢板及钢带》GB/T 14978 的规定。

3.3.2.2 连接构配件

冷弯型钢壁厚很薄，加上有防腐镀层，故不适合焊接连接，在实际工程中常使用的构件连接件包括螺钉、普通钉子、射钉、拉铆钉和螺栓等。受力构件常用自钻自攻螺钉和自攻螺

图 3.21　常用自钻自攻螺钉和自攻螺钉

钉（如图 3.21 所示）。自钻自攻螺钉用于厚 0.85mm 以上的钢板的连接，自攻螺钉仅用于石膏板等结构板材或厚 0.85mm 以下的钢板之间的连接，常用的自钻自攻螺钉或自攻螺钉规格有 3～5 种（如 ST3.5、ST4.2、ST4.8，其螺纹外径 d 分别为 3.53、4.22、4.80mm），其都应符合现行国家标准《自钻自攻螺钉》GB/T 15856.1～5 或《自攻螺钉》GB/T 5282～5285 的规定。在结构的次要部位，可采用射钉、拉铆钉等紧固件连接。楼盖或墙体通过锚栓与砌体或混凝土基础连接，普通钉子用于构件与木地梁的连接。

3.3.2.3 围护结构

冷弯型钢结构住宅体系的围护结构非常重要，决定着住宅建筑功能的实现，在冷弯型钢结构住宅体系中经常使用的围护材料有结构用定向刨花板（OSB 板）、石膏板、结构用胶合板、水泥纤维板、钢板和喷涂轻质砂浆等，考虑到农村地区的实际发展水平，比较适合的材料是 OSB 板、石膏板和喷涂轻质砂浆。

（1）板材

OSB 板是以小径材、间伐材、木芯为原料，通过专用设备加工成长的刨片（一般为 40～100mm 长、5～20mm 宽、0.3～0.7mm 厚），经脱油、干燥、施胶、定向铺装、热压成型等工艺制成的一种定向结构板材。OSB 板的表层刨片呈纵向排列，芯层刨片呈横向排列，这种纵横交错的排列，重组了木质纹理结构，彻底消除了木材内应力对加工的影响，整体均匀性好。OSB 板在北美、欧洲、日本、澳大利亚等发达国家已经广泛应用于轻钢龙骨结构住宅体系，在我国应用也日趋广泛。

石膏板主要是为了克服 OSB 板在防火、隔热等方面的缺点，与 OSB 板配合使用，但其自身具有一定的脆性。

（2）喷涂轻质砂浆

为了简化冷弯型钢结构房屋的构造形式，改善建筑的保温、隔声和耐火性能，提高结构的整体性，近年来部分国内工程将喷涂轻质砂浆技术引入冷弯型钢结构体系中，形成喷涂轻质砂浆-冷弯型钢新型结构体系。其中，喷涂轻质砂浆作为一种新型建筑材料，主要由灰浆混合料、聚苯乙烯颗粒和矿物基础黏合剂等组成，平均抗压强度约 2.4MPa，但表观密度只有约 800kg/m³，该材料通过喷涂方式，快速初凝，经过一定时间的养护，形成具有一定强度，并兼有良好保温、隔声以及耐火等性能，具体的材料性能指标见表 3.8。

3.3.3　冷弯型钢结构传力路径

冷弯型钢结构体系的竖向荷载主要由冷弯型钢构件承受，而水平荷载由各层剪力墙体承受。承担竖向荷载的冷弯型钢构件设计方法已经比较成熟，而冷弯型钢骨架墙体的水平抗剪承载力主要依赖于试验研究，其设计方法还有待进一步的研究改进。

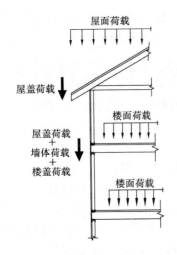

图 3.22　竖向荷载传力途径

3.3.3.1　竖向荷载传递路径

冷弯型钢结构体系的竖向荷载主要包括结构重力荷载、风吸力以及水平荷载引起的墙体竖向倾覆力，并由冷弯型钢构件承受（如图 3.22 所示）。由于房屋中冷弯型钢骨架（墙体立柱、楼层梁、屋架）间距不大，屋面、楼面荷载等重力荷载在冷弯型钢骨架结构中引起的内力较小，而对结构影响较大的是风吸力和水平荷载引起的墙体立柱中的竖向倾覆力。风吸力在室外作用于屋面外表面上，方向垂直于屋面指向外，尤其在沿海飓风区，往往要设置抗拔连接件来抵抗风吸力；水平荷载（横向风荷载和地震作用）往往在冷弯型钢结构住宅中引起倾覆力，倾覆力在房屋一侧立柱引起上拔力，在另一侧立柱引起轴压力，尤其在大风或强震地区房屋的抗倾覆连接至关重要。

3.3.3.2　横向荷载传递路径

冷弯型钢结构体系的横向荷载主要来源于建筑物外表面风压力的水平分量和水平地震作用，侧向力抵抗体系由屋面、楼面和墙体（剪力墙）组成，即整个房屋各组合体均参与横向荷载的传递。低层冷弯型钢结构住宅横向荷载路径为：作用在外墙墙面上的风荷载与作用于整体房屋结构上的地震荷载通过屋面板和楼面板传给与荷载平行的墙体，最后由墙体传给基础。在实际设计中，需分别进行房屋横向、纵向两个方向的风荷载作用下和水平地震作用下结构的强度和变形（刚度）验算。

低层冷弯型钢结构住宅侧向力抵抗体系设计一般遵循按面积分配法（适用于柔性水平隔板）、相对刚度设计法（适用于刚性水平隔板）和总剪力法（适用于一般水平隔板）三种，它们的主要差别在于水平隔板把整个建筑物的水平荷载分配给各剪力墙体的方法不同。

按面积分配法是用于分配建筑物水平荷载的最常用方法，其假定水平隔板（屋面板、楼面板）与剪力墙相比是相对柔性的（即"柔性隔板"），因此这种方法是按照从属面积分配荷载的，而不是根据支撑剪力墙刚度分配的。所谓从属面积相对横向风荷载而言指的是横向风荷载作用的屋面或结构外墙表面积，相对地震作用而言指的是相应的结构自重，如图 3.23 所示。按面积分配法假设条件类似于传统的梁理论，如图 3.24 所示一个连续的水平隔板（即楼面板）有三个刚性支座（即剪力墙），中间剪力墙承担的水平力是两边部剪力墙承担的水平力的 2 倍。当剪力墙的设计间距、强度和刚度特性大体上对称时，按面积分配法是合理的，尤其是对水平隔板由两条外剪力墙线（有相近的强度和刚度特性）支承的简单建筑物是很合适的。按面积分配法的主要优点在于对简单建筑结构的简单性和适用性，但在较为复杂的建筑平面中应用时，设计者尚应考虑各剪力墙的刚度和强度的可能不平衡性，以及由此产生的扭转效应。

相对刚度设计法假定水平隔板（屋面板、楼面板）刚度相对剪力墙刚度无限大，在这种假定下水平荷载在剪力墙中的分配是依据剪力墙的相对刚度进行的。水平荷载在剪力墙中的分配公式如下：

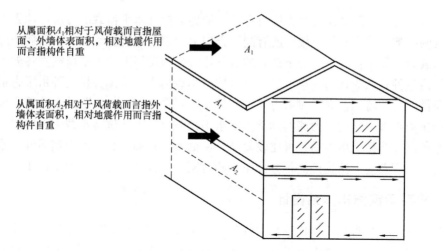

从属面积A_1相对于风荷载而言指屋面、外墙体表面积，相对地震作用而言指构件自重

从属面积A_2相对于风荷载而言指外墙体表面积，相对地震作用而言指构件自重

图 3.23　从属面积分布图

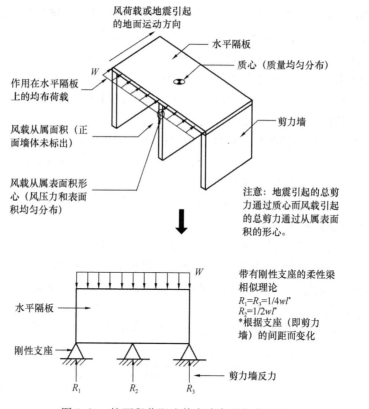

图 3.24　按面积分配法剪力墙水平力分配图

$$R_i = \frac{K_i}{\sum K_i} R \tag{3.47}$$

式中　R_i——剪力墙 i 承担的水平荷载；

　　　K_i——剪力墙 i 的刚度；

　　$\sum K_i$——水平隔板下所有剪力墙的总刚度；

　　　R——水平隔板上的总水平荷载。

117

总剪力法是指按照楼层各剪力墙自身抗剪能力分配外水平荷载的方法，即先求出各剪力墙自身的抗剪承载力和整个楼层所有同一方向剪力墙的总抗剪承载力，然后按照各剪力墙抗剪承载力占整个楼层总抗剪承载力的百分比分配该楼层上的水平荷载到各剪力墙。总剪力法假设条件是认为在同一楼层里，自身抗剪承载力大的墙体分担的外水平力也大，这一假定条件在一些特殊情况下对剪力墙设计偏于不安全，因为在实际的水平荷载分配过程中有可能抗剪承载力低的剪力墙实际承担的水平荷载反而大于抗剪承载力高的剪力墙所承担的水平荷载。当楼层剪力墙布置比较复杂，屋面板、楼面板相对剪力墙柔性、刚性都不是很大时，采用总剪力法比按面积分配法和相对刚度设计法精度高、简单适用。

3.3.4 冷弯型钢结构体系设计

根据《低层冷弯型钢房屋建筑技术规程》JGJ 227，结构设计采用以概率理论为基础的极限状态设计法，以分项系数设计表达式进行计算。承重结构按照承载能力极限状态和正常使用极限状态进行设计。

对于结构构件和连接件，当按照不考虑地震作用的承载能力极限状态设计时，其荷载效应基本组合应当根据现行国家标准《建筑结构荷载规范》GB 50009 的规定进行计算；当考虑地震作用时，其荷载效应组合应当根据《建筑抗震设计规范》GB 50011 的规定进行计算，其中承载力抗震调整系数 γ_{RE} 取为 0.9。当结构构件按正常使用极限状态设计时，应根据《建筑结构荷载规范》GB 50009 规定的荷载标准组合和《建筑抗震设计规范》GB 50011 规定的荷载效应组合进行设计。

对于结构构件计算中的各种截面规定，受拉强度应该按照净截面计算，受压强度应该按照有效净截面进行计算，稳定性应按照有效截面计算，变形和各种稳定系数均可按毛截面计算。构件中受压板件有效宽度的计算应按照现行国家标准《冷弯薄壁型钢结构技术规范》GB 50018 计算，当板厚小于 2mm 时，应考虑相邻板件的约束作用。

3.3.4.1 结构布置的基本要求

冷弯型钢结构体系的建筑平面应力求简单、规则、对称。简单、规则的建筑平面可以减少建筑的风荷载体型系数，而且使水平地震作用在平面上分布均匀，有利于结构的抗风与抗震。双轴对称平面建筑可以大幅度减小，甚至避免建筑由风荷载或水平地震作用引起的扭转振动。因建筑场地形状的限制或建筑设计要求，建筑平面不能采用简单形状时，为避免地震作用下发生强烈的扭转振动或水平地震作用在建筑平面上的不均匀分布，必须对建筑平面的尺寸关系进行限制。当结构布置不规则时，可以布置适宜的型钢、桁架构件或其他构件，以形成水平和垂直抗侧力系统，使系统内部荷载尽量沿较短的路径传递到基础上。

在抗震设防烈度为 8 度及 8 度以上或基本风压超过 0.75kN/m² 的地区，结构平面布置应符合下列要求：

（1）由剪力墙所围成的矩形楼面和屋面的长宽比不大于 3∶1，如果超过应考虑楼板平面内变位对整体结构的影响；

（2）建筑平面的凸出部分不宜超过 1.2m，如果超过 1.2m，需设置剪力墙（图 3.25 中的虚

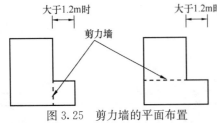

图 3.25 剪力墙的平面布置

线）围成两个矩形平面；

（3）剪力墙的两端由 X 形剪力支撑系统组成（如图 3.26 所示），剪力支撑系统应从基础到顶层布置在同一平面内，一般采用 40mm×1.0mm 的扁钢带，扁钢带可交叉布置在柱子的任一侧或两侧，在扁钢带上应设置收紧装置将其张紧。剪力墙的长度应符合设计要求，剪力墙的长高比和剪力支撑所在平面的高宽比均不大于 2：1。

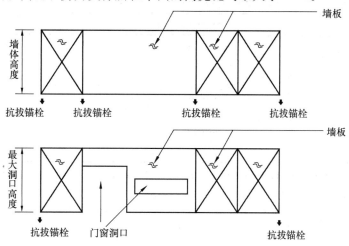

图 3.26　剪力墙交叉支撑布置

3.3.4.2　结构计算分析方法

（1）结构计算原则

冷弯型钢结构住宅建筑的竖向荷载应由承重墙体的立柱独立承担，其水平风荷载和水平地震作用应当由抗剪墙体承担。在设计计算过程中，可在建筑结构的两个主轴方向分别计算水平荷载的作用，每个主轴方向的水平荷载应由该方向抗剪墙体承担，可根据其抗剪强度大小，按比例分配，并应考虑门窗洞口对墙体抗剪刚度的削弱作用。各墙体承担的水平剪力可按下式计算：

$$V_j = \frac{\alpha_j K_j L_j}{\sum\limits_{i=1}^{n} \alpha_i K_i L_i} V \tag{3.48}$$

式中　V_j——第 j 面抗剪墙体承担的水平剪力；

　　　V——由水平风荷载或多遇地震作用产生的 x 方向或 y 方向总水平剪力；

　　　K_j——第 j 面抗剪墙体单位长度的抗剪强度，按表 3.14 采用；

　　　α_j——第 j 面抗剪墙体门窗洞口刚度折减系数；

　　　L_j——第 j 面抗剪墙体的长度；

　　　n——x 或 y 方向抗剪墙数。

构件验算时，还应当遵循下列规定：

1）墙体立柱应按压弯构件验算其强度、稳定性及刚度；

2）屋架构件应按屋面荷载的效应，验算其强度、稳定性及刚度；

3）楼面梁应按承受楼面竖向荷载的受弯构件验算其强度及刚度。

（2）水平荷载效应分析

在计算水平地震作用时，阻尼比可取 0.03，结构基本自振周期可按下式计算：

$$T = (0.02 \sim 0.03)H \tag{3.49}$$

式中　T——结构基本自振周期；

　　　H——基础顶面到建筑物最高点的高度（m）。

抗剪墙体的抗剪强度 K［kN/（m·rad）］ 表 3.14

立柱材料	面板材料（厚度）	K
Q235 和 Q345	定向刨花板（9.0mm）	2000
	纸面石膏板（12.0mm）	800
LQ550	纸面石膏板（12.0mm）	800
	LQ550 波纹钢板（0.42mm）	2000
	定向刨花板（9.0mm）	1450
	水泥纤维板（8.0mm）	1100

注：1　墙体立柱卷边槽型截面高度对 Q235 钢和 Q345 钢不小于 89mm，对 LQ550 钢立柱截面高度不小于 75mm，
间距不大于 600mm，墙体板面的钉距在周边应不大于 150mm，内部应不大于 300mm；

　　2　表中所列数值均为单面板组合墙体的抗剪刚度值，两面设置面板时取相应两值之和；

　　3　中密度板组合墙体可按定向刨花板组合墙体取值；

　　4　当采用其他面板时，抗剪刚度由试验确定。

水平地震作用的效应可用底部剪力法，其原理是拟静力法，即根据地震反应谱理论，与工程结构底部的总地震剪力与等效单质点的水平地震作用相等的原则，来确定结构总地震作用的方法。作用在抗剪墙体单位长度上的水平剪力可按下式计算：

$$S_j = \frac{V_j}{L_j} \tag{3.50}$$

式中　S_j——作用在第 j 面抗剪墙体单位长度上的水平剪力（kN/m）；

　　　V_j——第 j 面抗剪墙体承担的水平剪力，按式（3.48）计算；

　　　L_j——第 j 面抗剪墙体承受水平剪力的长度。

在水平荷载作用下，抗剪墙体的层间位移与层高之比可按下式计算：

$$\frac{\Delta}{H} = \frac{V_K}{\sum_{i=1}^{n} \alpha_i L_i K_i} \tag{3.51}$$

式中　Δ——风荷载标准值或多遇地震作用标准值产生的楼层内最大的弹性层间位移；

　　　H——房屋楼层高度（m）；

　　　V_K——风荷载标准值或多遇地震作用标准值作用下楼层的总剪力；

　　　K_i——第 i 面抗剪墙体单位长度的抗剪强度［kN/（m·rad）］，按表 3.14 取用；

　　　L_i——第 i 面抗剪墙体的长度。

3.3.4.3　冷弯型钢结构骨架设计

（1）轴心受力构件承载力设计

轴心受拉构件和轴心受压构件的强度，应按照《冷弯薄壁型钢结构技术规范》GB 50018 的规定进行计算设计。对于开口截面构件，稳定性的计算设计是最重要的部分，也应按照 GB 50018 的规定进行计算，但对于不符合某些条件的构件，还应考虑畸变屈曲对

承载力的影响，其控制条件如下：

　　1）构件受压翼缘有可靠的限制畸变屈曲的约束；

　　2）构件长度小于构件畸变屈曲半波长（λ），畸变屈曲半波长可按照下式来计算：

　　① 轴压卷边槽形截面

$$\lambda = 4.8 \left(\frac{I_x h b^2}{t^3} \right)^{0.25} \tag{3.52}$$

　　② 受弯卷边槽形和 Z 形截面

$$\lambda = 4.8 \left(\frac{I_x h b^2}{2t^3} \right)^{0.25} \tag{3.53}$$

$$I_x = a^3 t \left(1 + \frac{4b}{a} \right) \left[12 \left(1 + \frac{b}{a} \right) \right] \tag{3.54}$$

式中　　h——腹板高度；

　　　　b——翼缘宽度；

　　　　a——卷边高度；

　　　　t——壁厚；

　　　　I_x——绕 x 轴毛截面惯性矩。

　　3）构件截面采取了其他有效抑制畸变屈曲发生的措施。

　　不符合上述三项条件的构件，应当按照下列规定，考虑畸变屈曲的影响，进行计算设计：

$$N \leqslant A_{cd} f \tag{3.55}$$

$$\lambda_{cd} = \sqrt{\frac{f_y}{\sigma_{cd}}} \tag{3.56}$$

当 $\lambda_{cd} < 1.414$ 时

$$A_{cd} = A \left(1 - \frac{\lambda_{cd}^2}{4} \right) \tag{3.57}$$

当 $1.414 \leqslant \lambda_{cd} \leqslant 3.6$ 时

$$A_{cd} = A \left[0.055 \left(\lambda_{cd} - 3.6 \right)^2 + 0.237 \right] \tag{3.58}$$

式中　　N——轴压力；

　　　　A——毛截面面积；

　　　A_{cd}——畸变屈曲时截面有效面积；

　　　　f——钢材抗压强度设计值；

　　　λ_{cd}——确定 A_{cd} 用的无量纲长细比；

　　　　f_y——钢材屈服强度；

　　　σ_{cd}——轴压畸变屈曲应力。

　（2）受弯构件承载力设计

　　对于卷边槽形截面绕对称轴受弯，除应按现行《冷弯薄壁型钢结构技术规范》GB 50018 的规定进行计算外，尚应考虑畸变屈曲的影响，按下列规定进行计：

　　当 $k_\phi \geqslant 0$ 时

$$M \leqslant M_d \tag{3.59}$$

　　当 $k_\phi < 0$ 时

$$M \leqslant \frac{W_e}{W} M_d \qquad (3.60)$$

式中 M——弯矩设计值;

      k_ϕ——抗弯刚度系数;

      W——截面模量;

      W_e——有效截面模量。

计算有效宽厚比时,截面的应力分布按全截面受 $1.165\,M_d$ 弯矩值计算;M_d 为畸变屈曲抗弯承载力设计值,按下列规定计算:

1)畸变屈曲的模态为卷边槽形和 Z 形截面的翼缘绕翼缘与腹板的交线转动,则

当 $\lambda_{md} \leqslant 0.673$ 时

$$M_d = Wf \qquad (3.61a)$$

当 $\lambda_{md} > 0.673$ 时

$$M_d = \frac{Wf}{\lambda_{md}} \left(1 - \frac{0.22}{\lambda_{md}} \right) \qquad (3.61b)$$

2)畸变屈曲的模态为竖直腹板横向弯曲且受压翼缘发生横向位移,则

当 $\lambda_{md} < 1.414$ 时

$$M_d = Wf \left(1 - \frac{\lambda_{md}^2}{4} \right) \qquad (3.62a)$$

当 $\lambda_{md} \geqslant 1.414$ 时

$$M_d = \frac{Wf}{\lambda_{md}^2} \qquad (3.62b)$$

式中 λ_{md}——确定 M_d 用的无量纲长细比,$\lambda_{md} = \sqrt{f_y / \sigma_{md}}$;

      σ_{md}——受弯时的畸变屈曲应力。

(3)压弯构件承载力设计

压弯构件的强度和稳定性应按现行国家标准《冷弯薄壁型钢结构技术规范》GB 50018 的规定进行计算。需考虑畸变屈曲的影响时,可按下列规定进行计算:

$$\frac{N}{N_j} + \frac{\beta_m M}{M_j} \leqslant 1.0 \qquad (3.63)$$

$$N_j = \min(N_C, N_A) \qquad (3.64)$$

$$M_j = \min(M_C, M_A) \qquad (3.65)$$

$$N_C = \varphi A_e f \qquad (3.66)$$

$$M_C = \left(1 - \frac{N\varphi}{N_E'} \right) W_e f \qquad (3.67)$$

$$N_A = A_{cd} f \qquad (3.68)$$

$$M_A = \left(1 - \frac{N\varphi}{N_E'} \right) M_d \qquad (3.69)$$

式中 φ——轴心受压构件的稳定系数;

      A_e——有效截面面积;

      N_E'——系数,$N_E' = \pi^2 EA / (1.165\lambda^2)$;

      N_C——整体失稳时轴压承载力设计值;

N_A ——畸变屈曲时轴压承载力设计值；

A_{cd} ——轴压畸变屈曲时的有效截面面积；

M_C ——考虑轴力影响的整体失稳抗弯承载力设计值；

M_A ——考虑轴力影响的畸变屈曲抗弯承载力设计值；

M_d ——畸变屈曲抗弯承载力设计值；

β_m ——等效弯矩系数。

（4）连接设计

通过自攻螺钉连接的承载力试验和理论分析，连接计算和构造应符合《冷弯薄壁型钢结构技术规范》GB 50018 螺钉连接计算条文的规定。

对于连接 LQ550 板材且螺钉连接受剪时，尚应按下式对螺钉单剪抗剪承载力进行验算：

$$N_v^f \leqslant 0.8 A_e f_v^s \tag{3.70}$$

式中　N_v^f ——一个螺钉的抗剪承载力设计值；

A_e ——螺钉螺纹处有效截面面积；

f_v^s ——螺钉材料抗剪强度设计值。

对于多个螺钉连接的承载力还应乘以折减系数，即：

$$\xi = \left(0.535 + \frac{0.465}{\sqrt{n}} \right) \leqslant 1.0 \tag{3.71}$$

式中　n——螺钉个数。

3.3.5　冷弯型钢结构体系施工方法和措施

3.3.5.1　传统两侧挂板冷弯型钢结构体系施工方法

冷弯型钢主体结构的基本施工流程为：基础工程→墙体工程→楼板工程→楼梯安装工程→屋架工程→外覆板材工程。

冷弯型钢结构体系自重较小，其基础施工也较为简单，一般采用混凝土条形基础，埋深仅约为相应砌体结构的一半。在基础开挖完成后，应按实际情况预埋排污，进水等各类所需管道；在浇筑混凝土之前，按设计要求预埋加强螺栓（或后期用膨胀螺栓将主体结构与基础连接固定）。

墙体按照设计拼装完成后进行安装，安装时先把墙下轨放到指定位置，并打上钉子，然后用水平尺或铅坠找墙体四周竖直，并打上斜撑加固以防变形，墙体上下竖直度要求在±3mm 之内，墙体上轨带线找直，平整度以及左右偏差都应控制在±3mm 之内。墙与基础的连接如图 3.27 所示。墙与墙的连接方式大致有 3 种（L 形连接、T 形连接、十字形连接），如图 3.28 所示。

在每一层墙体安装完成后进行本层楼面施工，楼面构件常采用冷弯薄壁槽形、卷边槽形型钢，楼面梁跨度较大时也可采用冷弯型钢桁架。在楼面梁安装完成后，再设置通长钢带和刚性撑杆（如图 3.29 所示），或者通长钢带和交叉钢带支撑（如图 3.30 所示）。在外墙部位，如果钢梁与墙体同向，应铺双梁。承重墙下如果梁为同向也应铺双梁。

冷弯型钢结构屋架类型较多，安装施工的方法也各有不同。常见的两坡屋面屋架施工时，先架好拼装完成的三角架，平面一侧向外便于与直角三角梁连接，连接时钉子从背后打入与直角梁紧连在一起。在做直角三角梁时，一般高度稍微比主梁低一点，可以低1cm，这样便于坡度的顺利连接。底部要平，架主梁时要确定主脊正好在中心位置，且中立柱正好竖直，墙与梁可用1.2L100×100×100的角铁连接。两屋架架好后，主屋架可以一个接一个按尺寸排过去安装好，架到墙角的斜三角梁也可以安装上去，并在斜三角梁上挂小直角三角梁，直到把屋架全部安装好。

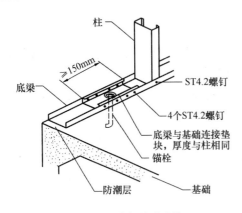

图 3.27　墙与基础连接

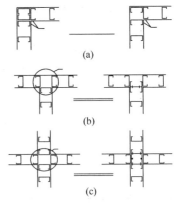

图 3.28　墙与墙接连方式
（a）L形连接；（b）T形连接；（c）十字连接

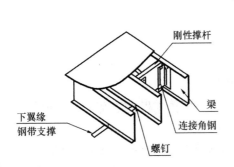

图 3.29　通长钢带和刚性撑杆

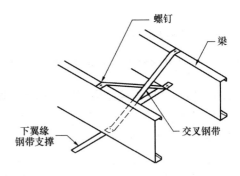

图 3.30　通长钢带和交叉钢带支撑

墙体的覆板顺序由外而内，由中间至两旁，若有内填充物时，在封内板前安装完成。在封内板时，所有地脚螺栓处需再进行全面锁紧，使用自攻螺钉每间距150mm设置一根，固定外覆材于墙体系统上。墙体的覆面板材，承重墙体一般选用定向刨花板或者水泥纤维板，非承重墙体一般选用水泥纤维板，厚度大约在6～12mm之间，它的安装一般在交叉支撑、横向支撑及斜向支撑安装完毕后，屋顶梁架设之前。

3.3.5.2　喷涂轻质砂浆-冷弯型钢结构体系施工方法

喷涂轻质砂浆-冷弯型钢结构体系施工简便快速，与两侧挂板冷弯型钢结构体系的施工顺序类似，主要步骤包括：应用计算机软件进行建筑结构设计，建造轻型基础，安装冷弯型钢房屋骨架，设置水电管道，在冷弯型钢骨架中放置EPS板，在冷弯型钢骨架周围及两侧喷涂轻质砂浆，屋顶挂瓦，楼面和地面施工，外部水泥工程。整个体系的施工过程如图3.31所示。

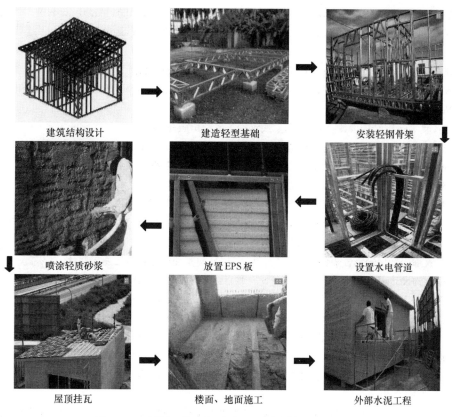

建筑结构设计	建造轻型基础	安装轻钢骨架
喷涂轻质砂浆	放置EPS板	设置水电管道
屋顶挂瓦	楼面、地面施工	外部水泥工程

图 3.31　喷涂轻质砂浆-冷弯型钢结构体系建造过程

3.4　本　章　小　结

本章首先分析了钢结构住宅的发展现状和优势，指出钢结构住宅建筑在农村地区的广阔发展前景。然后，对钢框架和冷弯型钢结构这两种典型的钢结构住宅结构体系进行了系统阐述，包括使用材料、结构设计、制作施工等方面。其中，对钢框架结构体系，详细介绍了使用材料、构配件等各项性能指标，从结构整体设计的角度给出了相应的计算、分析方法及公式，并规定了钢构件工厂制作、钢结构现场安装的操作工业流程；对冷弯型钢结构体系，在明确该结构体系构造形式的基础上，对其使用材料以及结构传力路径进行了阐述，给出了冷弯型钢结构体系的分析、设计方法，最后对传统两侧挂板和喷涂轻质砂浆两种围护结构的施工方法进行了介绍。

参　考　文　献

[3-1]　陈绍蕃. 钢结构基础[M]. 北京：中国建筑工业出版社，2003.

[3-2]　陈绍蕃. 房屋建筑钢结构设计[M]. 北京：中国建筑工业出版社，2003.

[3-3]　陈绍蕃. 钢结构设计原理[M]. 北京：科学出版社，2005.

[3-4]　陈骥. 钢结构稳定理论与设计[M]. 北京：科学出版社，2011.

[3-5] Timoshemko S P，Gere JM. Theory of Elastic Stability（2nd Ed）[M]. mcGraw-Hill，1961.

[3-6] Chen W F，Lui EM. Structural Stability-Theory and Implementation[M]. Elsevier，New York，1987.

[3-7] Bleich F. Buckling Strength ofmetal Structures[M]. mcGraw-Hill，1952.

[3-8] Ballio G，Mazzolani FM. Theory and Design of Steel Structures[M]. Chapman and Hall，London，New York，1983.

[3-9] 王社良. 抗震结构设计[M]. 武汉：武汉理工大学出版社，2011.

[3-10] 史庆轩，梁兴文. 高层建筑结构设计[M]. 北京：科学出版社，2006.

[3-11] 钢结构制作安装便携手册编委会. 钢结构制作安装便携手册[M]. 北京：中国计划出版社，2008.

[3-12] 朱锋. 钢结构制造与安装[M]. 北京：北京理工大学出版社，2009.

[3-13] Yu W W. Cold-Formed Steel Design（3rd Ed）[M]. John & Sons，Inc. New York，2000.

[3-14] 丁成章. 低层轻钢骨架住宅设计、制造与装配[M]. 北京：机械工业出版社，2002.

[3-15] 丁成章. 低层轻钢骨架住宅设计——工程计算[M]. 北京：机械工业出版社，2003.

[3-16] 钢结构设计规范 GB 50017—2003.[S]. 北京：中国计划出版社，2003.

[3-17] 钢结构工程施工质量验收规范 GB 50205—2001.[S]. 北京：中国计划出版社，2001.

[3-18] 低层冷弯薄壁型钢房屋建筑技术规程 JGJ 227—2011.[S]. 北京：中国建筑工业出版社，2011.

[3-19] 冷弯薄壁型钢结构技术规程 GB 50018—2002.[S]. 北京：中国计划出版社，2002.

[3-20] 建筑设计防火规范 GB 50016—2006.[S]. 北京：中国计划出版社，2006.

[3-21] 田国平. 低层冷弯薄壁型钢骨架住宅结构体系分析研究[D]. 西安建筑科技大学硕士学位论文，2009.

[3-22] 周绪红，石宇，周天华，等. 低层冷弯薄壁型钢结构住宅体系[J]. 建筑科学与工程学报，2005，22（2）：1-14.

[3-23] 郭小燕，姚勇，王欣. 冷弯薄壁型钢结构住宅经济性分析[J]. 建筑技术，2011，42（5）：455-458.

[3-24] 刘飞，李元齐，沈祖炎. 低层冷弯薄壁型钢龙骨式住宅结构抗震性能研究进展[J]. 结构工程师，2009，25（4）：138-144.

[3-25] 杨朋飞. 薄板钢骨住宅体系特点分析[J]. 工程建设与设计，2007（7）：14-15.

[3-26] 舒赣平，孟宪德，王培. 轻钢住宅结构体系及其应用[J]. 工业建筑，2001，31（8）：1-4.

[3-27] 王国周. 中国钢结构五十年[J]. 建筑结构，2001，16（6）：27-29.

[3-28] 刘承宗，周志勇. 我国轻钢建筑及其发展探讨[J]. 工业建筑，2000，30（5）：53-57.

[3-29] 石宇. 低层冷弯薄壁型钢结构住宅组合墙体抗剪承载力研究[D]. 长安大学博士学位论文，2005.

[3-30] 郭鹏. 冷弯型钢骨架墙体抗剪性能试验与理论研究[D]. 西安建筑科技大学博士学位论文，2008.

[3-31] 黄智光. 低层冷弯薄壁型钢房屋抗震性能研究[D]. 西安建筑科技大学博士学位论文，2011.

[3-32] 秦雅菲. 冷弯薄壁型钢低层住宅墙柱体系轴压性能理论与试验研究[D]. 同济大学博士学位论文，2005.

[3-33] LaBoube R A，Yu W W. Recent Research and Developments in Cold-Formed Steel Framing[J]. Thin-Walled Structures，1998，32：19-39.

[3-34] Tian Y S，Wang J，Lu T J. Axial Load Capacity of Cold-Formed Steel Wall Stud with Sheathing[J]. Thin-Walled Structure，2007，45（5）：537-551.

[3-35] Xu L，Tangorra FM. Experimental Investigation of Lightweight Residential Floors Supported by Cold-Formed Steel C-Shape Joists[J]. Journal of Constructional Steel Research，2007，63（3）：

422-435.

[3-36] Serrette R L, Nguyen H, Hall G. Shear Wall Values for Light Weight Steel Framing[R]. Report No. LGSRG-3-96, Light Gauge Steel Research Group, Department of Civil Engineering, Santa Clara University, Santa Clara, USA, 1996.

[3-37] Serrette R L, Encalada J, Juadinesm[M], et al. Static Racking Behavior of Plywood, OSB, Gypsum, and Fiberboard Walls with Metal Framing[J]. Journal of Structural Engineering, ASCE, 1997, 123(8): 1079-1086.

[3-38] Fülöp L A, Dubina D. Performance of Wall-Stud Cold-Formed Shear Panels under Monotonic and Cyclic Loading, Part I: Experimental Research[J]. Thin-Walled Structures, 2004, 42(2): 321-338.

[3-39] Fülöp L A, Dubina D. Performance of Wall-Stud Cold-Formed Shear Panels under Monotonic and Cyclic Loading, Part II: Numerical Modelling and Performance Analysis[J]. Thin-Walled Structures, 2004, 42(2): 339-349.

[3-40] 郝爱玲, 倪照鹏, 阮涛. 多层薄板轻钢住宅防火技术研究[J]. 建筑防火设计, 2009, 28(11): 806-809.

[3-41] 陈世友, 刘文光, 刘付钧, 等. 低层轻钢结构与传统结构住宅技术经济性分析[J]. 广州大学学报（自然科学版）, 2008, 7(5): 89-92.

[3-42] 郝际平, 刘斌, 钟炜辉, 等. 低层冷弯薄壁型钢结构住宅体系的应用与发展[A]. 第十三届全国现代结构工程学术研讨会, 2013: 138-143.

[3-43] 刘斌, 郝际平, 赵淋伟, 等. 新型冷弯薄壁型钢墙体立柱轴压性能试验研究[J]. 工业建筑, 2014, 44(2): 121-126.

[3-44] 刘斌, 郝际平, 钟炜辉, 等. 喷涂保温材料冷弯薄壁型钢组合墙体抗震性能试验研究[J]. 建筑结构学报, 2014, 35(1): 85-92.

[3-45] 王奕钧. 喷涂式轻质砂浆-冷弯薄壁型钢墙体立柱轴压性能研究[D]. 西安建筑科技大学硕士学位论文, 2014.

4 农村住宅的建筑节能与能源利用

4.1 概　　述

农村住宅是我国建筑的重要组成部分，农村住宅的节能问题直接影响到我国建筑节能的整体发展趋势。认真研究农村住宅的节能问题需要首先掌握农村住宅的能耗状况，并进一步了解农村住宅用能特点。

4.1.1　农村住宅能耗现状

4.1.1.1　农村住宅能耗概况

中国现有的 400 多亿平方米的既有建筑中，农村建筑总面积约为 260 亿 m^2，其中住宅面积约占 80%。并且近十年来，农村每年新建的住宅面积为 6～7 亿 m^2 均大于城镇每年新建的住宅面积，占全国新建住宅总量的一半以上，如图 4.1 所示。农村的住宅建设正处于有史以来的高峰期，其运行过程中必然会消耗大量的能源。

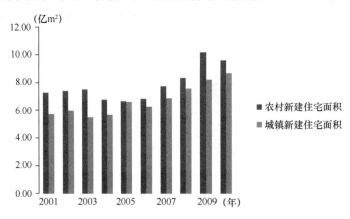

图 4.1　2001～2010 年我国新建住宅面积

根据清华大学的研究表明，2006 年农村住宅总商品能耗约占我国建筑总商品能耗的 36%，而农村供暖总能耗占农村住宅总能耗的 48%。农村地区住宅建筑中仍使用分散式的采暖方式，致使供暖能耗浪费严重。尤其是那些经济发展落后以及欠发达的农村地区，生活用能主要是以生物能源为主，取暖、做饭所用燃料依赖于柴草和农作物秸秆，热效率低，耗能巨大。而社会的不断进步使得人们对生活质量的要求越来越高，自然而然也就会重视居住的质量，即合理的建筑功能、齐全的建筑设备、舒适的室内外环境等。这必然会带来能耗的急剧增长，从而对我国的建筑节能事业造成长远的不利影响。因此，要想提高广大农民群众的生活水平，改善住宅的物理环境质量、减少能源消耗迫在眉睫。

4.1.1.2 农村住宅用能特点

城乡经济水平及生活水平的区别化，造成农村住宅用能和城镇住宅用能之间存在差异性，主要体现在商品用能总量和单位面积的商品能耗量方面。因此为了制定出具有易操作、易推广、节能效益大的农村建筑节能措施和系统化策略，首要关注的是农村生活用能的特点。

农村生活用能可概括为维持供暖、空调降温、炊事、照明和家用电器及热水供应等方面正常使用的能耗。按照清华大学的调研确定，我国主要地区供暖能耗指标为 $50\sim100kW \cdot h/(m^2 \cdot a)$，而农村住宅不同气候区中，平均空调、照明、家电等单位面积总能耗均小于总商品非电能耗。只有炊事用能由于往往和供暖用能相结合，其单位面积总能耗与总商品非电能耗比较差距较小。

农村建筑能耗和供暖能耗大的原因是广大农村地区的住宅建设缺乏系统的理论指导，基本处于无建筑设计的自发建设状态。首先，由于技术条件和施工手段的限制以及认识的不足，住宅外墙、屋面、门窗等仍然采取常规做法，使得房屋围护结构的传热系数远远大于建筑节能设计标准中的限值，结果导致夏季室内闷热，冬季常有壁面结露的现象，从而无法保证人员最基本的热环境要求。其次，农村住宅建设时不能运用科学的建造方法充分考虑气候、朝向、通风等环境因素，甚至在一些地方，因为缺乏规划和设计，致使这些农村新建住宅越建越大，越建越高。因此，农村住宅建筑的节能设计，需要紧密结合当地的气候特征，文化特征，资源特征抑或统称为地域性特征。

4.1.2 区域气候特征

我国幅员辽阔，各地区区域气候特征差异较大。建筑热工设计气候分区充分考虑了热工设计需求，且区划与中国气候状况相契合，较好地区分了不同地区不同热工设计要求。

（1）严寒气候区

严寒气候区的定义为：最冷月的平均温度低于−10℃，日平均温度低于−5℃的累积天数超过145天。具有严寒气候区的气候特征的地区在陕西省主要是陕北地区部分城市。

（2）寒冷气候区

寒冷气候区的定义为：累年最冷月的平均温度为0～10℃，日平均温度低于5℃的累积天数为90～145天。在陕西省具有寒冷气候区的气候特征的地区主要是关中地区。

（3）夏热冬冷气候区

夏热冬冷气候区的定义为：最冷月的平均温度为0～10℃，最热月的平均温度为25～30℃；日平均温度低于5℃的累计天数为0～90天，高于25℃的累积天数为40～110天。在陕西省具有夏热冬冷气候区的气候特征的地区主要是陕南地区。

4.2 农村住宅围护结构材料的选择与利用

4.2.1 围护结构概述

围护结构的主要作用是抵御自然界风、雨、雪等的侵袭，防止太阳辐射和噪声的干扰等。同时还应具有良好的防水、防火、保温、隔热、隔声、抗震等性能要求。农村住宅围护结构中的墙体和屋顶热工能耗达 60% 以上，重量占建筑物总重的 80% 以上。合理地选择围护结构材料、结构方案及构造做法对居住的舒适度和安全度等十分重要。

4.2.2 砌体墙

（1）砖墙

黏土砖在村镇建筑中大量使用，主要是其价格便宜，就地取材，生产工艺及设备简单；用黏土砖砌墙施工速度慢，劳动强度大；大量使用黏土砖与农田争地，不符合保护土地资源的建材发展方向，全国大多数地区已明令禁止使用黏土实心砖，大力推广新型墙体材料，如多孔砖、空心砖、各种工业废渣砖，混凝土空心砌块、加气混凝土砌块等。每立方米混凝土空心砌块的生产能耗不到多孔砖的三分之一，技术经济优势使得其迅速发展并被确定为新型墙体材料的主导产品之一。用砖或各种砌块砌墙砌筑灵活，既可砌筑外墙又可砌筑内墙、承重墙、填充墙、装饰墙等，砌体墙在村镇建筑中还大量使用，主要原因是村镇建筑比较零散，一家一户，工程量较小，不需要大型设备等。

（2）砖的分类

砖的种类很多，按组成材料分有黏土砖、灰砂砖、粉煤灰砖、炉渣砖、尾矿砖、混凝土空心砌块等；按产品形状分有实心砖、多孔砖、空心砖；按用途分有承重砖和非承重砖，多孔砖的孔洞率为 15%～25%，空心砖的孔洞率不小于 35%；按强度等级分为 MU2.0、MU3.0、MU5.0、MU7.5、MU10、MU15、MU20、MU25、MU30；按规格尺寸分为长度 290、240、190mm，宽度 240、190、180、175、140、115mm，高度 190、90mm 等不同尺寸组合而成。工程中常用的砖和砌块如图 4.2 所示。

(a)

(b)

(c)

(d)

图 4.2　工程中常用的砖和砌块

（a）多孔砖；（b）空心砖；（c）混凝土空心砌块；（d）加气混凝土砌块

（3）砂浆

常用的建筑砂浆按胶凝材料分有水泥砂浆、水泥混合砂浆、石灰砂浆、石膏砂浆、粉煤灰砂浆和聚合物砂浆等。水泥砂浆属于水硬性胶凝材料，强度高，耐水、耐久性好，适用于砌筑各种砌块和饰面。石灰砂浆属于气硬性胶凝材料，强度不高，耐水、耐久性差，目前用量较少。砂浆的强度等级分为 M15、M10、M7.5、M5.0、M2.5 共5个级别。

砂浆按用途分有砌筑砂浆、抹面砂浆、装饰砂浆、粘结砂浆和保温砂浆等。砌筑砂浆是砌体墙的粘结材料，砌筑砂浆将砌块胶结成为整体即砌体墙，砌墙时砂浆要饱满，不但要填平空隙，还要密实，才能将上层砌块所承受的荷载传递至下层砌块，保证砌体墙的强度。

4.2.3 轻质墙

（1）轻质墙板

轻质墙板是在工厂或施工现场预制的大板、条板、薄板，板高至少达一个楼层，直接组装成为一面墙的板式墙体材料。轻质墙板可作为现代装配式建筑的外墙、内墙和隔墙；可作为框架结构建筑的围护墙、隔墙；可作为混合结构的隔墙；也可以作为楼板和屋面板使用。

（2）轻质墙板分类

按材质分为均质材料型的如聚苯颗粒水泥板、膨胀珍珠岩水泥板、纤维增强型的工业废渣空心板，复合型的轻质板如纤维增强水泥聚苯夹芯板、钢丝网架水泥聚苯夹芯板，加气混凝土拼装大板，轻钢龙骨支撑型的石膏板、水泥墙板，轻骨料混凝土喷射墙板等。按用途分为内墙板和外墙板。按功能分为内墙普通型（轻质、高强、安装方便）、防火型、（耐热、不然）防水型（耐水、抗蚀、防霉）、外墙普通型（高强、耐久、防水）、外墙保温型（高强、轻质、隔声、抗震）、功能覆面型（装饰、保温、吸声、防火覆面）。

（3）轻质墙板的安装

轻质墙板的安装分为外挂式安装和内嵌式安装，安装时必须使用专用的固定构件 U 形或 L 形卡件固定连接等。轻钢龙骨支撑型的石膏板、水泥墙板（三明治轻质墙板）的安装简便快捷，首先用自攻螺钉安装外墙板（人造水泥板、各种防水防火人造板），再填充隔热棉（人造岩棉、玻璃棉等），最后用自攻螺钉安装内墙板（纸面石膏板，水泥刨花板、纤维板等）。轻骨料混凝土（轻骨料可选用陶粒、珍珠岩等）喷射墙板采用一次成型的施工工艺，首先将专用格栅（镀锌钢板格栅、镀锌铁丝网，玻璃纤维网）用自攻螺钉固定在轻钢龙骨构件上，然后将轻骨料混凝土分层喷射到格栅网上，达到规定厚度后抹平压光即可成为一面墙。格栅网在喷射初期即起到模板的支撑作用，在后期又起到防止混凝土开裂的作用。工程中常用的各种轻质墙板如图4.3所示。

4.2.4 屋顶

（1）屋顶的作用

屋顶是房屋最上层起覆盖作用的围护结构，用来防雨雪、日晒、防风等大自然对室内

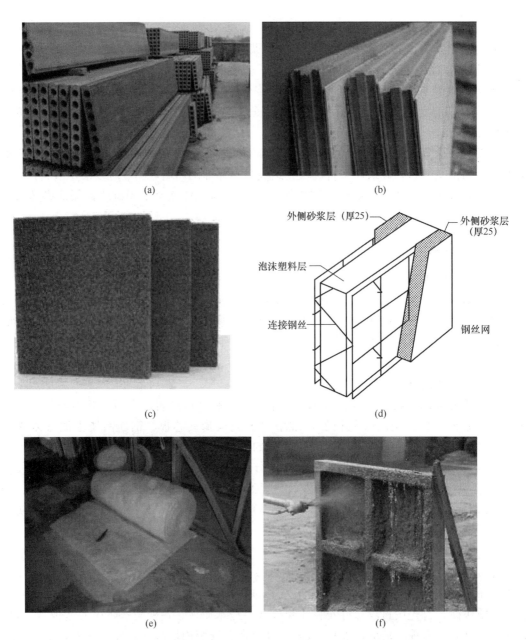

图 4.3 工程中常用的轻质墙板

(a) 工业废渣轻质墙板;(b) 覆面型聚苯颗粒轻质墙板;(c) 发泡水泥轻质墙板;

(d) 钢丝网架聚苯板墙板;(e) 三明治轻质墙板;(f) 轻骨料混凝土喷射墙板

的侵袭,屋顶围护结构的材料选用应首先满足防水、防火、保温、隔热、轻质节能和抗震等要求。在低层建筑中屋顶占建筑能耗约 30% 以上,利用轻质节能材料,选择合理的结构方案及构造做法可同时满足建筑节能及时居住的舒适度和安全度要求。

(2) 屋顶的分类

常见的屋顶类型有平屋顶和坡屋顶,平屋顶的坡度不小于 10%,屋面较平坦,可用作各种活动场地,还可晾晒粮食等。平屋顶建筑外观简洁,结构和构造较坡屋顶简单。坡屋顶的坡度大于10%，坡屋顶是由一个或几个倾斜面相互交接形成的屋顶，根据倾斜面数的多少分为单坡屋顶、双坡屋顶、四坡屋顶和其他形式的屋顶。

（3）平屋顶的构造

平屋顶主要由结构层、附加层、屋面层和顶棚层构成。屋面层的主要作用是防水，一般包括防水层和保护层；防水层可选用防水卷材、防水涂料等，保护层一般选用水泥砂浆或地砖等。附加层的主要作用是保温、隔热、隔汽、找平和找坡等，附加层常用的材料有炉渣、珍珠岩、蛭石、聚苯乙烯泡沫板等。

（4）坡屋顶的构造

坡屋顶主要由结构层、附加层、屋面层和顶棚层构成，附加层的作用和材料基本同平屋顶。坡屋顶的屋面盖材种类较多，常见的有平瓦、小青瓦、筒板瓦、石片瓦、纤维水泥波形瓦、镀锌铁皮波形瓦、彩钢压型瓦、玻璃钢瓦等。坡屋顶的常见做法是在屋面板上铺草泥的同时将平瓦、小青瓦、筒板瓦、石片瓦粘贴好，也可用水泥珍珠岩砂浆替代草泥，草泥和水泥珍珠岩砂浆既是瓦的粘贴材料又是良好的隔热保温材料。坡屋顶的常见做法还有在屋面板上满铺一层防水卷材，用顺水条将卷材钉牢，再在顺水条上钉挂瓦条挂瓦。这种做法的优点是瓦和卷材双重防水，屋顶保温隔热效果较好。如果屋顶采用金属瓦必须相互连通导电，并与避雷针连接，以防雷击。

4.2.5　门窗

（1）门窗的作用

门和窗是房屋建筑中的两个重要围护构件，门的主要功能是出入，分隔建筑空间，并兼有防盗、隔声、通风和采光的作用。窗的主要功能是通风和采光并兼有观察和递物等。门和窗是房屋建筑中外围护结构保温性能最薄弱的部位，从门窗散失的热量占建筑能耗40%以上，因此提高门窗的保温隔热性能是降低建筑物长期使用能耗的重要途径。

（2）门窗的分类

按材料分：有木门、木窗、钢门、钢窗、铝合金门窗、塑钢门窗和玻璃门等。木质门窗制作方便，造价低廉；塑钢门窗强度高、双层玻璃密闭性好，隔声和节能效果显著，美观大方，目前用量较大，市场易购。

按开启方式分：有平开门窗、推拉门窗、弹簧门、转门、卷帘门、旋窗、固定窗等。

进户门大多选用钢门，既防盗又隔热、隔声、美观大方；房间门大多选用烤漆实木门和烤漆实木复合门；塑钢窗有单层和双层玻璃之分，双层玻璃隔热、隔声、封闭性、节能性好；这几种门窗已实现工业化大批量生产，物美价廉，目前用量较大，市场易购。

4.2.6　墙体保温

（1）墙体保温的作用

随着建筑节能工作的不断推进，节约能源与保护环境的需求不断提高，建筑围护结构的保温隔热技术是建筑节能技术的一个重要的基本发展方向。建筑外墙保温技术分外墙外保温、外墙内保温和外墙夹心保温技术，墙体采用保温技术措施后，存在着多方面的优越性；墙厚得以减薄，墙体自重减轻，对基础的承载力要求降低，抗震性能提高，室内温度相对稳定，冬暖夏凉，生活舒适。

（2）外墙外保温

外墙外保温是指在垂直外墙的外表面上建造保温层，既可用于新建墙体，又可用于已有建筑外墙的改造。外墙外保温可以避免产生热桥，效能增加明显，其热阻值远大于 $1.0m^2 \cdot K/W$，由于体系从外侧保温，其构造必须能满足水密性、抗风压以及温湿度变化的要求，不致产生裂缝，并能抵抗外界可能产生的碰撞作用，还能与相邻部位（如门窗洞口、穿墙管道等）之间以及在边角处、面层装饰等方面，均得到适当的处理。

保温层一般采用导热系数小的阻燃型的高效保温材料如膨胀型聚苯乙烯板（EPS）、挤塑型聚苯乙烯板（XPS）、岩棉板、玻璃棉毡以及超轻保温砂浆等。施工时首先将保温板用聚合物砂浆粘贴在外墙面，再用专用固定件将保温板与外墙连接，在保温层的所有外表面涂抹聚合物胶浆，胶浆厚度 3～6mm，同时粘贴包覆玻璃纤维网格布加强材料，其作用为改善抹灰层的机械强度，保证其连续性，分散面层的收缩应力和温度应力，避免应力集中，防止面层出现裂纹。外墙外保温系统适宜外墙涂料装饰，不宜贴外墙瓷砖。

（3）外墙内保温

外墙内保温施工简便，成本低廉，不需要搭外脚手架、吊篮等，无高空施工，保温层对防水要求不高，外墙内保温存在热桥问题，处理不好容易结露。外墙内保温所用材料和施工方法基本同外墙外保温技术。

（4）外墙夹心保温

外墙夹心保温是在砌墙时将阻燃型的高效保温板砌筑于两墙之间，并用钢筋连接件将两墙拉结，外墙夹心保温的做法适宜较寒冷的地区，施工难度较大。

4.2.7 常用围护结构材料的技术参数

常用围护结构材料的组成、表观密度、抗压强度和导热系数见表 4.1。

常用围护结构材料的技术参数 表 4.1

材料名称	主要组成	表观密度（kg/m³）	抗压强度（MPa）	导热系数（W/m·K）
混凝土	水泥、砂、石	2350	15～40	1.500
多孔砖	黏土	1100～1450	10～30	0.500
空心砖	黏土	800～1100	2.0～5.0	0.400
混凝土砌块	水泥、砂或废渣	1450～1700	3.5～20	0.600
加气混凝土	粉煤灰、水泥	300～800	1.0～10.0	0.100～0.200
多孔轻质条板	水泥、砂或废渣	48～98	10～20	0.350～0.500
复合轻质条板	泡沫塑料、水泥、砂	38～72	10～20	0.150～0.350
轻骨料混凝土	水泥、砂、陶粒	1200	7.5	0.550
轻骨料混凝土	水泥、砂、陶粒	700	2.5	0.230
保温砂浆	水泥、珍珠岩	300～1000	0.5～2.0	0.050～0.150
钢材 Q235	铁、硅、锰	7900	235	55.000
石材	大理石、花岗岩	2400～2800	40～100	2.450～3.230
玻璃	二氧化硅	2500	600～1200	2.700～3.260

材料名称	主要组成	表观密度（kg/m³）	抗压强度（MPa）	导热系数（W/m·K）
黏土陶粒	黏土	300～600	5～10	0.100～0.150
岩棉	二氧化硅 氧化钙	50～150	0.01～0.06	0.036～0.041
泡沫塑料	聚苯乙烯	20～50	0.19～0.23	0.030～0.047
木材	松木	400～600	30～50	0.150～0.300

4.3 建筑围护结构热工性能及节能设计

建筑节能设计是指在保证建筑功能和室内环境质量的前提下，通过采取节能措施，提高围护结构保温隔热性能，降低供暖、通风、空气调节、照明、动力等设备和系统的能耗所开展的专项设计。建筑围护结构热工性能的优劣是影响建筑节能设计的一项重要因素。由于各地季节性气候温度差异较大，建筑热工设计要求需要区别对待。

4.3.1 建筑热工设计要求

建筑热工设计按照建筑热工设计气候分区进行设计。不同建筑热工设计气候分区相应有侧重点不同的设计要求以控制围护结构热工性能及节能设计。下面以陕西地区为例，介绍几个地区的热工设计要求。

（1）陕北地区

该气候区对建筑热工的设计要求可为：冬季必须充分满足防寒、防冻、保温的要求，并采取相应的节能措施，如降低建筑的体形系数，增加外窗、外门的气密性，合理利用太阳能等自然资源；一般可以不考虑夏季防热。

（2）关中地区

该气候区对建筑热工的设计要求可为：冬季应满足防寒、防冻、保温的要求。单体设计、构造设计及总体规划时应考虑冬季防御寒风和日照的要求，避免将主要房间布置在西侧以防止西晒。局部地区兼顾夏季防热。

（3）陕南地区

该气候区对建筑热工的设计要求可为：夏季必须满足通风、防热的要求，进行单体设计、构造处理和总体规划时应当采取相应的隔热措施，加强自然通风，避免建筑在西向开窗以防止西晒等。局部地区适当兼顾冬季保温。

4.3.2 建筑热工设计要点

农村地区住宅建筑大多采用砌体结构体系和混凝土结构体系，与传统结构体系相比，钢结构体系具抗震性能好、施工周期短、空间布置灵活、绿色环保等优势。城市钢结构住宅的建造技术发展较为成熟，为农村发展钢结构住宅奠定了基础。

所谓建筑热工设计是指从建筑物室内外热湿作用对建筑围护结构和室内热环境的影响出发，为改善建筑室内热环境，以满足人们工作和生活的需要或降低供暖、通风、空气调节等负荷而进行的专项设计。建筑热工设计主要涉及冬季保温和夏季隔热，这分别与冬、夏季的室外温度状况有关。对于农村钢结构住宅建筑，在北方主要考虑围护结构保温性能和热桥部位的保温措施两个方面。

（1）围护结构热工性能

围护结构是指建筑物及房间各面的围挡物的总称。围护结构分为透明和不透明两部分。不透明围护结构有墙、屋顶和楼板等，透明围护结构有窗户、天窗和阳台门等。按是否与室外空气直接接触，又可以分为外围护结构和内围护结构。外围护结构是指与室外空气直接接触的围护结构，如外墙、屋顶、外门和外窗等。内围护结构是指不与室外空气直接接触的围护结构，如隔墙、楼板、内门和内窗等。太阳辐射提供给建筑物的热量通过外围护结构传递入室内。建筑围护结构应具有抵御冬季室外气温作用和气温波动的能力，反之，也应具有抵御夏季室外气温和太阳辐射综合热作用的能力。围护结构的热工性能是影响建筑能耗的主要因素之一。用于描述围护结构热工性能的物理量很多，可以将其统称为"围护结构热工参数"。

（2）热桥

钢结构住宅由于其结构体系为钢骨架结构，易出现热桥现象。热桥是指围护结构中局部的传热系数明显大于主体传热系数的部位。热桥在建筑围护结构中广泛存在，由于局部材料或构造异于主体部位，在热传导的某个方向上，局部的热阻低于主体部位。与主体部位相比，在冬季，通过此处的热流密度更大，内表面温度更低，形成热传导的"桥"。欧盟 EN ISO 10211－1 中关于建筑热桥定义如下：建筑围护结构热桥是由不同导热性能的材料贯穿或者结构厚度变化或者内外面积的不同（如墙、顶棚和地板连接处）而形成的。根据建筑结构和构造特点，可将热桥分成 8 大类：墙热桥、墙角热桥、楼板热桥、屋顶热桥、窗热桥、阳台热桥、门热桥及其他热桥。图 4.4 为各种常见的热桥。

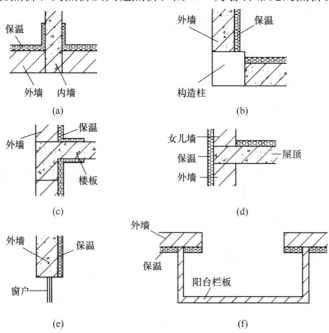

图 4.4　各种常见的热桥
（a）墙热桥；（b）墙角热桥；（c）楼板热桥；（d）屋顶热桥；（e）窗热桥；（f）阳台热桥

热桥的存在增大了透过围护结构的传热量，增加了建筑能耗，同时温度过低的内表面易于出现结露现象。建筑设计时，应当重视热桥部位的构造设计，特别是在严寒、寒冷地区热桥部位不出现结露问题。《严寒和寒冷地区居住建筑节能设计标准》JGJ 26 指出热桥部位应进行保温处理，并应保证热桥部位的内表面温度不低于室内空气设计温、湿度条件下的露点温度，减小附加热损失。室内空气温、湿度设计条件指一般的正常情况，不包括室内特别潮湿的情况。居住建筑外围护结构在金属窗框、窗玻璃表面、墙角、墙面、屋面上可能出现热桥的位置附近易出现结露现象。围护结构墙体中常见的五种形式热桥，如图4.5所示。

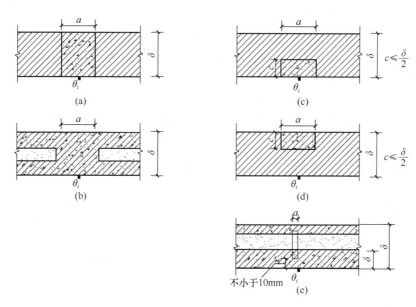

图 4.5　不同形式墙热桥

热桥增加了墙体的局部传热，降低了墙体的平均传热热阻。如胡平放等对于不同结构、不同墙体宽度和不同窗墙比的情况下对热桥进行研究，认为热桥传热墙体的综合传热系数是墙体传热系数的 1.1～2.1 倍。热桥使得建筑的能源消耗量增大，造成建筑围护结构设计需要采取一系列的保温措施，如外墙保温系统设计。保温系统按照保温材料与围护结构之间的关系可以分为外保温系统、内保温系统、自保温系统等。各种系统之间并无绝对的优劣之分，使用中，应当考虑项目所在的气候区、使用功能、供暖空调形式和运行模式等进行选用，以确保保温系统形式与建筑节能需求相适应。保温结构一体化体系具有工序简单、施工方便、安全性能好、与建筑物同寿命等优点。部分地区采取两层保温能力差的墙体材料夹一层或多层绝热能力好的保温材料（或空气层）构成复合墙体，填充的保温材料种类包括 EPS 板、XPS 板、PU 板、岩棉、玻璃棉等。

4.3.3　农村住宅建筑物理模型

农村住宅的建筑节能设计需要结合当地人文环境、气候特征、地形地貌、周围环境等因素，从功能性、经济性等方面予以综合考虑以避免或减少建筑能耗。

4.3.3.1 建筑方案设计

农村钢结构住宅建筑的方案设计有多种形式，如图4.6所示。建筑方案一和建筑方案二沿袭了20世纪90年代以前农村住宅的空间形态，采用院落的布局方式。一般情况下，正房是整个院落中最高的建筑单体，采用"一明两暗"的布局方式，即起居室位于正房的中间位置，外门居中布置；卧室分列正房两侧，不设置可直接出入的外门，而由起居室穿套进入。其他功能的房间分布在院落的东、西两侧，并在中间区域的室外空间形成狭长的庭院，满足了农民家庭日常的生产生活需要。

20世纪90年代后，随着我国农村经济的不断发展，农村住宅建设进入新的时期，其空间形态已逐渐向多元化发展，除上述建筑平面布局形式外还出现了建筑方案三的"口"形和建筑方案四的"L"形的平面布局方式，见图4.6（c）和图4.6（d）。方案三的空间形态布局紧致，利用了建筑内部的每一个空间，且体形系数小，对建筑节能较为有利。方案四室内的空间分隔明确，主要休息区域可集中布置在建筑一角。

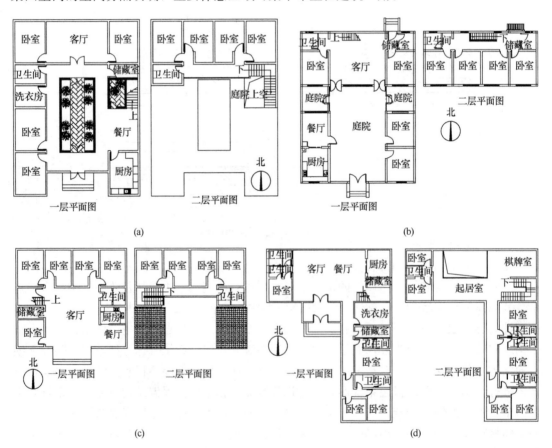

(a)

(b)

(c)

(d)

图4.6 农村住宅建筑设计方案
（a）方案一；（b）方案二；（c）方案三；（d）方案四

从建筑节能和居住环境的适宜性这两方面考虑，建筑方案二的优点更为突出。其一，该方案布局紧凑，主要的活动区域如客厅、卧室均位于南向，且具有较大面积的开窗，减小建筑热负荷；辅助功能房间如卫生间、储藏室、楼梯间等位于北向，起到缓冲区的作用。其二，这种具有狭长庭院的四合院模式代表了陕西省农村地区的建筑文化，同时也体现了该地区的建筑风格。因此，在做外围护结构节能优化时，选择建筑方案二作为研究的对象。方案二中建筑实物如图 4.7 所示，基础与钢梁、钢柱的布置如图 4.8 所示。

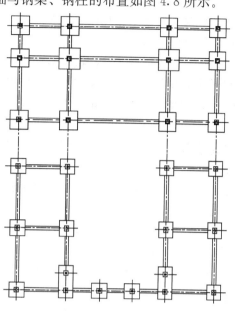

图 4.7　钢结构住宅建筑施工　　　　图 4.8　基础及钢梁、柱的布置图

4.3.3.2　围护结构热工参数设定

围护结构作为农村钢结构住宅建筑的重要组成部分，其热工性能对建筑能耗的影响至关重要。在城市钢结构住宅建筑中，围护结构材料大多选用热工性能好的轻质保温材料，但其成本较高、施工复杂，不适用于经济基础薄弱的农村地区。因此对农村地区当地原有的围护结构材料予以改造，或者选择成本低、热工性能好的普通建筑材料取而代之，不仅降低钢结构住宅的建造成本，还可以消除轻质保温材料在施工过程中的技术难题。钢结构应用于农村住宅，有必要研究围护结构热工设计对建筑能耗的影响。掌握农村钢结构住宅建筑设计中主要节能影响因素和了解节能优化设计中建筑能耗的变化规律时，围护结构热工参数的设定首当其冲。围护结构热工参数是用于描述围护结构热工性能的物理量，主要包括导热系数、蓄热系数、热阻、传热系数、热惰性指标等。其中主要介绍以下几个参数：

（1）导热系数

导热系数是指在稳态条件和单位温差作用下，通过单位厚度、单位面积匀质材料的热流量。

（2）蓄热系数

蓄热系数是指当某一足够厚度的匀质材料层一侧受到谐波热作用时，通过表面的热流波幅与表面温度波幅的比值。

（3）热阻

热阻是指表征围护结构本身或其中某层材料阻抗传热能力的物理量。

（4）传热阻

表征围护结构（包括两侧表面空气边界层）阻抗传热能力的物理量。

（5）传热系数

传热系数是指在稳态条件下，围护结构两侧空气为单位温差时，单位时间内通过单位面积传递的热量。

（6）平均传热系数

平均传热系数是指在某个表面上，考虑了其中包含的热桥影响后得到的传热系数值。

（7）热惰性指标

热惰性指标表征围护结构抵御温度波动和热流波动能力的无量纲指标，其值等于各构造层材料热阻与蓄热系数的乘积之和。根据围护结构对室内热稳定性的影响，将热惰性指标 $D \geqslant 2.5$ 的围护结构称为重质围护结构；$D < 2.5$ 的围护结构称为轻质围护结构。

（8）遮阳系数

遮阳系数是指透过建筑构件的太阳辐射量与投射到建筑构件表面的太阳辐射量之比。

对应于不同的外围护结构部位，其热工参数的设定是由建筑材料的选择及构造做法来确定的。下面通过不同的围护结构部位分别阐述围护结构热工参数设定。

（1）外墙

外墙的热工性能主要取决于墙体的构造形式、保温层材料及厚度、墙体材料及厚度。保温材料根据原料特性及加工工艺的不同，其用途也不尽相同，当前用于外墙保温的材料有聚苯板、挤塑板、硬泡聚氨酯、胶粉聚苯颗粒等。相比其他几种保温材料，聚苯板具有成本低、保温性能好、施工方便、技术成熟等优势。

通常，随着保温层厚度的增加，保温性能会更好，但是过厚的保温层并不能带来更多的节能效益，同时还造成了不必要的浪费，所以需要对外墙的保温层厚度进行合理的确定。适当的保温层厚度不仅可以达到理想的节能效果，还能有效减少因建筑自身所产生的荷载，节省用钢量，降低建造成本。当然，不同的外墙材料及所需的保温层厚度也不相同。

农村钢结构住宅建筑，外墙材料及厚度与传统住宅建筑略有不同。其外墙材料的选择应遵循因地制宜、低成本、重量轻的原则，可选用黏土砖、空心砖、陶粒混凝土、轻骨料混凝土、生土砖等。钢结构住宅的梁、柱等框架部位由型钢组成，墙体厚度可比传统建筑小。

（2）外窗

外窗对建筑能耗的影响可从窗户类型和窗墙面积比两个方面分析。通常用于住宅建筑的外窗类型有普通单层玻璃窗、普通中空玻璃窗、镀 Low-e 膜中空玻璃窗、低辐射玻璃窗等。窗墙面积比是窗户洞口面积与房间立面单元面积之比。窗墙面积比越大，冬季通过窗户的散热量越大。

（3）屋面

屋面的节能问题主要从保温和隔热两方面考虑。一般结合建筑材料、构造做法和屋顶形式三方面来分析屋面对建筑能耗的影响。

现阶段农村住宅建筑中通常所采用的屋面做法有现浇混凝土屋面和预制钢筋混凝土屋面两种。钢结构住宅建筑中，屋面要尽量做到重量轻、保温隔热性能好。

根据不同的气候区和建筑物不同的屋面形式可采取不同的保温隔热技术，如正置式保温屋面、倒置式保温屋面、种植屋面和太阳光反射屋面等，以提高屋面的保温隔热性能。传统屋顶形式大多采用平屋面，为防止保温层在吸水后导致传热系数增加，将防水层布置于保温层上侧，而在其下侧增加隔汽层，这样使得防水层的使用寿命缩短，屋面结构复杂化，建造成本增加。为解决这一问题，可采用倒置式屋面，即将传统屋面构造中的保温层与防水层颠倒，把保温层放在防水层的上面。坡屋面形式使得在太阳辐射最强的时段，太阳光线斜射于屋面，减少夏季屋面的辐射热量。

4.3.3.3　其他参数设定

建筑方案节能优化设计过程中，室内热扰包括人员、灯光和设备热扰，其参数单位一般以平方米指标进行设定；室内其中客厅及卧室的人员、灯光、设备作息时间即人行为及房间与室外通风范围需要具体根据当地的风俗习惯和气候条件设定。

4.3.4　农村住宅围护结构热工特性分析及节能优化设计

陕西地区作为一个涵盖三个气候大区的地区，可以作为典型地区来进行节能设计方法的探寻，并进而推广至全国范围内。榆林市地处陕西省北部，西安市地处陕西省中部，安康市地处陕西省南部，分别以其气象资料为例，研究农村住宅建筑的节能影响因素。

（1）围护结构热工特性分析

1）外墙对建筑能耗的影响分析

外墙进行保温处理后，节能效果明显，如图4.9～图4.11所示。冬季时，随着不同气候，不同保温体系对建筑能耗影响不同。榆林地区、西安地区和安康地区农村住宅建筑，外墙可以采用外保温体系或内保温体系的构造形式，具体可根据房间功能、供暖方式等条件而定。

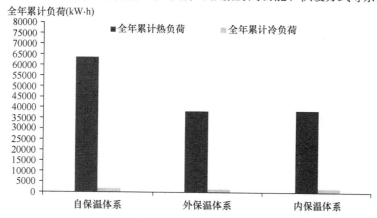

图4.9　榆林市不同墙体构造形式条件下的全年累计负荷

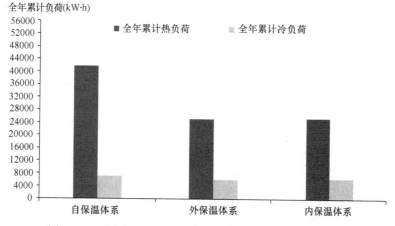

图4.10　西安市不同墙体构造形式条件下的全年累计负荷

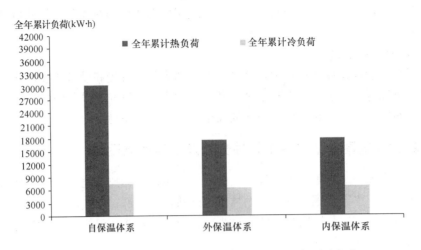

图 4.11　安康市不同墙体构造形式条件下的全年累计负荷

2）外窗对建筑能耗的影响分析

在不同窗户类型的条件下，能耗存在一定区别（如图 4.12 所示），但不同窗户类型之间的成本有着较大差异，如镀 Low-e 膜中空玻璃窗及低辐射玻璃窗造价比普通玻璃窗高出许多，出于经济性的考虑，不宜在农村住宅建筑中推广使用。农村住宅建筑在窗户类型的选择上应对能耗及成本进行综合考虑，一般情况下使用普通中空玻璃窗较为合理。

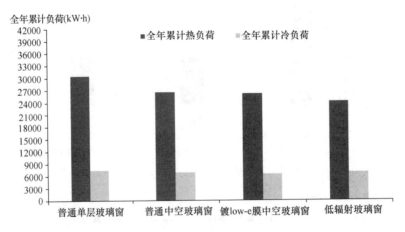

图 4.12　安康市不同窗户类型条件下的全年累计负荷

（2）农村住宅建筑方案的外围护结构节能优化设计

影响农村住宅建筑能耗的主要因素有：墙体构造形式、墙体材料及保温层厚度、外窗类型、窗墙面积比、屋面的构造形式和屋面保温层厚度。以建筑物理模型为基础，并将上述主要因素作为优化对象重新设计，提出多种方案予以比较，如表 4.2～表 4.4 所示。

（3）农村住宅建筑方案的节能分析

节能设计方案从气候特征出发，在需要保温设计和需要隔热设计的部位都应有相应的体现。榆林地区农村住宅三种建筑节能设计方案的节能效果明显，其中方案三的节能效果最为突出，但无论选择哪种方案，夏季的冷负荷处在同一水平，如图 4.13 所示。西安地区农村住宅建筑节能设计方案五与方案六的能耗处在同一水平，均优于方案四，如图 4.14 所示。安康地区农村住宅建筑节能设计方案九能耗最低，如图 4.15 所示。

项目	方 案 一	方 案 二	方 案 三
外墙做法	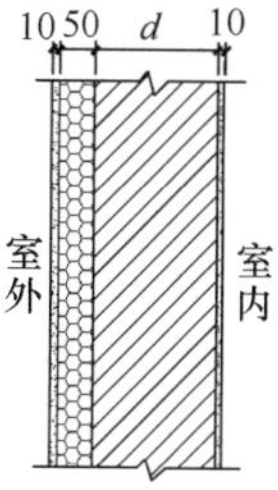	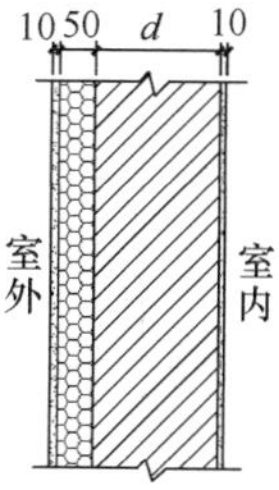	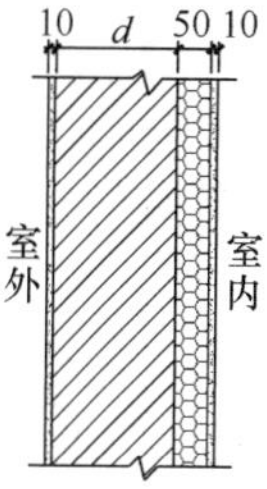
一层	10mm 厚砂浆＋50mm 厚聚苯板＋180mm 厚黏土砖＋10mm 厚砂浆	10mm 厚砂浆＋50mm 厚聚苯板＋180mm 厚生土砖＋10mm 厚砂浆	10mm 厚砂浆＋180mm 厚轻骨料混凝土＋50mm 厚聚苯板＋10mm 厚砂浆
二层	10mm 厚砂浆＋50mm 厚聚苯板＋180mm 厚黏土砖＋10mm 厚砂浆	10mm 厚砂浆＋180mm 厚生土砖＋50mm 厚聚苯板＋10mm 厚砂浆	10mm 厚砂浆＋180mm 厚轻骨料混凝土＋50mm 厚聚苯板＋10mm 厚砂浆
外窗类型	普通单层玻璃窗	普通中空玻璃窗	低辐射玻璃窗
北向窗墙面积比	0.1	0.2	0.2
南向窗墙面积比	0.2	0.4	0.4
屋面做法	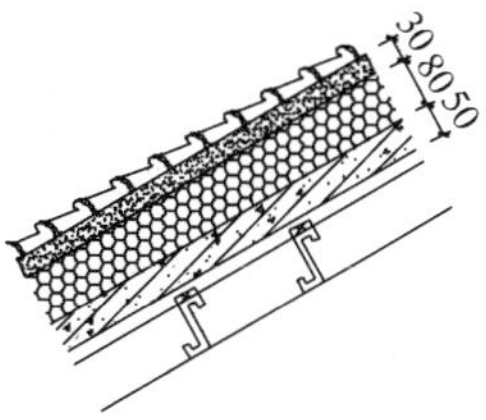	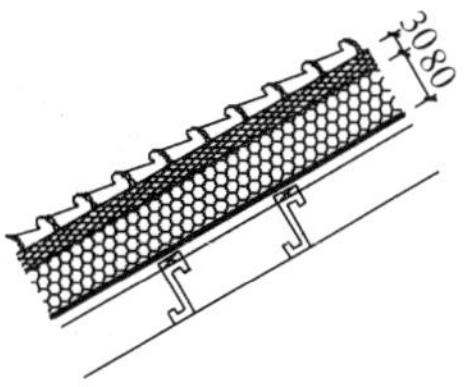	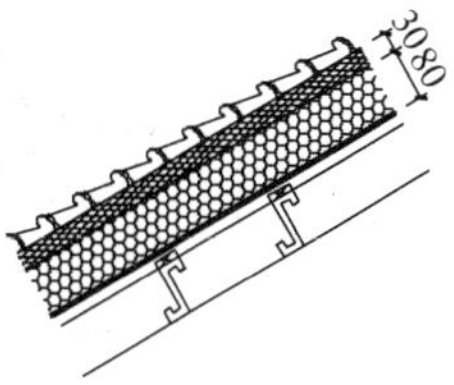
	12mm 青筒瓦＋30mm 砂浆＋80mm 厚炉渣混凝土＋50mm 混凝土	12mm 厚青筒瓦＋30mm 厚木板＋80mm 厚玻璃丝绵＋铝箔	12mm 厚青筒瓦＋30mm 厚木板＋80mm 厚玻璃丝绵＋铝箔
内墙做法	120mm 厚黏土砖	120mm 厚生土砖	120mm 厚轻骨料混凝土
楼地做法	120mm 厚黏土砖	120mm 厚黏土砖	40mm 厚碎石混凝土
外遮阳形式	无	无	无
内遮阳形式	无	无	百叶窗帘
热桥部位是否做节能处理	是	是	是

项目	方 案 四	方 案 五	方 案 六
外墙做法			
一层	10mm 厚砂浆＋40mm 厚聚苯板＋180mm 厚黏土砖＋10mm 厚砂浆	10mm 厚砂浆＋40mm 厚聚苯板＋180mm 厚生土砖＋10mm 厚砂浆	10mm 厚砂浆＋180mm 厚空心砖＋40mm 厚聚苯板＋10mm 厚砂浆
二层	10mm 厚砂浆＋40mm 厚聚苯板＋180mm 厚黏土砖＋10mm 厚砂浆	10mm 厚砂浆＋180mm 厚生土砖＋40mm 厚聚苯板＋10mm 厚砂浆	10mm 厚砂浆＋180mm 厚空心砖＋40mm 厚聚苯板＋10mm 厚砂浆
外窗类型	普通单层玻璃窗	普通单层玻璃窗	普通中空玻璃窗
北向窗墙面积比	0.1	0.1	0.1
南向窗墙面积比	0.2	0.2	0.3
屋面做法			
	12mm 青筒瓦＋30mm 砂浆＋60mm 厚炉渣混凝土＋50mm 混凝土	12mm 厚青筒瓦＋30mm 厚木板＋60mm 厚玻璃丝绵＋铝箔	12mm 厚青筒瓦＋30mm 厚木板＋60mm 厚玻璃丝绵＋铝箔
内墙做法	120mm 厚黏土砖	120mm 厚生土砖	120mm 厚空心砖
楼地做法	120mm 厚黏土砖	120mm 厚黏土砖	40mm 厚碎石混凝土
外遮阳形式	无	无	无
内遮阳形式	无	无	百叶窗帘
热桥部位是否做节能处理	是	是	是

项 目	方 案 七	方 案 八	方 案 九
外墙做法			
一层	10mm 厚砂浆＋30mm 厚聚苯板＋180mm 厚黏土砖＋10mm 厚砂浆	10mm 厚砂浆＋30mm 厚聚苯板＋240mm 厚生土砖＋10mm 厚砂浆	10mm 厚砂浆＋180mm 厚陶粒混凝土＋30mm 厚聚苯板＋10mm 厚砂浆
二层	10mm 厚砂浆＋30mm 厚聚苯板＋180mm 厚黏土砖＋10mm 厚砂浆	10mm 厚砂浆＋180mm 厚生土砖＋30mm 厚聚苯板＋10mm 厚砂浆	10mm 厚砂浆＋180mm 厚陶粒混凝土＋30mm 厚聚苯板＋10mm 厚砂浆
外窗类型	普通单层玻璃窗	普通单层玻璃窗	普通中空玻璃窗
北向窗墙面积比	0.1	0.1	0.1
南向窗墙面积比	0.2	0.2	0.2
屋面做法			
	12mm 青筒瓦＋30mm 砂浆＋40mm 厚炉渣混凝土＋50mm 混凝土	12mm 厚青筒瓦＋30mm 厚木板＋40mm 厚玻璃丝绵＋铝箔	12mm 厚青筒瓦＋30mm 厚木板＋40mm 厚玻璃丝绵＋铝箔
内墙做法	120mm 厚黏土砖	120mm 厚生土砖	120mm 厚空心砖
楼地做法	120mm 厚黏土砖	120mm 厚黏土砖	40mm 厚碎石混凝土
外遮阳形式	无	无	无
内遮阳形式	百叶窗帘	百叶窗帘	百叶窗帘
热桥部位是否做节能处理	是	是	是

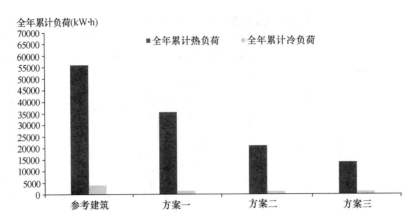

图 4.13 榆林市不同优化方案条件下的全年累计负荷

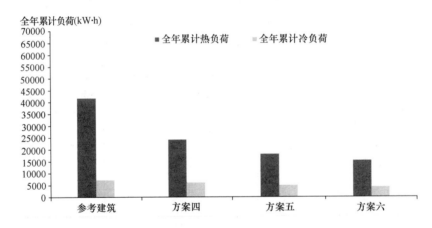

图 4.14 西安市不同优化方案条件下的全年累计负荷

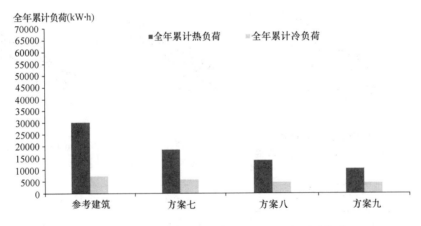

图 4.15 安康市不同优化方案条件下的全年累计负荷

4.3.5 建筑热桥分析

4.3.5.1 建筑热桥二维传热计算

二维传热模型相对简单方便，可以简洁迅速地计算出围护结构的平均传热系数及其热流密度，但无法计算热桥部位的附加能耗。二维、三维瞬态传热分析方法已被用来对节能建筑热桥部位进行传热分析。

由于热桥部位是由不同的建筑材料构成的复合墙体，其传热过程相对复杂，为非稳态三维温度场。根据傅里叶定律建立热桥传热的数学模型：

$$\frac{\partial}{\partial x}\left(\lambda\frac{\partial t}{\partial x}\right)+\frac{\partial}{\partial y}\left(\lambda\frac{\partial t}{\partial y}\right)+\frac{\partial}{\partial z}\left(\lambda\frac{\partial t}{\partial z}\right)+\Phi=\rho c\frac{\partial t}{\partial \tau} \tag{4.1}$$

式中　t——热桥及墙体内部的温度（℃）；

　　　ρ——构造柱或墙体的密度（kg/m³）；

　　　c——构造柱或墙体的比热容[J/(kg·℃)]；

　　　τ——时间（s）。

　　　Φ——物体单位体积单位时间内热源的生成热（W/m³）。

墙体无内热源时

$$\frac{\partial}{\partial x}\left(\lambda\frac{\partial t}{\partial x}\right)+\frac{\partial}{\partial y}\left(\lambda\frac{\partial t}{\partial y}\right)+\frac{\partial}{\partial z}\left(\lambda\frac{\partial t}{\partial z}\right)=\rho c\frac{\partial t}{\partial \tau} \tag{4.2}$$

构造柱为矩形横截面，产生的热桥满足以下假设：热桥为均质，且各向同性；热物性不随温度变化；热桥与墙体紧密接触；无内部热桥和质量源；建筑材料的导热系数 λ 为常数；不考虑辐射传热；传湿传质略去不计；不含非线性单元。方程可简化为：

$$a\left(\frac{\partial^2 t}{\partial x^2}+\frac{\partial^2 t}{\partial y^2}+\frac{\partial^2 t}{\partial z^2}\right)=\frac{\partial t}{\partial \tau} \tag{4.3}$$

式中　a——热扩散率，$a=\dfrac{\lambda}{\rho c}$。

建筑热桥的内表面温度随室内外温度的变化而变化。当热桥内表面温度低于该室内空气温度的露点温度时，墙体内表面就会出现结露现象。因此，必须要保证建筑热桥墙体内表面温度不低于室内空气的露点温度。

热桥的研究，主要是对热桥墙体内表面温度的研究，把热桥非稳态导热简化为稳态导热问题。考虑到墙体高度是厚度的 10 倍以上，墙体内部温度沿 z 轴无变化，墙体内部可以简化为二维传热问题，方程为：

$$a\left(\frac{\partial^2 t}{\partial x^2}+\frac{\partial^2 t}{\partial y^2}\right)=0 \tag{4.4}$$

按照《采暖通风与空气调节设计规范》GB 50019，冬季采暖条件下，室内温度一般控制在 18℃；室外温度按照冬季供暖室外计算温度计算。农村非集中供暖住宅的室内外空气温度可通过实验测量得到。确定了室内外空气温度，所以墙体内外两侧均为第三类边界条件；墙体截断面位置设置为绝热的第二类边界条件，柱热桥边界条件表达式如下：

$$-\lambda_1\frac{\partial t}{\partial x}\bigg|_{x=\delta}=h_n(t_{f_1}-t_{wn})$$

$$-\lambda_1\frac{\partial t}{\partial y}\bigg|_{x=0}=h_w(t_{ww}-t_{f_2})$$

$$-\lambda_2\frac{\partial t}{\partial y}\bigg|_{y=\delta}=h_n(t_{f_1}-t_{wn})$$

$$-\lambda_2\frac{\partial t}{\partial y}\bigg|_{y=0}=h_w(t_{ww}-t_{f_2})$$

$$-\lambda_1 \left.\frac{\partial t}{\partial y}\right|_{y=\delta_1} = h_n(t_{ww} - t_{f_2})$$

式中　λ_1、λ_2——构造柱及墙体的导热系数[W/(m·K)]；

　　　t_{f_1}、t_{f_2}——室内、外空气温度（℃）；

　　　t_{wn}、t_{ww}——热桥或墙体的内表面温度（℃）；

　　　h_n、h_w——热桥或墙体的内外总对流换热系数[W/(m²·K)]。

墙体上下截断面位置设置为绝热的第二类边界条件。柱角热桥边界条件表达式为：

$$-\lambda_1 \left.\frac{\partial t}{\partial x}\right|_{y=0} = h_w(t_{ww} - t_{f_2}) \qquad -\lambda_1 \left.\frac{\partial t}{\partial y}\right|_{x=0} = h_w(t_{ww} - t_{f_2})$$

$$-\lambda_1 \left.\frac{\partial t}{\partial x}\right|_{y=\delta} = h_n(t_{f_1} - t_{wn}) \qquad -\lambda_1 \left.\frac{\partial t}{\partial y}\right|_{x=\delta} = h_n(t_{f_1} - t_{wn})$$

$$-\lambda_2 \left.\frac{\partial t}{\partial x}\right|_{y=0} = h_w(t_{ww} - t_{f_2}) \qquad -\lambda_2 \left.\frac{\partial t}{\partial y}\right|_{x=0} = h_w(t_{ww} - t_{f_2})$$

$$-\lambda_2 \left.\frac{\partial t}{\partial x}\right|_{y=\delta} = h_n(t_{f_1} - t_{wn}) \qquad -\lambda_2 \left.\frac{\partial t}{\partial y}\right|_{x=\delta} = h_n(t_{f_1} - t_{wn})$$

墙体截断面位置设置为绝热的第二类边界条件。

4.3.5.2　热桥模型选择

钢结构住宅中，出现热桥的部位主要有柱热桥、柱角热桥、窗热桥、楼板热桥、屋顶热桥、阳台热桥、门热桥等。钢材传热系数较大，作为建筑构件时，需采取一定的保温措施。外保温形式能减小热桥对建筑能耗的影响，初步设定在钢构件外侧加设一定厚度的聚苯板，减小通过钢构件的散热量。研究方钢管钢柱组成的柱热桥和柱角热桥，物理模型如图 4.16 所示。

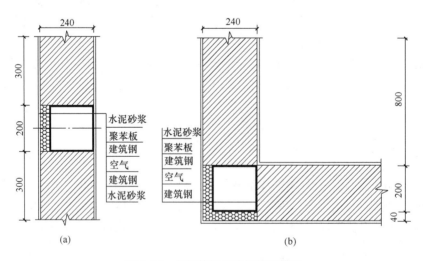

图 4.16　方钢管钢柱热桥物理模型

（a）外保温方钢管柱热桥模型；（b）外保温方钢管柱角热桥模型

模型计算时考虑农村住宅门窗气密性低、冬季通风及供暖情况等因素，室内温度选取 6℃、8℃、10℃、12℃、14℃、16℃、18℃、20℃等 8 种工况，室内外对流换热系数分别为 8.7 W/(m²·K)和 23.0W/(m²·K)，进行热桥的模拟计算。钢结构住宅支撑柱为方钢管柱，热桥模型选取为方钢管钢柱，尺寸为 200mm×200mm×10mm。分别对计算方钢管钢柱所产生的柱热桥、柱角热桥进行模拟计算分析。

墙体材料选取混凝土空心砌块、生土、重砂浆黏土砖、陶粒混凝土、轻骨料混凝土等5种材料，墙体内部传热设置为第二类边界条件。

4.3.5.3 柱热桥热工分析

对于图 4.16（a）所示的建筑热桥柱热桥模型，进行模拟计算并得出热桥影响区域。

（1）热桥影响区域计算方法

热桥会影响附近正常部位，使其温度场和热流分布产生变化，围护结构正常部位上受到热桥影响的这部分区域称为热桥影响区域，用 l 表示。在稳态条件下，围护结构内部或表面上任一点 p 的温差比的定义可表示为：

$$\varepsilon = \frac{t_{f_1} - \theta_p}{t_{f_1} - t_{f_2}} \tag{4.5}$$

式中　θ_p ——p 点的温度（℃）。

根据以上定义可得围护结构内表面的温差比，见表 4.5。

围护结构内表面温差比　　　　　　　　　　表 4.5

正常部位 ε_i	热桥影响区域 ε_i'
$\varepsilon_i = \dfrac{t_{f_1} - \theta_i}{t_{f_1} - t_{f_2}}$	$\varepsilon_i' = \dfrac{t_{f_1} - \theta_i'}{t_{f_1} - t_{f_2}}$

注：θ_i 为正常部位内表面温度（℃）；θ_i' 为热桥影响区域内表面温度（℃）。

对于内表面，热桥影响区域满足下式：

$$\frac{\varepsilon_i}{\varepsilon_i'} \leq 0.95 \tag{4.6}$$

或

$$1.05 \leq \frac{\varepsilon_i'}{\varepsilon_i} \tag{4.7}$$

（2）不同墙体材料对方钢管柱热桥传热的影响

热桥对建筑能耗的影响，与围护结构的构造、尺寸有关。选取不同的墙体材料，对柱热桥进行分析研究。

1）混凝土空心砌块

墙体材料为混凝土空心砌块，温度分布和热流密度大小关于中心轴线，即 x 轴对称，方钢管钢柱与墙体交界处，温度梯度与热流度变化最大。

墙体外侧包裹导热系数较低的聚苯板，从而减少方钢管钢柱部位的横向墙体传热。此时，墙体内侧的最大热流密度出现在方钢管钢柱及其两侧。

对方钢管柱热桥进行定性简易计算，截取方钢管与聚苯板、混凝土空心砌块连接处10cm区域进行简易计算，结构尺寸如图 4.17 所示，连接处等效热阻如图 4.18 所示。

聚苯板导热系数比墙体纵向混凝土空心砌块的导热系数小，增大了方钢管钢柱部位的传热热阻，从而导致热流密度出现偏移，聚苯板两侧部位热流密度增大，相应的聚苯板部位由于传热热阻的增大，热流量减少，聚苯板部位墙体外表面温度相对于墙体其他部位的温度较低。

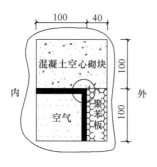

图 4.17　连接处结构尺寸

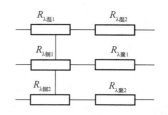

图 4.18　连接处等效热阻示意

2）其他材料

当墙体材料为生土、重砂浆黏土砖、方钢管钢柱、陶粒混凝土和轻骨料混凝土时，墙体内表面温度均随着室内计算温度的变化而变化；室内温度越高，墙体内表面温度越大；离中心轴线 x 轴的距离越远，墙体内表面温度逐渐升高，直到墙体内表面正常温度。同时，方钢管钢柱与墙体交界处，温度变化率最大。

（3）方钢管柱热桥影响区域

热桥的内表面温度和附加耗热量是热桥的两个重要参数，影响着墙体的平均传热系数，可以通过热桥的影响区域直观地表现出来。

由式（4.5）和式（4.6）得出 8 种工况下不同墙体材料的热桥影响区域，明确地表示出墙体材料为混凝土空心砌块时，热桥部位内侧的影响区域大约在模型中心轴线区域内，且热桥的影响区域稳定在一定的数值，不随室内温度的变化而变化。同时，不同的墙体材料，导热系数越低，其热桥影响区域越大。

由式（4.5）和式（4.6）知 $\dfrac{\varepsilon_i}{\varepsilon_i} = \dfrac{t_{f_1} - \theta_p}{t_{f_1} - \theta'_p}$ 为定性值，对于相同的室内温度，导热系数较小的墙体内表面正常部位温度 θ_p 较高，满足 $\dfrac{\varepsilon_i}{\varepsilon_i} \leqslant 0.95$ 时，所求 θ'_p 温度越高，热桥影响区域 l 越大。

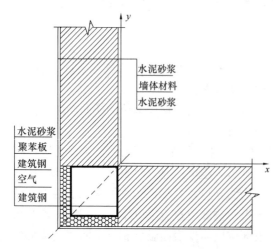

图 4.19　方钢管柱角墙体内表面坐标

4.3.5.4　柱角热桥热工分析

在寒冷季节，柱角热桥墙体外表面散热面积比墙体内表面吸热面积大，同等条件下，柱角热桥比柱热桥散热量高，墙体内表面温度较低，容易出现结露现象。对于图 4.19 所示的建筑热桥柱角热桥模型，进行模拟计算。西安地区采暖季室外计算温度为 －3.2℃，考虑室外气温最不利条件，并得出热桥影响区域。

模型中，沿 x 轴、y 轴方向参与导热过程的几何大小与形状、墙体材料、室内外计算温度等单值性条件相似（如

图 4.19 所示），故 x 轴、y 轴温度场、热流流场关于柱角相似。以下仅对 $y>0$ 一侧进行讨论研究。

（1）不同墙体材料对方钢管柱角热桥传热的影响

墙体材料为混凝土空心砌块、生土、重砂浆黏土砖、陶粒混凝土和轻骨料混凝土时，墙体内表面温度随着室内温度的变化而变化；室内温度越高，墙体内表面温度越大。墙体内表面离柱角的距离越远，墙体内表面温度逐渐升高，直到墙体内表面正常温度。柱角处墙体内表面温度变化率最大。同时，由于柱角处为二维双向传热，柱角处热流密度达到最大值。

（2）方钢管柱角热桥影响区域

热桥的内表面温度和热桥的附加耗热量是热桥的两个重要参数，影响着墙体的平均传热系数，可以通过热桥的影响区域直观地表现出来。可以由第 4.3.5.3 节提出的式（4.5）和式（4.6）得出 8 种工况下不同墙体材料的热桥影响区域，且热桥的影响区域稳定在一定的数值，不随室内温度的变化而变化。同时，不同的墙体材料，导热系数越低，其热桥影响区域越大。

由式（4.5）和式（4.6）知 $\dfrac{\varepsilon_i}{\varepsilon_i'} = \dfrac{t_{f_1} - \theta_p}{t_{f_1} - \theta_p'}$ 为定性值，对于相同的室内温度，导热系数较小的墙体内表面正常部位温度 θ_p 较高，满足 $\dfrac{\varepsilon_i}{\varepsilon_i'} \leqslant 0.95$ 时，所求 θ_p' 温度越高，热桥影响区域 l 越大。

4.4 农村住宅生态能源的利用

4.4.1 生态能源的概念

生态资源中能够作为能源使用的物质和能量叫做生态能源，是指在人类生态系统中，一切可以为生物和人类的生存、繁衍和发展过程提供能源的物质和能量。

生态能源是以太阳能为动力，以种植业和养殖业相结合的方式，在生态良性循环的条件下产生的一类可再生能源，具有一般可再生能源的优点，如可以不断再生、永续利用、取之不尽、用之不竭以及清洁无污染；同时，生态能源也具有区别于其他可再生能源的优势——它是生态系统的良性产物，有利于农业生态系统物质和能量的转换与平衡。生态能源的基本来源是太阳能，因此可以通过太阳能利用技术以及太阳能转化技术把生态能源加以利用。

4.4.2 农村住宅生态能源利用的意义

改革开放以来，我国农村能源建设在国家有关部委的共同努力下，通过节能技术的推广和可再生能源的开发利用，取得了显著的成效，对农村能源供应和经济发展做出了积极贡献。

但是在我国农村现代化建设的进程中，农村用能水平仍然很低。目前，我国人均能耗只有世界平均水平的 55%，且农村与城市差异明显（2005 年农村人均消费能源是城市人均消费能源的 1/3，西部地区人均消费能源水平更低，只有城市人均消费能源的 1/4），同时农村地区能源消费增长以煤为主。东西部地区用电差异也很大，2010 年全国人均用电 8kW·h，而西部地区只有约 4kW·h，为全国人均用电的一半。随着人民生活水平的提高，农村地区对于商品能源的需求剧增，富裕起来的农民对于高品质能源的消费需求正在逐年递增。农村以往传统能源利用率低、能耗高的局面亟待改善，由于高能耗的能源利用形式以及缺乏高品质能源的原因造成了日益严重的环境问题。因此，大力发展推广农村住宅生态能源利用技术具有重要意义。

（1）提高农村用能水平，改善农村用能结构，缓解农村地区用能与能源紧张的矛盾

生态能源利用技术把传统一次性能源加工、转化为二次能源物质，提高了能源质量，优化了能源结构。生态能源物质通过加工、转化后，能够达到高品质能源的要求，除能满足农村地区对于优质能源的需求外，还能缓解农村用能与能源紧缺的矛盾。生态能源多种多样，且广泛地存在于农村地区，储量非常丰富，可以满足各种用能需求，很大程度上提高了农村的用能水平。

（2）改善农村用能环境和保护生态环境

生态能源是清洁的、无污染的能源，使用生态能源技术得到的能源物质，使广大农村地区告别了烟熏火燎、尘土飞扬的现象，极大地改善了农村用能环境和用能的卫生条件。以往的能源利用方式热利用率低、耗能多，对周围的环境造成了一定程度上的污染，加上对能源的迫切需求使农田、森林等生态环境遭到了破坏。生态能源的利用推广，能够解决农村能源需求问题，间接地保护了生态环境。

（3）新农村建设顺利实现的主要条件

社会主义新农村建设是指在社会主义制度下，按照新时代的要求，对农村进行经济、政治、文化和社会等方面的建设，最终实现把农村建设成为经济繁荣、设施完善、环境优美、文明和谐的社会主义新农村的目标。

如何顺利实现新农村建设的宏伟目标，农村能源问题是一个战略问题。农村能源是农村社会经济发展的物质基础，乡村建设、农业生产、乡镇企业、物资供应、交通运输等处处都需要动力，要发展就要提供能源。农村能源是农村居民生活的必需品，衣、食、住、行、文化等活动都离不开能源，俗语说开门七件事：柴、米、油、盐……居首位的柴就是指能源。

生态能源的开发与利用能够很好地解决农村发展所需要的动力问题，而且作为清洁的能源，满足新农村建设的需要，是新农村建设的重要助力。

4.4.3 农村住宅生态能源的种类和利用现状

生态能源主要集中在农村地区，是在植物或动物与光、热、气、水和土等环境相互作用的条件下形成的良性生态系统的产物，这实际上是由人类生产活动中的种植业和养殖业广泛存在于农村地区地广人稀的独特地理条件所决定的。

4.4.3.1 农村住宅生态能源的种类

农村生态能源的种类繁多，但按照能源的特性大体上可将生态能源分为太阳能、生物质能、水能、风能和地热能五大类。这五类生态能源都属于一次能源、可再生能源（地热能因其存在与地球同始同终，所以被视为可再生能源之一），且除了水能以外，其他四类

能源都属于新能源的范畴。目前，我国农村地区生态能源的利用方式由多到少依次为：沼气、秸秆煤、秸秆成型燃料、节能炉灶和太阳能灶、太阳能热水器、风力发电、小水利发电以及地热利用等。

4.4.3.2 农村住宅生态能源的利用现状

近几年为应对世界范围的能源危机，世界各国相继加大力度开发生态能源的合理利用技术，但生态能源的利用还处在起步阶段，各种利用技术还不完善且存在许多限制性问题，因此生态能源的利用还不是很普及。然而生态能源可再生和有利于生态系统良性发展的特点使其一度成为研究热点，作为替代能源逐渐被人们所熟知。

据有关数据显示，地球表面每一秒钟接收到的太阳能的能量为 4.994×10^{10} J，相当于 500 万 t 标准煤；而根据英国石油公司 2010 年《世界能源年度统计报告》的相关数据显示，2009 年世界能源的消耗相当于 1.623×10^6 万 t 标准煤，大约为地球表面 1h 接收的太阳能。可见，太阳能作为新型能源的潜力是巨大的，大力发展太阳能利用技术及太阳能转换技术对于缓解世界能源危机具有重要意义，当然，现阶段太阳能的利用还处在起步阶段，太阳能转换成本高、效率低极大地限制了其发展，因此，太阳能的利用大多还停留在太阳能热水器、太阳能灶和太阳能电池方面。

生物质能是太阳能的一种表现形式，它是绿色植物通过光合作用将太阳能转化为化学能并将其储存在生物质中的能量。在种植业广泛存在的农村地区生物质能资源非常丰富，据统计，我国每年可作为能源利用的生物质能为 3 亿 t，相当于 2 亿 t 标准煤，因此合理地利用生物质能对缓解能源危机，改善用能环境和减少环境污染具有重要意义。生物质能应用技术发展较早，可追溯到 20 世纪初，技术较成熟，但生物质能成分复杂，合理利用具有一定的难度，因此，农村生物质能利用技术主要集中在沼气、生物质成型燃料、秸秆煤和生物质气化四个方面。

水能是一种运用水的势能和动能转换成电能来作为能源的可再生能源。水能的利用受水的流量和落差限制，同时也需要考虑地形和气候等多方面的因素，条件比较苛刻。农村地区由于地广人稀，小水电的能源方式具有一定的优势。

风能是地球表面各处受太阳辐射照射后大量空气流动所产生的动能，是另一种太阳能的转换形式。我国的风能总量约为 16 亿 kW，相当于 19.664 万 t 标准煤。目前，大部分风能利用技术都是将风能转化为电能作为能源使用，但是受气候、地形和成本的限制，风能的利用在我国还不是很普及。

人类能够直接使用的地热能是近地壳熔岩加热附近的地下水后渗出地面的天然热量。地热能是地球内部蕴藏的能量，与地球同始同终，可谓取之不尽，用之不竭，但是地热能的使用条件比较苛刻，首先必须具有近地壳的熔岩流动，再者熔岩附近要存有地下水，因此地热能的使用是受地域限制的。我国的地热能资源主要分布在云南、西藏、河北等地区。

4.4.3.3 农村生态能源建设

农村生态能源建设是社会主义新农村建设的重要方面，能否解决农村能源问题是标志国家生态环境建设是否成功的关键性因素。党和国家都十分重视农村生态能源建设，《中共中央国务院关于推进社会主义新农村建设的若干意见》中指出："要加快农村能源建设步伐，在适宜地区积极推广沼气、秸秆气化、小水电、太阳能、风力发电等清洁能源技术。从 2006 年起，大幅度增加农村沼气建设投资规模，有条件的地方，要加快普及户用沼气，支持养殖场建设大中型沼气。以沼气池建设带动农村改圈、改厕、改厨。尽快完成农村电网改造的续配套工程。加强小水电规划和管理，扩大小水电代燃料试点规模。"

"十一五"期间，全国各地的农村生态能源建设有了一个长足的发展，成效显著，但总体上仍然存在很多不足，突出表现为一部分生态能源利用技术不够完善，人均用能水平低，生态能源设备成本偏高以及缺乏政府部门引导。可见，我国生态能源建设还有一段很长的路，加快生态能源建设需要多方面的努力。

4.4.4 农村住宅生态能源的可利用方式

4.4.4.1 生物质能

生物质能是仅次于煤炭、石油和天然气，居于世界消费能源总量第四位的能源，在整个能源系统中占有重要的地位。生物质能分为林业资源、农业资源、生活污水和工业有机废水、城市固体废弃物和畜禽粪便五大类。目前，能够被资源化利用的是林业资源和农业资源，其中，农业资源因其分布广泛，便于就近取材以及燃烧性状良好的特点被作为农村主要能源加以利用。

农作物秸秆是农业资源的主要来源之一，农作物光合作用的产物，一半在子实中，一半在秸秆里面。我国是粮食生产大国，也是秸秆生产大国。据统计，每年秸秆产量在 7 亿多吨，蕴含能量丰富，开发利用潜力巨大，发展前景十分广阔。但由于重粮食、轻秸秆的传统观念作用，目前我国农作物秸秆大部分用于烧火做饭、饲养牲畜、盖房、取暖和肥田等。

近年来，由于新农村建设的大力实施，农业资源的合理利用逐渐受到重视，特别是秸秆资源的利用，各种新型能源利用技术在广大农村地区逐渐得到推广，如沼气技术、压缩成型固体燃料、气化生产燃气以及秸秆煤技术等。

（1）沼气

1）沼气技术的历史

根据沼气形成原理而形成的沼气利用技术，始于 1866 年，勃加姆波（Bechamp）首先指出甲烷的形成是一种生物学过程。1896 年在英国埃克赛特市，人类首次开发应用经济型生物能源——用马粪发酵制取沼气。1900 年在印度建造了用人粪作原料的沼气池。自此开始了人类使用沼气的历史。

沼气在我国应用已经有一个多世纪的历史，真正意义上开始沼气的研究和推广是在 20 世纪 30 年代，台湾新竹县的罗国瑞研制出了我国第一个具有实用价值的瓦斯库，并于 1929 年在广东汕头开办了汕头市国瑞瓦斯汽灯公司，成为我国第一个推广沼气应用的机构。20 世纪 50 年代是我国发展沼气的第二个时期，为适应当时这种形势发展的需要，农业部于 1958 年上半年举办了全国沼气技术培训班，从而掀起了全国推广使用沼气技术的高潮，但由于忽视建造质量和运行管理，致使当时所建的数十万个沼气池大多废弃。我国沼气发展的第三个时期是 20 世纪 70 年代，为了解决农村生活燃料的问题，全国累计修建户用沼气池 700 万个，但由于建造技术以及沼气技术的原因，当时所建沼气池的平均寿命只有 3～5 年，到 70 年代末期就有大量的沼气池报废，归根究底是由于缺乏严格的建造质量控制和科学的管理。

20 世纪 80 年代以后，总结前人在推广沼气方面的得失，我国开展了大量有关沼气产气发生原理和应用技术的课题研究，成果显著，沼气技术已趋于成熟，为沼气的推广提供了可靠的技术保障。沼气池形状和沼气发酵原料有了很大的发展和变化，发展沼气技术的目的已经从"能源回收"转移到"环境保护和生态文明建设"，提高农民生活质量。截至 2010 年全国农村户用沼气已超过 5000 万户，适宜地区沼气普及率达 35%，受益人群超过 2 亿，这些沼气池池容在 5～12m³，池容产气率在 0.1～0.4m³/(m³·d)。

2）沼气发酵的原理

沼气是一种混合气体，其气体特性与天然气相仿，燃烧热值为 17928～25100kJ/m³。沼气各成分含量与发酵原料的种类和发酵阶段的不同会有所差异，各组成气体的物理化学性质如表 4.6 所示。

沼气中各种成分的物理化学特性　　　　表 4.6

特　　性	CH_4	CO_2	H_2S	H_2	标准沼气 (60% CH_4，40% CO_2)
体积分数（%）	54～80	20～45	0.01～0.07	0.0～10	100
热值（MJ/L）	37.65			12.13	22.59
爆炸范围（与空气混合的体积分数,%）	5～15		4～46	6～71	8.8～24.4
密度（标准状态，g/L）	0.72	198	154	0.99	1.22
相对密度（与空气相比）	0.55	1.5	1.2	0.07	0.93
临界温度（℃）	−82.5	+31.1	+100.4	−2399	−25.7～−48.42
临界压力（10^5Pa）	46.4	73.9	90	13	59.35～53.93
气味	无	无	臭鸡蛋味	无	微臭

沼气发酵的过程，实质上是微生物的物质代谢和能量转换过程，微生物利用有机物所蕴含的能量进行代谢繁殖，同时将绝大部分物质转化为 CH_4 和 CO_2 等气体。据有关科学测定表明，沼气发酵过程中损失的有机物约有 90% 被转化为沼气，剩余 10% 被用于微生物自身的消耗上。

沼气发酵理论经历了三个阶段的发展，第一阶段，20 世纪初，甲烷形成的一阶段理论。第二阶段，20 世纪 30 年代，甲烷形成分为产酸和产甲烷两阶段理论，如图 4.20 所示。第三阶段，1979 年，布莱恩特（Bryant M P）根据大量科学事实总结出甲烷形成的三阶段理论，如图 4.21 所示。

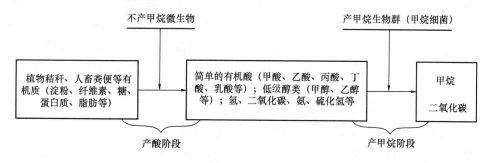

图 4.20　两阶段厌氧发酵理论示意

155

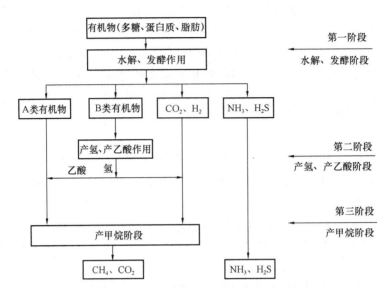

图 4.21　三阶段厌氧发酵理论示意

所谓三阶段厌氧发酵理论：第一阶段，水解和发酵，在这一阶段中复杂的有机物在微生物的作用下进行水解和发酵，分解为小分子有机物；第二阶段，产氢、产乙酸，在产氢和产乙酸菌的作用下，把第一阶段的中间产物（甲酸、乙酸、甲醇、甲胺除外）转化为乙酸、氢气和 CO_2；第三阶段，产甲烷，甲烷菌将甲酸、乙酸、甲醇、甲胺和氢气、二氧化碳等物质通过不同的途径转化为甲烷。在实际的沼气发酵过程中上述三个阶段是相互衔接和相互制约的，他们之间保持着动态的平衡，从而使基质不断分解，沼气不断生成。

3）沼气发酵的工艺类型

沼气发酵工艺是指从发酵原料的加入开始到产生沼气的整个工程所采用的技术和方法，包括：原料的收集和预处理，接种物的选择和富集，沼气发生装置的日常运作、管理以及其他的配套技术。由于沼气发酵的物料多种多样，反应微生物繁多，反应过程分段且相互辅助完成，因此，沼气发酵工艺理性较多。根据不同角度进行分类，一般从发酵温度、进料方式、发酵级差、发酵浓度、料液流动方式等角度进行划分。

① 以发酵温度分类

沼气发酵的温度范围为 $10 \sim 60 ℃$，温度对沼气发酵的影响很大，温度越高产气量也越高，一般根据沼气的发酵温度可把沼气发酵划分为高温发酵、中温发酵和常温发酵。

高温发酵是依靠外加设备维持发酵温度的，使发酵料液的温度维持在 $50 \sim 60 ℃$ 范围内，实际温度控制在 $(53 \pm 2) ℃$。该工艺的特点是发酵温度高，微生物反应活跃，有机物分解速率快，产气率高，物料滞留时间短。高温发酵一般采用高温蒸汽或者 $70 ℃$ 的热水盘管进行温度的维持，加料方式采取连续进出料的方式，并在发酵池内采取搅拌等措施，加快温度在发酵池内的扩散速度。

中温发酵由于消耗的热能比高温消耗低，发酵残留物的肥效也较高，使其得到广泛应用。中温发酵的发酵料液维持在 $30 \sim 40 ℃$，实际温度控制在 $(35 \pm 2) ℃$。与高温发酵相比，这种工艺消化速度稍微慢一些，产气率要低一些，但其耗能少且产气率总体仍然能够

156

维持在一个较高水平，反应温度亦容易控制。发酵温度从 35℃ 变为 25℃ 仍能获得 89% 的产气率，即使降至 15℃ 仍有 63% 的沼气产生（见表 4.7）。

不同发酵温度的产气量 表 4.7

发酵温度（℃）	35	25	20	15
产气量[mL/(L·d)]（括号内为相对产气量）	775 (1.00)	700 (0.90)	620 (0.80)	525 (0.68)
	560 (1.00)	540 (0.96)	500 (0.89)	450 (0.80)
	510 (1.00)	480 (0.94)	455 (0.89)	395 (0.78)
	400 (1.00)	340 (0.85)	260 (0.65)	200 (0.50)
	— (1.00)	— (0.80)	—	— (0.40)
相对平均值	(1.00)	(0.89)	(0.80)	(0.63)

常温发酵也称"自然发酵"，是指在自然条件温度下的沼气发酵，这种沼气发酵方式受气温影响而变化，我国农村户用沼气池基本采用此工艺。这种埋地式发酵沼气池结构简单、施工方便、成本低廉，便于在农村地区推广使用。

② 以进料方式分类

根据在沼气发酵过程中沼气池的进料方式，可分为连续发酵、半连续发酵和批量发酵。

连续发酵是指在沼气池正常运行开始后，每天分几次或连续不断地加入预先设计的原料，同时排出相同体积的发酵废料，以维持正常的发酵工艺，此工艺通常被大中型沼气工程采用。

半连续发酵（如图 4.22 所示）是指在沼气池启动时一次性加入 1/4~1/2 的原料，正常产气后，定期、不定量的添加新料，同时根据实际需要（如农田用肥）不定期的出料，每隔一段时间，取走沼气池内大部分料液。此发酵工艺广泛应用于我国沼气池，主要采用粪便与秸秆相结合的原料，可控参数主要有启动含量、接种比例和发酵周期。该工艺的缺点是由于进出料的不稳定，导致产气量、产气率一直处在一个变化的过程中，只能大概计算出平均值，且进出料所需劳力多。

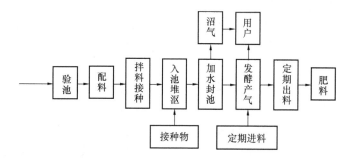

图 4.22 常温单级半连续发酵工艺基本流程

批量发酵（如图 4.23 所示）是一种非常简单的沼气发酵工艺，将发酵原料和接种物一次性加入，在沼气发酵过程中不再添加新料，产气结束一次性出料。此工艺的特点是产气保持一定的规律，随着原料的加入初期产气较少，然后逐渐增加，达到峰值后保持基本

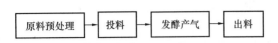

图 4.23　批量发酵工艺基本流程

不变，后逐渐减少，直到产气结束，出料一个周期结束，如此循环往复。该工艺的缺点是启动比较困难，进出料不方便。

③以发酵阶段划分

发酵工艺根据发酵阶段的不同分为单相发酵工艺和两相（步）发酵工艺。

单相发酵工艺是将发酵原料投入到一个反应装置中，使沼气发酵的产酸和产甲烷两个阶段在同一个装置内进行。目前我国农村的混合沼气发酵装置大多数采用此工艺。

两相（步）发酵工艺（如图 4.24 所示）是根据沼气发酵的三阶段理论，把原料的水解和产甲烷阶段分别在两个不同的装置内进行，两阶段反应互不影响，只跟各装置内反应的影响因素有关。两相发酵

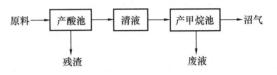

图 4.24　两相（步）发酵工艺流程

采用连续或间歇式进料（浆液原料）和批量投料（固态原料），就能够得到较高的产气率。该工艺的缺点在于设备的增加，加大了成本的投入，产酸和产甲烷两阶段分开进行增加了设备的占地面积。

④以发酵级差分类

发酵工艺根据发酵级差的不同分为单级沼气发酵、两级沼气发酵和多级沼气发酵。

单级沼气发酵就是使原料在一个反应器中进行产酸和产甲烷阶段，而不将发酵物再排入第二个反应器内进一步发酵。从卫生和效率角度看，是不完善的，杀灭虫卵和病菌的效果较差，并且不能充分提取原料中的生物质能量，产气效率较低，解决不了产气和用肥之间的矛盾。但是该工艺结构简单，操作方便，修建价格比较低廉。

两级沼气发酵是指运用两个容积相等的沼气池进行沼气发酵，第一个沼气池供消化用，在该沼气池内总产气量达到 80%，池内安装搅拌系统。消化后的料液由虹吸管进入第二个沼气池，对有机物进行彻底处理，彻底杀灭虫卵。此工艺有机物分解比较彻底，产气率较高，有利于解决农村地区产气和用肥之间的矛盾。若能进一步深入研究双池结构的形式，降低其造价，从而提高两级发酵的运转效率和经济效益，这对加速我国农村沼气建设的步伐是十分有现实意义的。

多级沼气发酵一般仅用在污水处理上。应用该工艺生产沼气，装置成本较高，占地面积较大，且承受冲击负荷的能力较差，不适合在农村地区应用推广。

⑤以发酵含量分类

发酵工艺根据发酵含量的不同分为液体发酵和干发酵。

液体发酵就是发酵料液的干物质控制在 10% 以下的发酵方式，在发酵启动时加入大量的水和新鲜粪肥调节料液浓度。由于发酵料液的浓度较低，出料时含有大量残渣，对沼液运输、储存或施用都不方便，容易造成二次污染。在沼气发酵中，如何提高发酵料液浓度，减少废液的排放量，已成为沼气发酵工艺中亟待解决的问题。

干发酵是指沼气发酵中干物质的含量约在 20% 的发酵工艺，干物质含量不宜过高，当超过 30% 则产气量会明显下降。干发酵的用水量少，出料的废液含水量就较少，原理基本与农村沤肥相类似。因此，既能沤肥，又得到了沼气。根据山东能源研究所的研究表明：干发酵的单位溶剂产气率较高，一般达到 $0.25 \sim 0.5 \text{m}^3/(\text{m}^3 \cdot \text{d})$；原料产气率也高，

达到 0.495 m³/kg(TS)、0.56 m³/kg(VS)。干发酵工艺在启动 24～48h 内即可产生可燃气体，提供沼气使用期可长达 3～5 个月，中途无须进行进料和出料管理，而残渣由于含水量低便于运输和施肥。目前，干发酵的研究还处在完善阶段，如何解决其进料、出料困难的问题是干发酵工艺推广的限制性因素。

⑥以料液流动方式分类

发酵工艺根据料液流动方式的不同分为无搅拌发酵、全混合式发酵和塞流式发酵。

无搅拌发酵工艺就是指在沼气池内不设置搅拌装置。不含搅拌的沼气池发酵原料分布非均质，且容易在固体物质含量较高的情况下发生料液分层现象，使沼气微生物不能与浮渣层原料充分接触，上层原料难以发酵，下层沉淀又占有越来越多的有效容积，因此原料产气率和池容产气率均较低，必须采用大换料的方式排除浮渣和沉淀。

全混合式发酵采用了混合措施和装置，池内发酵料液处在完全混合的状态，使微生物和原料充分接触。该工艺具有消化速度快、容积负荷率和溶剂产气率高的优点，一般应用于处理粪便和污泥的大型沼气池。

塞流式发酵亦称推流式发酵，是指在一个长方形的沼气发酵装置内，原料由一端进入，废液、废渣由另一端排出的发酵工艺，沼气池内发酵料液处于非完全混合状态。塞流式发酵主要用于牛粪的处理。

4）水压式沼气池

水压式沼气池是我国农村普遍采用的一种人工制取沼气的沼气发酵装置。目前，推广数量占农村沼气池总量的 85% 以上。水压式沼气池一般由进料口、发酵间、活动盖、出料间（水压间）、导气管和储气间组成，其结构如图 4.25 所示。

水压式沼气池一般采用混凝土建于地下，一般 4 口之家，8～10m³ 的沼气池已基本满足日常使用要求。同时，该沼气池结构简单、受力性能好、施工方便、造价较低，适合在农村推广。建于地下的设计，是因为土壤具有一定的保温作用，便于冬季保温。但水压式沼气池发酵间的气压不稳定，对产气不利，也给沼气使用设备的设计带来了困难。

水压式沼气池是通过发酵间的产气多少来实现沼气的储存、使用和废液、废渣

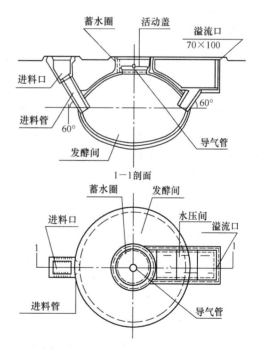

图 4.25　水压式沼气池构造简图

的排除。产气前，发酵间未产生沼气，进料管、发酵间、水压间的液面处于同一水平面位置。发酵间发酵产生沼气，沼气储存至储气间，随着沼气的不断增加，发酵间内气压不断加大，气体挤压料液至水压间，水压间液面升高，此时产气不供气；随着用气量的不断增加，发酵间气压减小，水压将沼液回流至发酵间，发酵间液面上升，水压间液面下降，两者稳定在一个相对稳定的高度上，此时产气同时供气；水压间液面下降，发酵间液面上

159

升，直到两者液面处于同一水平线，此时产气量少或不产气。

（2）秸秆成型燃料

1）秸秆成型燃料概述

每年至少有 4.5 亿 t 生物质可用于燃料使用，相当于 2.2 亿 t 标准煤。生物质成型燃料技术作为一种生物质加工处理技术，相比于其他技术，具有设备安装运行方便、生产过程能耗较少、占地小、工艺流程简单、技术较成熟、无规模要求以及燃料型块运输、储存方便安全等诸多优点，是一种非常适合农村地区发展的技术产业。

秸秆成型是指生物质经过粉碎后用机械加压的方法压缩成具有一定形状、密度较大的固体成型燃料，便于运输和储存，能够提高燃烧效率，且是一种清洁、方便的优质燃料。秸秆成型燃料替代传统燃料，可广泛应用于农村地区烹饪、供暖、热水供应、大棚种植和养殖供热以及各种农副产品的烘干场所，也可经过炭化处理，形成商品性的木炭和活性炭。

秸秆成型是在压力作用下，形成密度为 $0.8\sim1.0g/cm^3$ 的成型燃料，能量密度与烟煤相当，相比松散秸秆，具有易着火、烟量少、燃烧速度快、灰分少和升温快的特点，而且耐储存、运输方便，可应用于多个方面。作为一种可再生新型清洁能源，前景可观，能够替代传统燃料，这对日益增长的能源需求意义重大。

2）秸秆成型燃料工艺

目前，秸秆成型燃料的生产工艺主要有常温压缩成型工艺、热压成型工艺和预热成型工艺。

① 常温压缩成型工艺

该工艺采用 $15\sim35MPa$ 的压力，成块秸秆含水率在 5%～15% 之间，最大不超过 22%，型块密度为 $1.0\sim1.2g/cm^3$，在密闭模具下加压成型。秸秆原料在数日的常温水解条件下，其中的纤维素、半纤维素，变得柔软或者成为小分子化合物，在成型工艺中起到粘结剂的作用。此成型工艺设备简单，甚至可以使用简单的杠杆和密闭模具即可，具有一定的应用价值。

② 热压成型工艺

热压的意思就是在加压成型的同时给予适宜的外部温度，使破碎物料在受压的同时受热。过高或过低的温度都会导致成型失败，但适宜的温度不仅能够使物料内部的木质素软化、熔融成为粘合剂，而且能够使型块表面炭化，从而与模具脱离。热压成型工艺，要求物料在模具内停留足够的时间，保证传热，一般滞留时间不少于 $40\sim50s$，含水率控制在 8%～12% 之间，模具给热一般在 230～470℃。

③预热成型工艺

预热成型工艺，即在原料进入成型设备之前进行预热处理，其目的是使物料内的木质素受热转化为内在粘合剂，以减少随后物料与模具在成型过程中的摩擦力和降低所需压力。预热处理还能够大大延长成型设备的寿命，降低单位产品的能耗。相比传统工艺，预热成型工艺的整个系统能耗可下降 40%，成型部件的寿命可延长 2.5 倍。

3）秸秆成型燃料加工设备

成型加工设备主要有活塞冲压成型机、螺旋挤压成型机和辊模挤压成型机。

① 活塞冲压成型机

活塞冲压成型机生产产品的形状为实心棒状，成型后体积缩小 8～10 倍，密度在 800～1100kg/m³，要求秸秆含水率在 15%～25%，长度小于 30mm。实心棒主要作为燃料使用。

②螺旋挤压成型机

螺旋挤压成型机生产产品的形状为空心棒状，成型后体积缩小 6～8 倍，密度高达 1100～1300kg/m³，要求原料含水率在 6%～10%，原料粒度较细，多以锯木面作原料，空心棒主要用于生产机制碳棒。

③辊模挤压成型机

辊模挤压成型机加工工艺属于冷压成型加工工艺，主要结构有定平模式成型机、定环模式成型机和动环模式成型机（即环模旋转成型机）三种。定平模式成型机用于生产颗粒状燃料；定环模式成型机既可生产颗粒状燃料又可生产块状燃料；动环模成型机用于生产块状燃料。

（3）秸秆煤

秸秆煤，就是用人工的方法使废弃的植物（秸秆、野草、锯末等）在短时间内迅速变成在自然界需要经过数百万年乃至几亿年才能形成的煤。经测定：秸秆热值约为 15000kJ/kg，相当于标准煤的 50%，相当于民用煤炭的 70%（原煤折算标准煤系数 0.714）。秸秆煤可以替代煤炭、石油等作为能源供应能量，可用于工厂锅炉、电厂能量、教育供暖。

随着秸秆煤块、秸秆煤颗粒技术和设备的问世，给秸秆等可燃生物质找到了一种新型的转化利用方式。秸秆煤同其他生物质利用技术一样具有取材就近方便、环保效益的特点，除此之外，它还具有生产成本廉价、应用范围广、投资利润丰厚等优点。

（4）生物质气化

生物质气化是指以生物质为原料，以氧气或富含氧的空气、水蒸气或氢气等作为气化剂，通过高温条件下的热化学反应将生物质中的可燃部分转化为气态可燃物的过程。生物质气化过程产生的可燃性气体，其主要成分为 CO、H_2 和 CH_4 等，称为生物质燃气。生物质气化的基本原理是生物质从气化装置的顶部进入，依靠重力作用依次经过装置的干燥层、热解层、氧化层。首先生物质物料经过干燥蒸发掉水分，然后经过热解析出挥发物质至剩下残余的木炭，剩余木炭与被运入的空气发生剧烈反应，最后氧化层中的燃烧产物及水蒸气与还原层中的木炭发生还原反应生成 CO、H_2 和 CH_4 等。

生物质气化设备根据运行方式的不同可分为固定床气化炉和流化床气化炉，固定床气化炉和流化床气化炉又分别具有多种不同的形式。生物质燃气的热值为 3660～5120kJ/m³，大约是天然气热值的一半，主要用于提供热量、集中供气、气化发电和化工原料气。

生物质气化对设备的要求较高，且物料对设备的损耗较大，适宜集中化、大型化生产，并且生产过程中产生的焦油是一种极难处理的有机混合物，不仅会粘附在炉膛内影响燃烧性能，而且不及时清理会给生产带来危险。同时，焦油还是一种很难降解的污染物，置于环境中会带来严重的环境问题。因此，生物质气化不适用于小型生产模式，生物质气化小型化会造成成本增加，存在安全隐患并使环境恶化。目前秸秆煤技术也面临着诸多限制因素，技术尚未成熟，许多技术性问题还需要解决。因此，秸秆煤虽然是一种前景非常广阔、非常方便廉价的农作物秸秆利用方式，但由于技术和设备方面的原因还未能大范围推广利用。

4.4.4.2 太阳能

我国的太阳能资源非常丰富，全国各地太阳年辐照总量约为 $3340 \sim 8360 MJ/m^2$，相当于每平方米每年可产生 $110 \sim 280 kg$ 标准煤的热量。从中国太阳年辐射总量的分布（见表 4.8）来看，西藏、青海、新疆、宁夏南部、甘肃、内蒙古南部、山西北部、陕西北部、辽宁、河北东南部、山东东南部、河南东南部、吉林西部、云南中部和西南部、广东东南部、福建东南部、海南岛东部和西部以及我国台湾省的西南部等广大地区的太阳辐射总量很大。以上区域占全国面积的 2/3 以上，具有利用太阳能的良好条件。

中国太阳能的区划 表 4.8

地区分类	全年日照时数	太阳辐射年总量（MJ/m^2）	相当于燃烧标准煤（kg）	包括的区域	与国外相当地区
一	$3200 \sim 3300$	$6680 \sim 8400$	$225 \sim 285$	宁夏北部、甘肃北部、新疆东南部、青海西部和西藏西部	印度和巴基斯坦北部
二	$3000 \sim 3200$	$5852 \sim 6680$	$200 \sim 225$	河北北部、山西北部、内蒙古和宁夏南部、甘肃中部、青海东部、西藏东南部和新疆南部	印度尼西亚的雅加达一带
三	$2200 \sim 3000$	$5016 \sim 5852$	$170 \sim 200$	山东、河南、河北东南部、山西南部、新疆北部、吉林、辽宁、云南以及陕西北部、甘肃东南部、广东和福建的南部、江苏和安徽的北部、北京	美国的华盛顿地区
四	$1400 \sim 2200$	$4190 \sim 5016$	$140 \sim 170$	湖北、湖南、江西、浙江、广西以及广东北部、陕西、江苏和安徽三省的南部、黑龙江	意大利的米兰地区
五	$1000 \sim 1400$	$3344 \sim 4190$	$115 \sim 140$	四川和贵州	法国的巴黎和俄罗斯的莫斯科

在 20 世纪 70 年代后期，我国开始研究太阳能在建筑中的利用，主要包括主动式和被动式两种类型。

（1）主动式太阳能利用

主动式太阳能的利用是通过太阳能集热器或蓄热介质将热量储存起来，然后使用设备再向室内供热。该系统通常由太阳能集热器、储热设备、传输设备以及控制部件等组成，存在成本高、转换效率低等问题，且需要专业技术人员进行设备维护和管理，应用还不普及。当前，在农村地区应用较为广泛的主动式太阳能利用技术主要有太阳能灶和太阳能热水器。

在 20 世纪 70 年代，我国开始了太阳灶的研究与推广工作。我国是农业大国，农业人口占总人口的 80% 以上。因此在能源紧缺的今天，在农村大力推广太阳灶，对于节省常规能源，减少环境污染，提高和改善农、牧民的生活水平有重要意义。目前，我国使用的太阳灶主要有箱式太阳灶和聚光式太阳灶两种。

箱式太阳灶外形是一只有玻璃上盖的木箱。玻璃盖多为双层或三层玻璃，每层玻璃有约 6mm 的间隙。箱子内表面为黑色的吸热涂层，内箱体与外箱体之间有保温层。此外还有外壳和支架。普通箱式太阳灶箱体内的温度可达到120～130℃，适合蒸煮食物和医疗器具的消毒灭菌。由于箱式太阳灶的箱内温度较低，只适合蒸煮食物，且所耗时间较长，因此大多用于医疗消毒。

聚光式太阳灶是将较大面积的阳光聚焦到锅底，使温度升高，以满足炊事要求。聚光式太阳灶根据聚光方式不同分为球面太阳灶、抛物面太阳灶、圆锥面太阳灶等。抛物面是最佳的反射面，因此抛物面太阳灶具有较强的聚光特性，可获得较高温度，使用最广泛。这种太阳灶的关键部件是聚光镜，注重镜面材料的选择以及几何形状的设计。最普通的反光镜为镀银或镀铝玻璃镜，也有铝抛光镜面和涤纶薄膜镀铝材料等。聚光式太阳灶的镜面，有用玻璃整体热弯成型，也有用普通玻璃镜片碎块粘贴在设计好的底板上，或者用高反光率的镀铝涤纶薄膜裱糊在底板上。聚光式太阳灶的架体用金属管材弯制，锅架高度应适中，便于操作，镜面仰角可灵活调节。聚光式太阳灶利用抛物面聚光，提高了太阳灶的功率，锅圈温度可达500℃以上，可以满足煎、炸、炒的温度要求，并缩短了炊事作业时间，在我国农村地区大量使用。

（2）被动式太阳能利用

被动式太阳能利用实际上是通过巧妙处理建筑的外部形体及内部空间，恰当地选择建筑材料，合理布置建筑自身的周围环境，使其在冬季能够最大程度上获得太阳辐射得热，从而减小建筑能耗以达到节约能源的目的。此种太阳能利用方式的最大优点是构造简单，维护管理方便，造价低廉。因此，对于农村住宅建筑，选择被动式太阳能的利用方式更符合农村目前的经济现状，利于长远发展。

被动式太阳能的利用按照集热方式可分为五种：直接受益式、集热蓄热墙式、附加阳光间式、蓄热屋顶式和自然对流回路式。考虑到建筑的自身特性及工程造价等问题，农村住宅建筑可选择直接受益式和附加阳光间两种形式，如图4.26所示。直接受益式太阳房通过南向外窗直接获取太阳辐射，使地面、墙壁等表面温度升高，经自然对流换热提高室内温度。因此，直接受益式太阳房的南向外窗应适当增大，同时还应配置有效的保温隔热措施，防止夏季白天和冬季夜间因外窗过大而造成过多的能量损失。附加阳光间式太阳房是集热蓄热墙系统的一种延伸，通过加宽玻璃与墙体之间的夹层，使之形成一个能够使用的空间。其原理和直接受益式太阳房类似，都是通过外窗增大太阳辐射得热来提高室内环境温度。当室内热量传向室外时，附加阳光间起到"阻尼区"的作用，使之节能效果优于直接受益式太阳房，但相应的建造成本也有所增加。

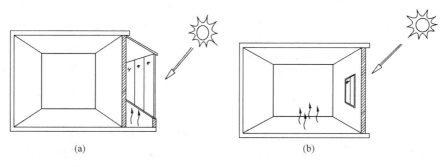

图4.26　被动式太阳房原理示意

（a）直接受益式；（b）附加阳光间式

对于严寒气候区和寒冷气候区的农村住宅建筑，在经济条件允许的前提条件下，应尽可能地有效利用太阳能资源，从而提高室内的热环境及居住热舒适性。

4.4.4.3 节能炉灶

（1）节能炉灶产生的背景

20世纪70年代，我国农村面临着生活燃料严重短缺的局面，绝大多数农民使用热效率仅为10%的旧式炉灶，75%的秸秆用作炊事之用，不仅浪费了大量能源，而且严重污染环境。此外，林木资源过度砍伐，植被大量破坏，水土流失十分严重，陷入了能源短缺与生态环境破坏的恶性循环局面。

20世纪80年代初，我国政府将节能炉灶技术列入国民经济发展计划，开始实施了推广节能炉灶的宏大计划，不仅提高了生物质能使用效率，缓解了农村生活用能紧张的局面，还改善了滥砍滥伐的局面，有效地保护了生态环境。

现阶段，我国农村用能结构虽然发生一些变化，但是薪柴、秸秆等生物质能仍占消费总量的50%以上，是农村生活中的主要能源。我国农村能源消费结构在相当长的时间内是不会发生质的变化的，因此在农村特别是偏远地区，生物质炉灶仍然是农用炊事用具和取暖的主要生活用能设备。

在人类使用生物质炉灶的几千年历史上，炉灶大体经历了原始炉灶、旧式炉灶、改良炉灶和节能炉灶四个阶段。原始炉灶是用几块石头围成或者树枝支撑起来的最简单的炉灶；旧式炉灶是用砖、土坯或石块垒成的边框作炉体，上面留口坐锅而形成的炉灶，热效率仅为8%～10%；改良炉灶是在旧式炉灶的基础上增加炉箅并架设烟囱，既改善了用能环境和卫生状况，又使燃烧效率提高到12%～15%，是现阶段还在广泛应用的炉灶；节能炉灶是以节能能源为目的，改良炉灶的基本结构和燃烧原理，使炉灶结构趋于合理，燃烧更加完全，热效率为22%～30%。

进入21世纪，由于生活水平的提高，人们更注重优质、清洁、环保的能源和卫生的用能环境，因此节能炉灶的改进设计研究应运而生，不仅要求节能省柴，而且要美观、便于安装拆卸以及耐用。

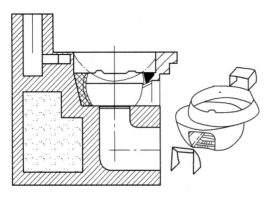

图4.27　NG-Ⅱ型节能炉灶结构图

（2）节能炉灶的基本结构和节能原理

以典型的NG-Ⅱ型组装式柴灶为例，对节能炉灶的基本结构进行介绍。NG-Ⅱ型组装式柴灶是用农作物秸秆为燃料的户用节能炉灶，主要由炉箅、炉胆上体、炉胆下体、加柴口和出烟口五个部分组成，由铸铁薄片连接，如图4.27所示。

生物质物料自加柴口进入燃烧室内，空气只从炉箅下方的进气道进入燃烧室，进气道采用大圆弧过渡的形式，以减少空气阻力；为解决软柴灰分多、排灰困难的缺点，炉箅采用较大间距的横向分布；炉膛由鼓型的炉胆上、下体和台阶状回烟道构成，燃料在其中剧烈燃烧；炉胆上体由三个处于同一水平面上的支点和不等高的边缘构成，不仅可以支撑锅体，而且还可以调整火焰方向，使热量分布均匀。另外，由于炉膛温度较高，为了提高热效率需对炉体采用保温措施，以减少散热损失。

以前的炉灶之所以热效率不高，主要基于以下几点原因：

1）排烟温度过高，带走了炉膛内过多热量，是较大的一项热损失，使炉膛内可利用热量减少；

2）炉灶烟气中含有未燃尽的可燃性气体，是在热力作用下受热上升随烟气排出的气体，其热值也是一项热损失；

3）由于固体燃料在炉膛内的堆放方式、炉内空气的流通以及燃料本身的粒径大小等原因造成燃烧不充分，致使灰渣中还有未燃尽的可燃固体带来的损失；

4）炉膛由于保温性差而对周围环境产生的辐射热所产生的热损失；

5）灰渣带走的热量，也属于一项热损失。

节能炉灶主要针对传统炉灶的"两大"（灶门大、炉膛大）、"两无"（无烟囱、无炉算）、"一高"（吊火高）的缺点进行改造，增设烟囱或改进烟囱位置，增设炉算，适当地缩小炉门，控制进风量，增设二次进风管，合理设计燃烧室。

合格的节能炉灶要求结构合理、便于操作、热性能稳定。特别是炉膛、燃烧室要求圆滑平整，不能有裂纹、裂痕，并且遇高温不变形，炉膛外保温措施良好。炉灶灶体表面光滑清洁、防锈、防火、无毒，铸件符合 GB 976 的要求，焊件符合 GB/T 12468 的要求，冲压边缘不得有裂纹、起皱、飞边等缺陷，铆接件应牢固，铆钉不得的松动、歪斜，保温材料不得外露。挡火圈随燃烧室一体制造，应不少于 2/3 燃烧室圆周，其顶部距锅底高度10～30mm。烟道制作工艺严格，密封不漏气，无烟气泄露室内。

4.4.4.4　其他利用方式

除上述生态能源利用方式外，在广大的农村地区还有风能、水能和地热能等生态能源可供开发利用。但是，到目前为止，由于技术、地域、规模以及投资多少的原因，限制了这些生态能源利用技术的开发和推广。下面对这些生态能源作简单介绍。

（1）风能

我国幅员辽阔，季风强盛，10m 高度层的风能资源总储量为 32.26 亿 kW，其中实际可开发利用的风能资源储量为 2.53 亿 kW，但主要集中在东南沿海、西北内陆以及河谷等地区。目前，风能的利用技术有风力提水、风力发电和风力制热。

风力提水从古至今一直得到较普遍的应用。至 20 世纪下半叶，为解决农村、牧场的生活、灌溉和牲畜用水问题，风力提水机有了很大的发展。现代风力提水机根据用途可分为两类，一类是高扬程小流量的风力提水机，它与活塞泵相配，提取深井地下水，主要用于草原、牧区，为人畜提供饮水；另一类是低扬程大流量的风力提水机，它与螺旋泵相配，提取河水、湖水或海水，主要用于农田灌溉、水产养殖或制盐。

风力发电已越来越成为风能利用的主要形式，受到世界各国的高度重视，而且发展速度最快。风力发电通常有三种运行方式，一是独立运行，通常是一台小型风力发电机向一户或几户居民提供电力，它用蓄电池蓄能，以保证无风时的用电。该方式投资小、见效快、发电效率高，但可靠性低，适合家庭使用，是目前应用最多的运行方式。二是合并运行，就是风力发电与其他发电方式（如柴油机发电）相结合，向一个单位、一个村庄或一个海岛供电。该方式可靠性高，但投资大，应用较少。三是并网运行，就是风力发电并入常规电网运行，向大电网提供电力，在一处风场常安装几十台甚至几百台风力发电机。该方式一次性投资大，但维护费用低，是世界风力发电的主要发展方向。

为满足对家庭热能及低品位工业热能的需要，风力致热应运而生。风力致热是将风能转换成热能，目前有三种转换方法。一是风力机发电，再将电能通过电阻丝发热，变成热能。虽然电能转换成热能的效率是100%，但风能转换成电能的效率却很低，因此从能量利用的角度看，该方法不可取。二是由风力机将风能转换成空气压缩能，再转换成热能，即由风力机带动离心压缩机，对空气进行绝热压缩而放出热能。三是用风力机直接将风能转换成热能。显然，第三种方法致热效率最高。

（2）小水电

小水电是指容量小、工程规模小、环境友好的水电站及其配套电网。我国小水电是指装机容量25000kW及以下的由地方、集体或个人集资兴办与经营管理的水电站和配套的地方供电电网。小水电在我国已有上百年历史，20世纪80年代以来，我国的小水电建设进入了持续稳定发展阶段，每年新增装机容量约700MW。到20世纪90年代，我国小水电装机总量占到全球总量的一半以上。2005年底，全世界小水电的总装机容量达到6100万kW，我国就占3400万kW。2006年底，全国农村小水电总装机容量达到5000万kW，约占全国水电总装机容量的37%，年发电量1500多亿kW·h，提前实现了2010年的小水电规划目标。

根据国家组织对农村水电资源（单站装机容量：10～50MW）的调查，全国农村水电资源经济可开发量为1.28亿kW，广泛分布在全国30个省、自治区和直辖市的1600多个县、市。大部分分布在西部地区，中、东部地区也有一定比例。鉴于我国丰富的小水电资源以及小水电在技术上已较为成熟，在经济上与其他可再生能源相比有较强的竞争力，因此有广阔的发展前景。

小水电主要由水工建筑、水轮机、发电机、控制系统安全接地系统和输配电系统组成。目前，西方主要发达国家的水电开发程度已超过80%，广大发展中国家的开发程度还不到20%，因此发展中国家在水能利用上还有很大的开发空间，当然也适用于我国国情。

（3）地热能

地热能的直接利用不受白昼和季节变化的限制，在许多方面具备了与太阳能、风能竞争的优势。目前，我国地热能直接利用总量在各种可再生能源排序中仅次于生物质能的直接利用。我国地热资源蕴藏丰富，但由于地质和地球物理条件复杂，地热资源分布不均匀。各种类型的地热资源，必须通过一定程序的地热地质勘察研究工作，才能查明储量、质量和开采技术条件以及开发后的地质环境变化情况。地热水可采量的大小，主要取决于资源储量、开采技术、经济等条件的成熟程度。

我国地热资源大部分以中低温（<150℃）为主，主要分布在东南沿海和内陆盆地地区，如松辽盆地、华北盆地、江汉盆地、渭河盆地以及众多山间盆地地区。现已发现的中低温地热系统有2900多处，总计天然放热量相当于750万t标准煤。全国已发现的高温地热系统有255处，主要分布在西藏南部和云南、四川的西部。

我国开发利用地热资源已有上千年的历史，尤其是改革开放以来，地热资源的开发利用无论在规模、深度和广度上都有了很大的发展。我国地热资源开发明显受两个条件的限制，一是资源，二是地区经济发展水平。地热资源的开发利用包括发电和直接利用两个方面，在我国被广泛用于发电、供暖、温泉疗养、工业利用、医疗、洗浴、水产养殖、农业温室、矿泉水生产、灌溉等。北方地区开发地热资源主要用于供暖、洗浴、温泉疗养，南方地区则主要用于发展旅游、水产养殖、温泉疗养等。

据 2005 年世界地热大会统计，我国中低温地热直接利用的开发量居世界第一位，达到 3056GW·h/a，其设置容量达到了 107.79GW·h/a，我国 2000 和 2004 年的地热开发统计见表 4.9。

我国地热开发统计　　　　　　　　　　　　　　表 4.9

年　　份	开采流量 (kg/s)	设备容量 (MWt)	年份用量	
			(TJ/a)	(GW·h/a)
2000	12677	2814	31403	8724
2004	13756	3056	38804	10779

4.4.5 农村住宅生态能源利用的综合性建议和对策

开发并推广农村住宅生物质能利用技术的出发点和目标是：保障能源安全，提高能源自供给能力；促进农村用能结构的调整和农村的发展；增加就业机会；改善和保护环境。

生态能源利用技术是解决能源安全、农业结构调整、农村社会发展、环境保护等问题的重要举措，需要制定清晰的生态能源发展战略，需要建立综合性的生态能源政策体系，这样将有助于人们重新认识生态能源的价值，有利于生态能源的开发利用和推广。

（1）加大生态能源的宣传力度，提高人们对生态能源开发利用认识的深度和高度。生态能源不仅是能源体系中重要的一环，在未来能源体系中将会作为重要的替代能源，同时还是促进新农村建设和构建和谐社会的重要条件。

（2）因地制宜地选择生态能源的利用方式，充分考虑农村各地区的具体条件，做好生态能源的调查和规划工作，选择最适合当地条件的生态能源利用方式。我国幅员辽阔，地形、地貌和气候多样，各地的优势生态能源种类也各不相同，经济条件也有所差异，因此要紧随中央部署的大方向，在地方因地制宜地开展生态能源的推广工作，摆脱以往照搬案例、政绩工程等陋习，全心全意为农民做实事、做好事。

（3）中央和地方应出台鼓励生态能源利用的政策体系，在信贷、税收、技术支持和市场准入方面给予大力支持，同时加大对可再生能源的资金投入，给予适当的补贴。

（4）调动社会各方面的积极性，使国家和个人得到最大限度的沟通。施政者能够及时了解农民的迫切需求，农民可以及时地了解国家各项政策法规，两者积极沟通，避免在生态能源的利用上出现不必要的问题。

（5）政府各部门应出台有关生态能源的法律法规，特别是能源、农林和环保等部门，运用国家强制力保证农村生态能源建设的顺利实施，做到有法可依、有法必依，使生态能源的推广在一个安定有序的环境中进行，在规范和约束的条件下实施。

4.5　本　章　小　结

本章主要是对农村住宅的建筑节能与能源利用进行分析。首先，对农村住宅的耗能情况进行阐述，指出当前我国农村住宅的用能特点。其次，针对农村住宅围护结构中的具体要求和特征，对不同围护结构材料如砌体墙、轻质墙、屋顶、门窗等进行系统阐述。然后，在分析建筑热工设计要点的基础上，建立农村住宅建筑物理模型，并以陕西地区为例、以钢结构农村住宅为主要分析对象，进行热工特性、建筑热桥分析及节能优化设计。最后，结合不同地区生态能源的利用现状，对常用的生态能源利用技术进行系统阐述，提出相应的综合性建议和对策。

参 考 文 献

[4-1] 刘建龙，陈文，谭毅超．农村住宅节能技术研究现状分析[J]．四川建筑科学研究，2010，36(1)：241-243.

[4-2] 中国统计年鉴．2001-2010.

[4-3] 清华大学建筑节能研究中心．中国建筑节能年度发展研究报告（2009）[M]．北京：中国建筑工业出版社，2009.

[4-4] 何廷树．土木工程材料[M]．北京：中国建材工业出版社，2011.

[4-5] 许淑芳．砌体结构[M]．北京：科学出版社，2004.

[4-6] 林克辉．新型建筑材料及应用[M]．广州：华南理工大学出版社，2006.

[4-7] 赵西平．房屋建筑学[M]．北京：中国建筑工业出版社，2006.

[4-8] 赵立华，刘欣彤．热桥与建筑热负荷[J]．应用能源技术，1993，3：26-28.

[4-9] 万健．陕西省钢结构农宅的节能优化设计及经济性分析[D]．西安建筑科技大学硕士学位论文，2012.

[4-10] 谭相前．陕西省关中地区农村钢结构住宅热桥的热工分析[D]．西安建筑科技大学硕士学位论文，2012.

[4-11] 胡平放，胡幸生．热桥对居住建筑外墙传热性能的影响分析[J]．华东科技大学学报，2003，20(4)：31-33.

[4-12] 孙大明，周海珠，田慧峰．建筑热桥研究现状与展望[J]．建筑科学，2010(2)：128-134.

[4-13] 刘鹏飞．高层建筑混凝土柱热桥传热分析[D]．哈尔滨工程大学硕士学位论文，2007.

[4-14] 王比君，王寿华．建筑节能与屋面保温设计[J]．建筑技术，2006，37(10)：728-730.

[4-15] 孙大明，周海珠，田慧峰．建筑热桥研究现状与展望[J]．建筑科学，2010(2)：128-134.

[4-16] 陶文铨．数值传热学[M]．西安：西安交通大学出版社，2001.

[4-17] 孔祥谦．有限单元法在传热学中的应用[M]．北京：科学出版社，1998.

[4-18] 杨强生，浦保荣．高等传热学[M]．上海：上海交通大学出版社，2001.

[4-19] 任俊．热桥的影响区域[J]．暖通空调．2001，31(6)：109-111.

[4-20] 陆跃文．建筑节能新技术推广现状分析与对策研究[D]．重庆大学硕士学位论文，2008.

[4-21] 郭焕成．中国农村能源与开发利用研究[J]．经济地理，2004，4：502-504.

[4-22] 丁士军，陈传波．贫困农户的能源使用及其对缓解贫困的作用[J]．中国农村济，2002，12：27-32.

[4-23] 闫丽珍，闵庆文，成升魁．中国农村生活能源利用与生物质能开发[J]．资源科学，2005，1：8-13.

[4-24] 郭廷杰．加速生物质能的利用和发展[J]．能源技术，2003，8：152-155.

[4-25] 张百良，杨世关，马孝琴．中国生物质能技术应用与农业生态环境研究[J]．中国生态农业学报，2003，7：178-179.

［4-26］ 杨克美，何小东，唐伟．生物质能在农村能源中的地位与薪炭林建设［J］．安徽农业科学，2001，1：103-105.

［4-27］ 王效华，冯祯民，包信峰．江苏扬中农村家庭生活用能和能源消费的研究［J］．农业工程学报，1998，1：142-146.

［4-28］ 张培栋，王刚．中国农村户用沼气工程建设对减排 CO2、SO2 的贡献——分析与预测［J］．农业工程学报，2005，12：147-151.

［4-29］ 农业部科技教育司．全国农村可再生能源统计资料［R］.2003，1.

［4-30］ 卢旭珍，邱林，王兰英．发展沼气对环保和生态的贡献［J］．可再生能源，2003，6：50-52.

［4-31］ 王久臣．中国农村可再生能源技术应用对温室气体减排贡献的研究［D］．河南农业大学硕士学位论文，2002.

［4-32］ 王莹，鲁建华，王维和．沼气生态农业技术评价［J］．可再生能源，2003，2：39-42.

［4-33］ 訾琨，施卫省．农村可再生能源与可持续发展［J］．可再生能源，2002，5：29-31.

5 农村住宅的水资源循环利用与废弃物处理

5.1 农村住宅水资源循环利用

5.1.1 概述

长期以来，我国人均水资源十分匮乏，对水资源的合理规划、开发与循环利用关系着我国的饮用水安全。饮用水安全不仅要解决因水资源短缺导致的用水水量和水质安全问题，更是强调要加强水源保护，使现有水资源及未被开发水资源不被污染，合理采水用水、节约用水，及时处理污水并进行有效的循环利用，以实现我国水资源的可持续利用。

本节以陕西农村地区为例，针对其生活污水的组成、来源及影响因素进行分析，对传统的排水及污水处理方式进行解析，重点针对人工湿地处理农村生活污水进行试验研究和工程示范，提出符合地域及气候特征的农村地区污水处理及水资源循环利用模式，为地区水资源安全保障提供技术支持。

5.1.1.1 污水水质特征

我国目前共有 60 多万个行政村，250 多万个自然村，农村总人口将近 8 亿，占全国总人口约 60%（随着城市化进程的进行，这个比例可能会逐渐减少）。调查显示，我国农村水污染主要由生活污水的随意排放，废弃物的丢弃，乡镇企业、民营企业在生产过程中产生的污染物对自然水体直接、间接污染所造成的。全国农村每年有超过 2500 万 t 的生活污水未经处理直接排放，造成河流污染，影响居住环境，威胁农民身体健康。农村大部分地区没有污水收集和输送设施，更谈不上污水处理装置，生产和生活污水直接外排，造成土壤污染及河流湖泊的富营养化现象较为严重。生活污水的肆意排放是导致我国农村大量土地面源污染的重要原因，也直接危及农村的饮用水安全和生存环境。

农村生活污水的水量、污染物种类和浓度与农村人们的生活习惯和传统息息相关。生活污水主要来源包括厨房污水、洗涤用水、人畜粪便及灌溉尾水等方面，具有以下主要特点：

（1）污染面广且分散

与城市相比，农村占地面积大，人口居住分散，污水排放不集中。

（2）水质、水量地区差异大

农村生活污水的水质、水量因各地区地理环境、经济条件、季节和生活习惯的差异而有较大的不同。总体上经济发达的地区污水量比不发达地区多，旱季的各个水质指标浓度高于雨季。

（3）间歇排放

农村居民生活规律相近，污水排放分别在上午、中午、下午各有一个高峰时段，夜间排放较少，污水日变化系数较大。

（4）水质相对稳定

农村生活污水一般氮磷含量较高，不含重金属和有害物质，可生化性好。

（5）用水量相对较少

农村生活污水的处理，不能匹配大型的污水处理设施，也缺少专门的技术管理人员，较复杂的污水处理设施不能长期正常运行。

5.1.1.2　污水处理现状

随着近年来国家对新农村建设的重视，基础设施投入大大增加，各个地区基本建成了较为完善的饮用水供应系统，大大提升了农村居民的生活水平。但是由于农村人口基数大、居住地相对分散，加之经济相对落后，目前大多数村镇并没有建立相应的排水管网和污水处理设施。因此，农村生活污水的处理，尤其是在经济相对落后的地区，仍存在许多问题亟待解决。

我国农村生活污水大部分都不经过严格的工艺处理，直接排放（入河流、沟渠或废水塘等）或浇灌农田（土地处理）。日常洗涤用水和厨房用水大部分以自由排放的形式处理，人畜粪尿等大部分以土地处理为主，造成了巷道污水横流，严重影响生活卫生环境。虽然少数农村存在氧化塘，也以自然的涝池为主，但没有管理运行设施，受降雨影响较大，在多雨季节经常污水横流、臭味难当，大部分涝池没有防渗措施，导致污水下渗，污染地下水，危害地区饮水安全。长期的厕所排水对土地消解能力也提出很大的考验，在土地利用面积越来越小的今天，长此以往，这种处理人畜粪尿的方法最终会污染土壤，破坏空气环境，导致地域地下水安全问题。

近年来由于国家政策法规的引导和经济水平的提高，农村一家一户的化粪池基本普及，沼气池也在不少村镇进行了推广利用，这在很大程度上缓解了农村固体废物的问题，能降解一部分有机质，沼液也能作为一种很好的肥料，同时也为居民提供清洁的沼气能源。

5.1.1.3　陕西地域及气候特征

陕西地区地处我国西北，常年干燥、少雨，呈大陆性季风气候，属于缺水地区。尽管有若干河流流经三秦大地，但由于天然降水的缺乏，在离河流较远的多数区域仍然干旱缺水。按地理位置及地域特征，可将陕西地区划分为陕北、关中和陕南三个部分。陕北地处中温带，属暖温带半干旱气候，平均海拔 1000m，年平均气温 9.4℃，年降水量约 500mm，无霜期约 150 天。关中地区是指陕西省秦岭北麓渭河冲积平原（渭河流域一带），平均海拔约 500m，属大陆性气候，年均温 6～13℃，无霜期 199～255 天，年降水量 500～800mm，其中 6～9 月份占 60％。陕南地处北暖温带和亚热带气候的过渡带，北依秦岭，南屏巴山，汉水横贯全境，形成汉中盆地，雨量充沛，年降水量 800～1000mm，年均气温 14℃，无霜期为 210 天。

陕西省内不同的地域具有不同的气候特征，陕北、关中和陕南地区气候差异明显，加之经济发展水平和生活习惯也存在一定差异，因此在考虑污水处理及水循环利用方面应充分结合当地地域及气候特征进行合理设计规划。

以人工湿地为例，陕北地区冬季气温过低，湿地植物生长受到抑制，会严重影响人工湿地处理能力，工程上可对湿地进行一定的保温措施，以维持相对适宜的温度。关中地区降水量主要集中在夏季，湿地应设置在不易被水淹没的地方，或设置一定的防雨措施，防止过强降水对湿地系统造成破坏；在冬季也要对湿地表面进行覆盖，防止温度过低影响处理效果。陕南地区年平均温度较高，冬季基本不用考虑保暖措施，但夏季降水量大大增加，湿地建设时应该充分注意地形地势，做好防水，同时避免对其他水域或地下水造成污染。

5.1.1.4 农村生活用水来源

陕北及关中北部大部分农村地区以地下水为主要生活用水，少数地区有水库储水，在水源特别缺乏的村庄仍有农户使用水窖收集雨水作为主要水源；关中中部和南部以及陕南地区主要以水库水和河流水作为主要水源，水资源相对丰富。

生活用水的用途主要为饮用、洗涤用水、洗澡、厨房用水、浇洒用水等。根据《建筑给水排水设计规范》GB 50015 中关于住宅最高日生活用水定额及小时变化系数的规定："对于普通住宅Ⅰ，有大便器、洗涤盆，用水定额为 85～150 L/(人·d)；普通住宅Ⅱ，有大便器、洗脸盆、洗涤盆、洗衣机、热水器和淋浴设备，用水定额为 130～300 L/(人·d)。"随着农村人民生活水平的提高，许多家庭都安装了热水器和淋浴设备，但是综合考虑陕西农村的生活习惯和水源现状，实际的用水量往往达不到普通住宅Ⅱ的标准。据统计显示，陕西农村地区生活平均用水量约 90～110 L/(人·d)，因此更符合普通住宅Ⅰ类的标准，即 85～150 L/(人·d)。按此标准，农村每户按照 4～5 人计算(排水量取用水量的 85～95%)，其设计排水量约为 0.5m³/(户·d)。陕西地区整体水资源较为缺乏，所以对水的循环利用很有必要，如将处理后的污水用来浇花、喷洒等二次利用，显得更有现实意义。

5.1.2 农村污水常用的处理方法

农村经济发展相对缓慢，由于生活习惯、气候条件及地理环境等，长期以来形成一些常用的污水处理方式。如堆肥处理在农村最为常见；土地处理是大多数农村采用的污水最终处理方式；化粪池处理是将污水经过一定程度的消化后再进行堆肥或土地处理，相对土地处理和堆肥处理更进步；氧化塘处理是根据村镇现有现状，依靠一定的地理地势环境形成的污水处理设施。上述几种较为传统的处理方式，对农村污水中污染物的降解起到了一定作用，但就处理效果和运行管理来看，还远远达不到水污染控制的要求，且缺乏合理的设计和较为科学的运行管理。人工湿地是近年来经过实践验证的较为适宜的农村生活污水处理措施，其工艺特点适合处理简单生活污水，可一家一户使用，也可用于较为集中的村镇集中处理，其占地面积大的缺陷在农村地广人稀的环境下刚好弥补。农村污水传统处理方法和人工湿地系统处理方法的流程如图 5.1 和图 5.2 所示。

此外，国内外还有一些其他的污水处理方式，如厌氧沼气池发酵技术、土壤毛细管渗滤净化系统技术、澳大利亚的"FILTER"(非尔脱)污水处理系统技术、韩国的污水湿地系统(用处理过的污水进行灌溉，产量比常规农田高 10%)、日本的 JARUS 模式农村生活污水处理系统、美国加州的高效藻类稳定塘处理系统、荷兰一体氧化沟处理系统、法国蚯蚓生态滤池、"LIVING MACH NE"生态处理技术等，这些技术在国内的应用尚不成熟，其技术难点也不易掌握，不适合在农村地区推广。

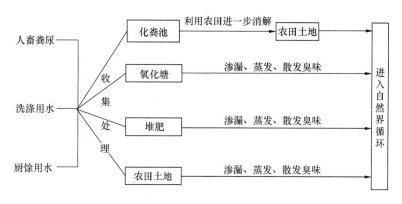

图 5.1 常规农村生活污水来源及处理流程

图 5.2 人工湿地处理生活污水流程

5.1.2.1 土地处理

土地处理是指利用农田、林地等土壤-微生物-植物构成的陆地生态系统对污染物进行综合净化处理。土地处理通过土地（沙土或黏土）对污水中大颗粒悬浮物的截留作用、土壤中长时间生长的微生物的新陈代谢作用以及地面植物等的生长吸收作用来实现去除水中污染物的目的。它能在处理城镇污水及一些工业废水的同时，通过营养物质和水分的生物化学循环，促进绿色植物生长，实现污水的资源化和无害化。此法较原始，占用土地面积大、处理效率不高。

通常土地处理分为以下几种方式：慢速渗滤、快速渗滤、地表漫流、地下渗滤。土地处理对不同的土壤基质有不同的设计方式，各种处理特性及基本要求条件如表 5.1 所示。

不同的土地处理方式特性　　　　　　　　表 5.1

特　　性	慢速渗滤	快速渗滤	地表漫流	地下渗滤
土壤类型	砂壤土与黏壤土	砂与砂壤土	黏壤土与黏土	砂壤土与黏壤土
土壤渗滤速度	≥0.15	≥5.0	≤0.5	0.15～5.0
地下水深度	0.6～3.0	淹水期>1	无要求	大于1.0
土壤厚度	≥0.6	>1.5	>0.3	>0.6
植物要求	谷物，牧草，林木	无要求	牧草	草皮，花木
适用气候	较温暖	无要求	较温暖	无要求
水力负荷	1.2～1.5	6～122	3～21	0.2～0.4

污水土地处理系统具有如下优点：

（1）促进污水中植物营养素的循环，污水中的有用物质通过作物的生长而获得再利用；

（2）可利用废劣土地、坑塘洼地处理污水，基建投资省；

（3）使用机电设备少，运行管理简便低廉，节省能源；

（4）绿化大地，增添风景美色，改善地区小气候，促进生态环境的良性循环；

（5）污泥能得到充分利用，二次污染小。

污水土地处理系统的缺点有：

（1）污染土壤和地下水，特别是重金属污染、有机毒物污染等；

（2）导致农产品质量下降；

（3）散发臭味、蚊蝇滋生，危害人体健康等；

（4）占地面积大，单位面积处理效率低，受温度季节影响较大。

污水土地处理作为一种原始的低能耗的污水处理方式，在特定的历史时期起到过很重要的作用，特别是对于地广人稀的地域来说，是一种很好的污水处理方式。但是，在经济高速发展、人口众多的今天，显然没有更加多余的土地用来消纳污水，并且土地处理污水受温度、季节等的限制，严重影响空气环境。随着污水排放量的增加，用土地处理污水显然不能达到建设新农村、改善农村环境的要求。

5.1.2.2　化粪池处理

化粪池是一种利用沉淀和厌氧发酵的原理，去除生活污水中悬浮性有机物的处理设施，属于初级的过渡性的污水处理构筑物，并不能作为最终的处理方法。生活污水中含有大量粪便、纸屑、病原虫，悬浮物固体浓度（SS）为 $100mg/L \sim 350mg/L$，有机物浓度（BOD_5）在 $100 \sim 400mg/L$ 之间。污水进入化粪池经沉淀，可去除 $50\% \sim 60\%$ 的悬浮物和有机物。沉淀下来的污泥经过 3 个月以上的厌氧消化，可使污泥中的有机物转化成稳定的无机物，使易腐败的生污泥转化为稳定的熟污泥，改变污泥的结构，降低污泥的含水率。化粪池还要定期将污泥清掏外运、填埋或用作肥料。化粪池对生活污水只能进行初级的降解，一般仅作为排水管网或其他设施的预处理设施，必须结合其他工艺进行组合处理，方可以达到良好的出水水质。

我国农村地区在化粪池的设计及使用过程中，由于对处理设施缺乏一定的认识和科学的管理、维护，在许多地区存在"建一个，废一个"的情况。如现存的化粪池一般为单池体，构造简单，处理效率差，清捞次数频繁，处理效果往往不能达到预定要求；沼气的发酵要以较多的高浓度废渣废水为原料，若不是养殖农户，一般很难使其保持较长的运行时间；沼气池在运行过程中需要较高的技术水平来维护，否则不产气或产气率不高的现象时常发生。上述的诸多原因导致了化粪池和沼气池在农村的使用受到限制。

5.1.2.3　氧化塘处理

氧化塘又称稳定塘或生物塘，是一种类似池塘（天然或人工修建的）的处理设施。氧化塘净化污水的过程和天然水体的自净过程相似，污水在塘内经过长时间的流动和停留，通过微生物（细菌、真菌、原生动物）的代谢活动，使有机物降解，污水得到净化。氧化塘分为好氧塘、兼性塘、曝气塘和厌氧塘。好氧塘深度较浅，一般不超过 0.5m，阳光能透入水底，主要由藻类供氧，塘水基本保持好氧状态；兼性塘塘水较深，一般在 1.0m 以上，水面以下 0.5m 能够得到充足的光照，处于好氧状态，下半部分处于厌氧状态进行厌氧发酵，介于之间的则会存在大量兼性微生物，好氧、厌氧、兼性微生物共同作用完成污水处理过程；厌氧氧化塘，塘深在 2m 以上，有机负荷较高，基本都处于厌氧状态，主要作高浓度废水的初级处理；曝气氧化塘塘深在 2m 以上，由表面曝气机及时供氧，并对塘水进行搅动，使水中的好氧微生物处于悬浮和活跃状态，达到净化污水的目的。氧化塘一般都有较长的水力停留时间，可达到 3～8 天以上。图 5.3 是兼性塘的常见构造模式。

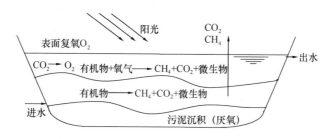

图 5.3　常见兼性塘模式

氧化塘去除污染物的原理主要有以下几点：

（1）稀释作用：进入氧化塘的高浓度污水在氧化塘本身的稀释作用下，使得原污水不再有较高的浓度，对环境不造成严重危害，并在氧化塘自身作用下缓慢分解。

（2）沉淀和混凝作用：污水在进入氧化塘以后，一些有机颗粒、悬浮物、胶体物质等在氧化塘的环境中发生凝聚、沉淀等作用，除去一部分污染物。

（3）微生物代谢作用：在氧化塘中存在着各种微生物，表层有好氧的，中层有兼性的，底层有厌氧的，在各种微生物的综合作用下，达到去除污染物的目的。

（4）浮游生物作用：氧化塘内部存在着各种各样的生物，这些生物构成了一个生态系统，小的微生物以有机物为食，浮游生物以微生物、有机颗粒或水生植物为食，维持着整个塘的稳定。

作为生物处理技术，氧化塘具有以下一系列显著优点：

（1）能够充分利用地理地形，工程简单，建设投资省；

（2）能够实现污水资源化，使污水处理与利用相结合，水质情况较好的氧化塘可以进行农田浇灌，或进行水产养殖，产生一定的经济效益；

（3）污水处理能耗少，维护方便，成本低廉。

氧化塘在处理农村污水方面的缺点有：

（1）占地面积较大，处理效率不高；

（2）对污水的处理受季节、温度、降水影响比较大；

（3）防渗工作比较复杂，如果处理不当可能造成地下水污染；

（4）容易散发臭味，影响周围居民生活。

陕西地区属于温带大陆性气候，四季分明，陕北关中冬季时间较长，不利于氧化塘正常运行。陕西地区目前运行的、经正规设计的氧化塘数量较少，由于缺乏管理，很多氧化塘发挥不了应有的优势，往往会很快恶化，变成"臭水沟"，成为排放污水和杂物的场所，严重影响周围空气环境。

5.1.2.4　堆肥处理

堆肥是我国最古老的垃圾处理技术，堆肥技术的工艺比较简单，适合于易腐有机质含量较高的垃圾处理。堆肥处理不能处理不可腐烂的有机物和无机物，而且垃圾中的石块、金属、玻璃、塑料等不能被微生物分解的废弃物，必须分捡出来另行处理；堆肥处理周期较长，占地面积大，卫生条件相对较差。在农村，农民一般借助生活垃圾或白土，将粪便污水、厨余污水、洗涤污水等以浇灌的方式渗入肥堆里面，借助肥堆为介质，来堆肥发酵，达到固体垃圾和污水垃圾同时处理的目的。

堆肥过程要控制的因素很多，农民往往不能很好地掌握堆肥的技术要点。首先，堆肥的原料要含有足够的有机质以利于代谢热的产生，有足够的自由空域，以利于气体的交换，为微生物提供氧气；其次，需要填充料来辅助堆肥过程的进行，填充料可以起到提供碳源、提高堆体的孔隙度、调节物料的湿度含量等作用；最后，水分含量、有机质含量、通气量、C/N、pH、温度等都是堆肥过程中要控制的关键因素。因此，堆肥并不是简单的废物和废水堆集，在农村往往达不到堆肥的效果。

陕西农村地区大多数的堆肥方式以旱厕为主，即将污水、垃圾、人畜粪便和一定比例的黄土柴草堆在一起，经过若干时长的沤粪，即发酵后施于田间。在农村，大多数农民不能掌握堆肥要点，技术水平差，经验少，不能严格按照堆肥的要求进行，使得堆肥往往不能达到合格的有机肥标准。其次，堆肥过程中会产生很大的臭味，没有覆盖和遮挡，严重影响卫生环境。另外，粪水混合堆肥过程不做防渗结构，大多数水分会以渗滤的方式渗入地下，长此以往，将严重污染地下水，破坏饮水安全。

5.1.2.5 人工湿地处理

人工湿地同天然湿地一样是由水、永久性或间歇性处于水饱和状态下的基质及水生植物和微生物等所组成的、具有较高生产力和较大活性、处于水陆交界相的一个复杂的生态系统。人工湿地是模仿天然湿地净水原理而设计建造的人工水处理系统。人工湿地的基本结构包括以下几部分：

（1）防渗层：防渗层的主要作用是阻止污水向地下水体的渗漏，对于存在地下水的地区，防渗结构一定要经过严格施工、检验才能进行湿地上部的建设。

（2）基质：基质是人工湿地的主要部分，一般采用砂土、砾石、粉煤灰、沸石等，主要目的是为植物提供生长的基质，为微生物提供附着的载体。沸石等多孔的填料是最优的基质。

（3）腐殖质：腐殖质是指在植物生长过程中，根茎叶等的脱落凋零，生物死亡代谢等所产生的腐殖质类物质，这类物质可以为生物提供一个附着的场所，也可以供动植物吸收利用。

（4）湿地植物：湿地植物是人工湿地不可或缺的一部分，植物在对污水吸收净化方面的作用并不是很大，但它们为微生物等提供了很好的生长环境，对人工湿地复氧等起到了很重要的作用。另外，在冬季也可通过植物覆盖来为湿地保温。

人工湿地作为一种简单、节能、环保、运行管理难度小的污水处理方式，经过几十年的发展，已成为一项较成熟的污水处理技术。但由于其处理需要相对较大的土地面积，所以限制了其在城市的大规模使用。我国在"七五"期间已开展了人工湿地的研究，目前国内已有许多利用人工湿地技术处理小城镇污水、修复污染河流水、处理村镇污水及面源污水的成功案例。深圳白泥坑、北京昌平、胶南市等地都建设了示范工程，不仅很好地处理了生活污水，而且吸引了鸟类、燕鹊等栖息，形成良好的生态群落，取得了良好的生态效益。

人工湿地建设简单、投资低、运行管理方便，几乎不用电力能源设施。据国外统计，一般湿地系统的投资和运行费用仅仅为传统二级污水处理厂的 1/10～1/2。人工湿地的诸多优点和自身特点决定了它更加适合于在地域广阔的农村、中小城镇中使用，尤其是经济发展水平不高、能源不足、技术力量短缺的地区，这在我国多数农村当前现实情况下特别适用。人工湿地作为一种新兴的污水处理技术，其在农村发展的前景十分广阔。

以陕西地域气候环境特点及当地经济技术水平为例，建议选用"化粪池＋人工湿地"组合处理方式，来对农村生活污水进行试验研究和工程示范，从而提出符合农村地区污水处理及水资源循环利用模式。

5.1.3 人工湿地系统试验

5.1.3.1 概述

人工湿地是一种传统的污水处理方式，起始于 20 世纪 50 年代，70 年代在德国开始作为一种污水处理工艺应用并建立了首座示范工程。人工湿地是一个由填料、污水、填料上附着的微生物、植物等组成的一个综合生态系统。与其他污水处理方法相比，有以下特点：

（1）建造运行投资少、经济成本小；

（2）模拟天然湿地特性，维护管理方便、简单；

（3）可以间接提供效益，如水产、造纸原料、绿化等；

（4）占地面积大，水力负荷小，即单位面积处理效率不高；

（5）受温度、气候等因素影响较大。

人工湿地依靠物理（沉降、截滤）、化学（沉淀、吸附、氧化、还原）、生物（好氧、厌氧微生物的代谢）的协同作用完成污水的净化。一般根据人工湿地的水流状态将人工湿地分为：表面流人工湿地（Surface Flow Constructed Wetland，SFCW）和潜流人工湿地（Sub－surface Flow Constructed Wetland，SSFCW）。潜流人工湿地又可分为水平潜流人工湿地（Horizontal Sub－surface Flow Constructed Wetland，HFCW）和垂直流潜流人工湿地（Vertical Flow Constructed Wetland，VFCW）。

表面流人工湿地（SFCW）指污水在基质层表面以上，从池体进水端水平流向出水端的人工湿地。水平潜流人工湿地（HFCW）指污水在基质层表面以下，从池体进水端水平流向出水端的人工湿地。垂直潜流人工湿地（VFCW）指污水垂直通过池体中基质层的人工湿地。

三种不同类型的湿地有各自的特点，表 5.2 是根据天津环境保护科学研究院的研究成果汇总的各种类型湿地相关设计及运行参数。

常规湿地系统设计及运行参数

表 5.2

技术参数	表面流湿地	潜流湿地	垂直流湿地	天然湿地
水力负荷（cm·d^{-1}）	2.4～5.8	3.3～8.2	3.4～6.7	2.4～6.0
水力停留时间（d）	1.5～4.0	4.0～5.0	＞10.0	＜10.0
有机负荷（kg·hm^{-2}·d^{-1}）	65	64～150	80～130	60
氮负荷（kg·hm^{-2}·d^{-1}）	16	28	25	11
水层深度（m）	0.1～0.4	0	0.1～0.4	0.2～0.8

5.1.3.2 人工湿地净化机理

人工湿地对污水的处理主要依靠由污水、填料基质、动植物、微生物等组成的整个生态系统的相互协调和平衡运行来进行。污水的处理过程就是通过对 SS、BOD、COD、氮、磷等能导致环境污染或水体富营养化的污染物进行分解、转化、吸收及利用，实现污染物降解，达到相关的排放或回用标准。人工湿地污水处理主要机理如下：

（1）截留作用：湿地的基质或者植物会在污水通过的时候，将污水中的一部分悬浮物、有机颗粒等截留在湿地前端或湿地表面。

（2）基质吸附：指填充在湿地里面的填料（石块、砂石、砂石、炉渣等）把污水中的有机物、氨氮、硝氮、磷等吸附到基质表面等去除。但是基质的吸附会在湿地运行一段时间后达到吸附平衡，这样就降低了湿地的吸附性能。

（3）挥发：有些污染物质由于其本身特性，会在一定的条件下挥发散去（如湿地中的氨氮会通过挥发的作用向空气中散去）。

（4）植物吸收：植物在湿地上生长，就会吸收湿地中的氮磷作为自身的有机物。不同的湿地植物有不同的生长特性，也有对不同元素的吸收偏好，同时，植物的根系在湿地中能够起到一定的泌氧作用，给湿地的反应供给一定的溶解氧。

（5）微生物作用：通过微生物的生长及微生物相互间的配合协调，达到对氮磷有机物的去除。微生物可以将污水中一部分营养物质作为自身生长必需的物质吸收利用，其代谢活动又可以分解一部分污染物质，在与湿地系统的共生协调中达到去除污染物质的目的。

5.1.3.3 人工湿地系统试验

为了对人工湿地的性能有一个更好的了解，对人工湿地的建设提出更有建设性的理论及试验根据，在实验室进行了生活污水处理的人工湿地试验研究。通过试验模拟，对照参数及出水效果，为人工湿地示范工程的建设提出可靠的数据支持。

（1）人工湿地进水

本设计以处理生活污水为目的，人工湿地进水取自西安某大学生活污水总出水口，其各项指标基本符合农村生活污水指标要求，见表 5.3。

试验用生活污水基本指标　　　　　　　　　　表 5.3

指标	COD	氨氮	总氮	总磷	SS	pH
数值（mg/L）	350 ± 112	54.7 ± 15.2	61.7 ± 20.3	5.43 ± 2.12	486 ± 16	7.48 ± 0.58

（2）试验系统设计

试验潜流湿地采用 Kikuth 推荐的设计公式，即根据湿地系统降解的 BOD_5 或者 COD 的量来设计湿地的面积，采用的公式为：

$$A_s = 5.2Q(\ln C_0 - \ln C_1) \tag{5.1}$$

式中　A_s——人工湿地的表面积（m^2）；

　　　Q——污水的设计流量（m^3/d）；

　　C_0、C_1——进水和出水平均 BOD_5 浓度（mg/L）。

生活污水经化粪池处理 COD 大约为 200，这里取 250，所以 BOD 取 $C_0 = 85$（按照 BOD/COD>0.3 约等于 0.3 计算），$C_1 = 20$ 为 BOD 国家排放标准。设计流量 $Q = 0.0248m^3/d \approx 25L/d$，代入式（5.1）可确定湿地表面积为 $A_s = 0.187m^2$。

同时，试验湿地系统采用水力负荷法对 Kikuth 经验公式进行校验，验证公式为：

$$A_s = Q/\alpha \times 1000 \tag{5.2}$$

式中　A_s——人工湿地的表面积（m^2）；

　　　Q——污水的设计流量（m^3/d）；

　　　α——湿地系统的水力负荷（mm/d）。

将上述数据代入式（5.2），可得湿地最大负荷 $\alpha = 0.134m^3/(m^2 \cdot d) = 134mm/d$。所以，最终设计为两个独立的湿地单元，每个单元表面积为 $0.187m^2$，单体最大日处理水量为 25L，湿地最大负荷为 134mm/d。综合布水区和出水区最终湿地尺寸为：长×宽×高 ＝ 860mm×560mm×650mm。设计参数都取了一般情况中最大的，实际试验中将对进水量的调整来得到不同的负荷，研究其处理效果。

（3）试验装置

试验装置是由格栅、初沉池、试验湿地主体反应器组成，试验设备包括蠕动泵、微电脑时控开关、空气压缩机等，其处理流程如图5.4所示。

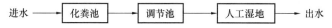

图5.4　人工湿地实验装置处理流程

反应器平面图及试验装置如图5.5和图5.6所示，从进水到出水依次分为布水区、反应区和出水区三个部分。反应器分为两个平行单元，并联运行，如此可以对其设置不同的处理条件，以对比不同条件下的处理效果。其中1号反应器中将前段曝气区和后段缺氧区分开，目的是为了进行更充分的反硝化作用，并且进一步和2号反应器的处理效果进行对比。

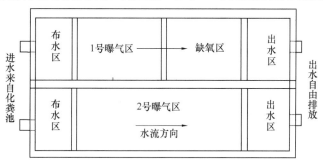

图5.5　人工湿地装置俯视图

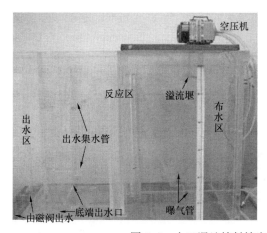
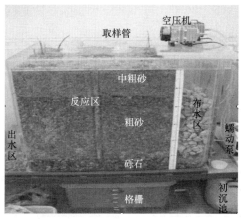

图5.6　人工湿地填料填充前（左）和填充后（右）

（4）填料

人工湿地填料分三层铺设，从下至上分别为砾石、粗砂、中砂（占90%）加石灰石（占10%），厚度分别为150mm、300mm、150mm，粒径分别为4～10mm、2～4mm、1～2mm。湿地系统的有效高度 $H = 650$mm，湿地系统内填料填充高度为500mm，布水区填料的粒径为40～80mm砾石。由图5.6（右图）可以看出填料的分层及布置状况。

图5.7　人工湿地植物生长情况

（5）湿地植物

湿地系统中常用的植物主要有香蒲、芦苇、灯心草等。针对湿地工程的区域气候条件，应尽量选择能越冬的植物，如灯心草等，如果有条件，最好能增加植物数量，增强湿地生物的多样性，使得湿地系统更加稳定。本试验湿地植物采用香蒲和绿萝为主作为湿地的主要植物（如图5.7所示），香蒲是湿地的常见植物，选择绿萝作为反应器的植物种类之一，是因为绿萝生命力较强，在实验室环境下，四季常绿并且具有观赏、净化空气的效果。再者，考虑到不少研究者开展了对污染物处理效果的研究，认为在人工湿地中对污染物的去除作用不大，因此本试验不专门针对植物的选择和去除效果及机理进行研究。

（6）人工湿地运行方式

人工湿地的运行方式采用连续性进水和间歇性进水。连续进水是指持续的进水和出水，间歇进水是指一次进水后，停留一定时间全部放空，再进行下一次进水。在以上两种条件下又分别对湿地负荷进行不同的配比，通过湿地内部各部分水质及出水水质指标的检测，探明湿地运行原理，进一步得出更加适合处理农村生活污水的湿地设计参数和运行方式，为实际湿地的建设和运行提供依据。表5.4为各种不同的负荷条件下湿地系统各个参数的详细情况对照表。

人工湿地运行负荷参数对照表　　　　　　　　　表5.4

水力负荷 $[m^3/(m^2 \cdot d)]$	容积 (m^3)	湿地有效表面积 (m^2)	水力停留时间 $(d, 天)$	每天进水量 (m^3)	进水次数 (N)	进水量 $(L/次)$	曝气时间 (h)	进水时间 (min)	蠕动泵转速 (r/min)
0.0321	0.024	0.187	4	0.006	4	1.5	2	30	13.3
0.575	0.024	0.187	3.5	0.007	4	1.7	2	30	15.1
0.0428	0.024	0.187	3	0.008	4	2	2	30	17.7
0.0513	0.024	0.187	2.5	0.0096	4	2.4	2	30	21.3
0.0642	0.024	0.187	2	0.012	4	3	2	30	26.6
0.0963	0.024	0.187	1.3	0.018	4	4.5	2	30	40
0.0482	0.024	0.187	2.6	0.009	4	2.25	2	30	20
0.0963	0.048	0.374	2.6	0.018	1	—	—	24	3
0.0642	0.048	0.374	4	0.012	1	—	—	24	2

（7）人工湿地运行周期

该人工湿地自 2011 年 5 月启动开始运行至 2012 年 10 月，分别进行了不同负荷及曝气等条件下的运行，其工况条件共分为两个周期、五个阶段：

1）第一周期从 2011.5～2011.12，本周期分为两个阶段：

①第一阶段：2011.5.1～2011.10.1，其运行水力负荷为 0.058m³/（m²·d）。

②第二阶段：2011.10.1～2011.12.26，本工况除了负荷变化为 0.38m³/（m²·d），在其中的 2 号湿地末端添加了沸石作为强化脱氮处理，1 号湿地不作任何处理作为对比。

2）第二周期从 2012.2～2012.8，本周期分为三个阶段：

③第三阶段：2012.2.5～2012.3.19，湿地的启动阶段，也以非曝气方式运行。

④第四阶段：2012.3.19～2012.6.18，是湿地运行的曝气阶段，分为两个负荷 0.043m³/（m²·d）和 0.0513m³/（m²·d），由小到大进行。

⑤第五阶段：2012.6.18～2012.8.1，曝气条件下以间歇方式运行，在水力停留时间为 1～5 天时每日分别检测湿地运行情况，其负荷分别为：停留时间 1 天，负荷 0.0741m³/（m²·d）；停留时间 2 天，负荷 0.0642m³/（m²·d）；停留时间 3 天，负荷 0.0428m³/（m²·d）；停留时间 4 天，负荷 0.0321m³/（m²·d）；停留时间 5 天，负荷 0.0257m³/（m²·d。）

（8）人工湿地污染指标分析

以下分别对各类污染指标进行分析，探究试验湿地去除污染物的规律：

1）对 COD 的去除

如图 5.8 所示为试验人工湿地对 COD 的去除效果。由图可知，在整个过程中人工湿地对 COD 的处理都达到了很好的效果。不管是人工湿地以曝气的方式运行还是以非曝气的方式运行，也不管季节温度的变化，其去除率均在 80% 以上。

综合人工湿地运行负荷和季节等工况分析可以看出：人工湿地在刚刚启动时，去除效果一般，是因为在启动初期人工湿地的去除污染物的机理主要是通过截留悬浮物、过滤颗粒等，人工湿地生态系统需要一段时间来建立能够分解有机物的微生物生长环境，所以此时对溶解性有机物的降解能力有限。

在整个运行过程中，人工湿地的进水 COD 浓度波动较大，但是出水并没有因此而出

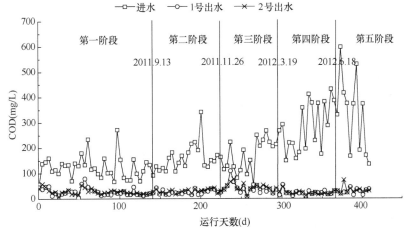

图 5.8　人工湿地运行中 COD 的去除效果

现大的改变，说明该人工湿地完全能够适应以上各种负荷的变化，稳定性好。

相对而言，在曝气阶段的去除效率比非曝气阶段的效果略微好些，说明增加人工湿地溶解氧有助于人工湿地对有机物的去除。

2）对氨氮的去除

如图 5.9 所示为人工湿地对氨氮的去除效果。通过数据曲线对比，可以得出：

在第一阶段，人工湿地刚刚加入填料，生物膜不能在填料上快速附着，去除效果很差，图中可以看出在第一阶段的后半段，氨氮的去除效果明显得到改善，此时人工湿地微生物已经经过了约 100 天的生长适应，人工湿地生态系统已经完善，去除率高。

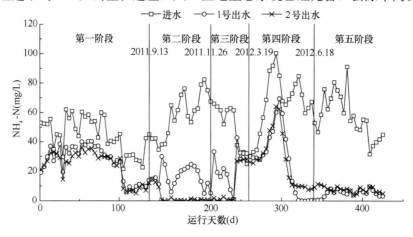

图 5.9　人工湿地运行中 NH_4^+-N 的去除效果

由于第一阶段基质条件的积累，第二阶段虽然天气变冷，但是氨氮的去除没有受到大的影响，特别是针对 2 号反应器（增加表铺沸石），其氨氮出水效果是所有阶段中运行效果最好的，由此可见，沸石对去除氨氮有很大的作用。

第三阶段跟第一阶段的情况类似，也是因为反应器处于启动阶段，人工湿地内部生态系统缓慢复活。随着时间的推移，在第四阶段，氨氮的去除又取得了很好的效果，即使在该阶段后期增加了处理负荷，其出水也没有出现大的反复，可见良好的人工湿地系统对其污染物负荷波动有一定的承受能力。

第五阶段采用间歇运行状态，即一次进水，分别在进水后的 1～5 天对出水进行每日监测，在图中可以看出其出水呈现由高到低的曲线变化，由此得出，水力停留时间在一定程度上决定着人工湿地的处理效率。

3）对 TN 的去除

如图 5.10 所示为人工湿地对总氮的去除效果。第一阶段和第三阶段都属于人工湿地的启动阶段，内部生态系统不完善，微生物活性低，总氮去除率低。在第二阶段由于增加了表铺沸石，其总氮的去除效果是所有阶段中较好的一段，所以吸附作用对氮的去除很重要。第三阶段后期的人工湿地负荷要比前期高，其总氮去除效率反而逐渐升高，说明人工湿地在该条件下能够承受一定的负荷冲击。在第四阶段人工湿地达到了一个良好的运行工况，在此基础上，第五阶段中总氮去除效率明显上升，是除加沸石阶段之外的最好阶段。分析第五阶段曲线，其趋势类似于氨氮在该阶段的情况，可见水力停留时间对总氮的去除也有重要影响。

最后，对照图 5.10 可以看出，该人工湿地在第一阶段和第三阶段的总氮主要成分为氨氮，而在第四阶段的末期主要成分则是硝态氮。由此更加验证了氮在人工湿地系统中的去除是一个系统过程，要经历一系列的连锁反应。根据理论知识可知，各种形态氮的转化都有不同的条件，在多数情况下，氨氮的去除较易，硝态氮的去除则要相对复杂的反硝化条件，硝态氮的转化对人工湿地的总氮去除有决定意义，同时也表明在人工湿地内部的反硝化条件并不成熟，所以构建人工湿地内部反硝化条件也是决定人工湿地脱氮效率的一个重要因素。

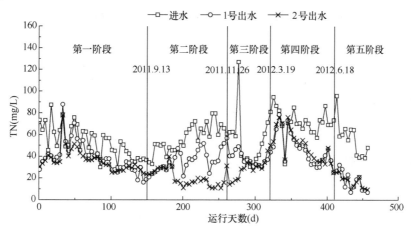

图 5.10　人工湿地运行中 TN 的去除效果

4）对 TP 的去除

如图 5.11 所示为人工湿地对总磷的去除效果。由于总磷的去除机理不同于 COD 和氮，所以曲线也表现出不同的趋势。磷的去除一般依靠基质吸附、自由沉积、微生物和植物生长摄取等，并不能在人工湿地内部转化消失，最终只是以泥炭形式积累在人工湿地内部。

其次，由于磷去除的特殊性，经过长时间的磷积累会导致基质对进水中的磷进行反稀释，即出水磷浓度高于进水。当遇到较强水力负荷冲击时，也会对基质上附着的磷进行冲

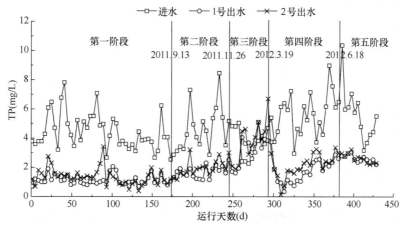

图 5.11　人工湿地运行中 TP 的去除效果

击，造成出水磷浓度过高，这种情况一般出现在人工湿地重新启动期间，如图中第三阶段的出水中磷浓度明显上升。

从整个曲线图或者任何一个单独的阶段来看，在人工湿地开始启动或者这个阶段的初期，磷的出水都较低，随着试验继续进行磷的浓度会逐渐升高，这跟磷的去除机理有关。由于在人工湿地重新启动时原先吸附的磷已经固化成泥炭或者在足够长的时间里与基质发生反应，所以在每个阶段开始的时候，出水的总磷都有一个较好的处理效果，但随着湿地系统运行出水，总磷浓度逐渐增大。

在图 5.11 中第二阶段添加表铺沸石并没有对磷的去除带来明显的影响，可见表铺沸石在磷吸附方面不具有优势，增加沸石量能否增加磷的去除效果，有待进一步的研究。

（9）人工湿地运行效果分析

通过上述几种试验工况及条件的分析，可以得到以下几点结论：

1）实验室小型人工湿地处理生活污水，在不增加任何辅助措施的自然条件下，系统对有机物的去除较好，COD 降解率可达到 90% 以上，但氨氮及总氮去除较差，降解率仅约为 40% 和 20%。

2）在人工湿地前段增加曝气进行组合处理，在合理的水力负荷条件下，COD、氨氮、总氮的去除分别达到了约 95%、90% 和 50%。这是由于湿地前段处于好氧状态，当污水经过前段时 COD 的消耗量就达总量的约 90%，使得人工湿地后段碳源不足，反硝化作用受阻，硝氮积累较多，总氮去除率差。

3）通过对磷的测定发现，人工湿地对磷的去除率仅约 50%，并且运行一段时间后，填料磷吸附饱和，其去除途径只能依靠植物和微生物生长吸收，去除率较低。实际操作中，可以适当考虑添加能与磷反应的一些介质填充人工湿地，对磷作更好的处理。

4）选择不同的水力停留时间（1~5 天）进行间歇运行发现，水力停留时间越长，人工湿地的出水效果越好。水力停留时间从 1~5 天的过程中，人工湿地出水水质变化分别为：COD 从 80% 提高到 95%，氨氮从 60% 提高到 90%，总氮从 55% 提高到 80% 以上，总磷则从 40% 提高到约 60%。

5）在特殊情况下，可以通过添加高效填料，如沸石等多孔介质，对人工湿地污染物强化吸附，是一种快速提高湿地处理效率的办法。

6）在间歇运行情况下，水力停留时间越长，湿地的出水效果越好。COD 和氨氮在第二到第三天就已经消解了大部分，而总氮则是随着时间推移，逐步去除。在间歇运行时，由于是一次进水，所以可以把湿地的每一部分看做一个单独的处理单元，湿地末端的污水经过了前面的层层过滤，在通过前段时，相当于经过了一个很好的前处理。通过对湿地各部分分别取水检测，发现湿地前段不如后段去除效果好，这就说明了经过良好的前处理是提高湿地去除效率的重要保证。

7）根据上述结论，可以进一步对湿地进行多级组合来处理生活污水，即将两级湿地单元进行串联，分析其处理效果。

5.1.4　人工湿地系统设计实例

本示范工程人工湿地系统建设在陕西省渭南市大荔县，大荔县属暖温带半湿润、半干旱季风气候，年平均气温 14.4℃，降水量 514mm，无霜期 214 天，境内地势平坦，土壤肥沃，灌溉条件优越，洛惠灌区、抽黄灌区、抽渭灌区、沙苑井灌区覆盖全县，地下水资源丰富。考虑其地理气候条件，其施工必须严格防渗，防止对地下水的污染，同时冬季保温工作也要充分。良好的前处理系统是保障人工湿地良好运行的重要保障，人工湿地系统建设由两部分组成"前处理（化粪池＋调节池）＋人工湿地"，其出水可用来浇地、浇花、院落洒水等，作为中水使用，体现了节约用水，循环使用的理念。

5.1.4.1　前处理措施

人工湿地对污水的处理必须经过良好的前处理才能达到很好的处理效果，良好的前处理不仅可以缓解湿地的堵塞，也可以对污染物有一定程度的消化和分解。前处理进行得越充分，人工湿地的负荷就越小，越有利于发挥人工湿地的特性。因此在陕西的示范工程中，选用了化粪池和调节池作为人工湿地的前处理措施，如图 5.12 所示。

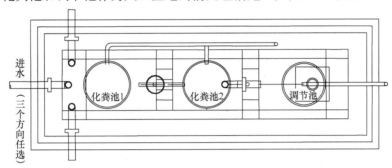

图 5.12　化粪池和调节池平面布置

根据施工现场实际情况，化粪池进水三个方向可任选，在经过第一格和第二格的沉淀和厌氧消化作用，污染物浓度有所降低，通过溢流后进入调节池。调节池内，悬浮物经沉淀被去除 50%～60%，有机物也能降解 20%～30%。最后经泵提升，分阶段进入人工湿地进行处理。针对人居环境，对高浓度污水的初级处理要进行一定程度的消解，又要不影响周围环境，而化粪池和调节池深埋地下，不影响地面景观，更无臭味散发，无疑是本设计人工湿地的最佳前处理选择。

5.1.4.2　化粪池和调节池的选择

（1）化粪池

化粪池污水收集形式为粪便污水和生活污水合流制。清掏周期为 360 天，即一年。污泥量为 0.7L/(人·d)。该建筑位于农村地区，卫生洗浴等设施齐全，按照《城市居民生活用水量标准》GB/T 50331 中居民生活用水人均日用水量区域分类统计表，选择二区（陕西）B 类均值（B 类指室内有上下水卫生设施的普通单元式住宅居民用户），取人均日用水量为 98L/(人·d)。按照一户 5 人设计，每天用水总量为：

$$Q = 98 \times 5 = 490 \text{L/d}$$

化粪池有效容积按下式计算：

$$W = W_1 + W_2 = \frac{N_z \alpha q t}{24 \times 1000} + W_2 = \frac{5 \times 0.7 \times 98 \times 24}{24 \times 1000} + 0.7 \times 5 \times 365$$

$$= 0.343 + 1.278 = 1.621 \text{m}^3$$

式中　W——化粪池有效容积；

N_z——设计人数（5 人）；

q——每人每天用水定额，$q = 98$L；

W_2——污泥产率按 0.7L/(人·d) 计算，$W_2 = 1.278$m³；

α——实际使用卫生器具的人数与设计总人数的百分比，对于住宅 $\alpha = 70\%$。

本设计满足家庭使用即可，为无地下水，建筑位置位于庭院后侧，表面不过汽车，覆土。根据上述条件，可选择池型号 Z1-2F（选自中国航天建筑设计研究院主编的《砖砌化粪池设计规范及图集》02S701），有效容积 $W = 2$m³。污水停留时间为 24h 的化粪池类型按 100L/(人·d) 可满足 13 人使用，按 150L/(人·d) 可满足 11 人使用，按 200L/(人·d) 可满足 9 人使用，按 500L/(人·d) 可满足 5 人使用。本住宅按常住人数为 5 人，按照陕西地区用水标准人均 98L/(人·d)，水量变化范围为 0.49～0.98m³（即最大居住人数为 10 人）。由此得化粪池的水力停留时间 $t = V/Q = 2/0.49(0.98) = (2 \sim 4)$d。根据经验数据设计居民生活排水指标，即化粪池进水指标，如表 5.5 所示。

化粪池进水及出水设计指标   表 5.5

项　目	COD(mg/L)	BOD(mg/L)	TN(mg/L)	TP(mg/L)	NH_4^+-N(mg/L)
进水水质	300～400	200	40	5	30
出水水质	174	52	29	4	25

（2）调节池

调节池的作用是在湿地和化粪池之间起一个调节水力负荷，同时使得化粪池水能够充分酸化水解，进一步降解，减小湿地负荷压力的作用。在暴雨季节或调节池潜污泵出现问题时，可以通过调节池的调节作用将一部分雨水直接排出而不经过人工湿地。保护湿地不被过大的负荷冲击。

调节池采用与化粪池合建的方式，其尺寸大小为 1.0m×1.2m×1.9m。化粪池出水直接进入调节池。调节池水泵在自动控制的情况下将污水提升至人工湿地，根据实际情况，所选泵的型号为 25WQ8-22-1.1，其参数如表 5.6 所示。

所选泵型号参数对照表   表 5.6

泵的参数	WQ	25	8	22	1.1
参数含义	污水潜水泵	排水管径（mm）	排水量（m³/h）	最大扬程（m）	功率（kW）

装置配电箱对泵进行控制：泵的启动和关闭由液位计控制，当调节池水位达到距离化粪底部池 1.7m 时，启动泵开始抽水；当水位降至距化粪池底部 1.55m 时，关闭水泵，泵停止抽水（即每次进水量为 1.2m×1m×0.15m=0.18m³）。

5.1.4.3　人工湿地的设计计算

人工湿地的设计依据为《人工湿地污水处理技术导则》和《人工湿地污水处理工程技术规范》HJ2005。湿地类型确定为"人工湿地水平潜流类型"，可以有效减少水面跟外界的接触，防止夏季蚊蝇滋生，减少湿地表面气味的散发。

按照占地面积受限制的水平潜流型人工湿地的主要设计参数：最小表面积为 20m³，最大日流量时的水力负荷为 100～300L/(m³·d)，人工湿地的尺寸及区域为 S（面积）$= L$（长）$\times B$（宽）$= 6.86 \times 2.82 = 19.35$m²，如图 5.13 所示。

湿地运行方式为"间歇进水方式"，即当化粪池水位超过设计水位 1.7m 时，启动潜

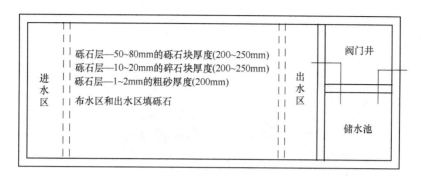

图 5.13　人工湿地平面示意

水泵抽水，当水位到 1.55m 时泵自动停止。即每次进水量为 0.18m³。当日用水量为 98L ×5＝0.49m³ 时，湿地每天进水 3 次，每次进水约 180L。这样，湿地的负荷为 0.49/ 19.35＝0.025m³/(m²·d)。

根据《人工湿地污水处理工程技术规范》HJ2005 中关于水平潜流湿地的规定，要求水力负荷＜0.5m³/（人·d），且有表 5.7 所示要求。

人工湿地污水处理工程技术中对进水水质要求　　　　表 5.7

项目	COD (mg/L)	BOD (mg/L)	TN (mg/L)	TP (mg/L)	NH₃-N (mg/L)
进水	≤200	≤80	—	≤5	≤25

化粪池的出水应为实际人工湿地进水，人工湿地出水水质按《城镇污水处理厂污染物排放标准》GB 18918 的一级 B 标准执行，其指标如表 5.8 所示，完全满足规范要求。

实际人工湿地进水水质（调节池出水）　　　　表 5.8

项目	COD (mg/L)	BOD (mg/L)	TN (mg/L)	TP (mg/L)	NH₃-N (mg/L)
进水	174	52	29	4	25
湿地出水标准	≤60	≤20	≤20	≤1	≤8

根据《人工湿地污水处理工程技术规范》HJ2005 中对有机负荷进行计算：

$$q_{0s} = \frac{Q(C_0 - C_1) \times 10^{-3}}{A} = \frac{0.49(52-20) \times 10^{-3}}{19.35} = 0.016 \, \mathrm{kg/(m^2 \cdot d)}$$

式中　q_{0s}——表面有机负荷(kg/(m²·d))；

　　　　Q——人工湿地设计水量(m³/d)；

　　　　C_0——人工湿地进水 BOD₅ 浓度(mg/L)；

　　　　C_1——人工湿地出水 BOD₅ 浓度(mg/L)；

　　　　A——人工湿地面积(m²)。

因此，人工湿地的有机负荷为 0.016kg/(m²·d)。

5.1.4.4　人工湿地的填料及植物

人工湿地填料对湿地起着重要的作用，良好的填料组合会优化配比，防止人工湿地过早堵塞，提高湿地处理效率。通气管的布置可以有效帮助湿地内氧气的溶入，提高湿地氮磷的去除能力。同时，也可以通过竖直管对湿地内部水质进行检测，探寻湿地反应去污机理。如图 5.14 和图 5.15 所示为现场湿地设计的剖面图，从图中可以看出，人工湿地的底

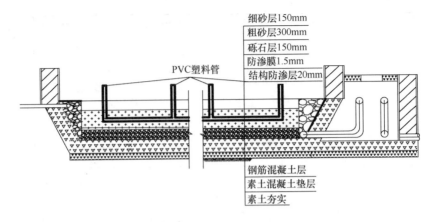

图 5.14　人工湿地纵向剖面图

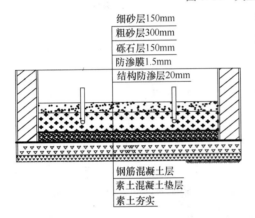

图 5.15　人工湿地横向剖面图

部分为三层，由下到上依次是素土层、素混凝土层、钢筋混凝土层，这样层层压实的目的是为了做好基础，为防渗工作做好准备。另外，在人工湿地内部还需要做一层防水层，防水层的施工要严格按照防水材料的使用规范，对防水材料进行规范的配制和施工。最后在上面就是对填料的填充，使湿地有一个很好的级配，不但有利于水力流动，也有利于污染物截留。

人工湿地的填料选取三层，由下到上铺设，最下层填粒径为 $60 \sim 100$mm 的大块砾石，中间层填粒径为 $20 \sim 30$mm 的小砾石，最上层铺粒径为 $2 \sim 3$mm 的粗砂。另外，在布水区和集水区分别布置粒径为 $60 \sim 100$mm 的大块砾石。在粒径为 $60 \sim 100$mm 的大块砾石和粒径为 $20 \sim 30$mm 的小砾石之间放置水平向的通气管，水平通气管和上端露出地面的竖直通气管相连，水平和竖直通气管上都布有小孔，孔的大小以粗砂不能侵入为宜。

人工湿地的植物种类繁多，但已作为成熟的被使用的不过几十种，最常用的湿地植物有：挺水植物，如芦苇（Phragmites）、茭白（Aneria）、灯芯草（Juncuseffucus）等；浮水植物，如莼菜（Braseniaschreberi）、睡莲（Nymphaeaterragona）、菱（Trapamatns）、凤眼莲（Eichhorniacrassipe）、水浮莲（Pistiastratiotes）等；沉水植物，如苦草（Vallianeria）、黑藻（Hydrillaverticillata）等。本示范工程地处陕西关中地区，人工湿地中的美人蕉和绿萝长势都很好，美人蕉的种植密度为 5 株/m^2。

人工湿地植物的选择主要由人工湿地的类型和湿地所在地的气候条件所决定，植物对污水的净化能力明显受到气候温度因素的影响。在不同的气候带要选择不同的适应当地气候和温度的植物。

另外，在较寒冷地带，冬季湿地植物的研究还在探索。一般通过植物收割，去掉一部分生物量，或者对收获的植物就地盖在湿地表面，给湿地的过冬提供一定的保温措施。相关研究表明，湿地植物在秋季没枯之前体内的氮磷含量远远高于冬季枯萎之后，因此建议在秋季植物开始枯萎之前对植物进行收割。

5.1.4.5 人工湿地的建设

（1）人工湿地平面布局

人工湿地和其他水处理设施位于住宅后院，水处理流程如图 5.16 所示，构筑物平面布局及给水排水管路如图 5.17 所示。厨房污水通过排水管排入化粪池，卫生间污水也排入化粪池，在化粪池经过一定的停留时间后溢流进入调节池，最后通过调节池潜污泵的提升进入人工湿地。人工湿地对污水进行处理后，出水收集在湿地终端的一个储水池中，储水池外通过管道阀门的设置来确定排水或储水，储水池排水可通过管线排至墙外农田，存水可以用来浇花、洒地等。

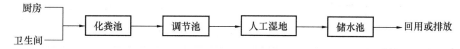

图 5.16　人工湿地处理系统流程

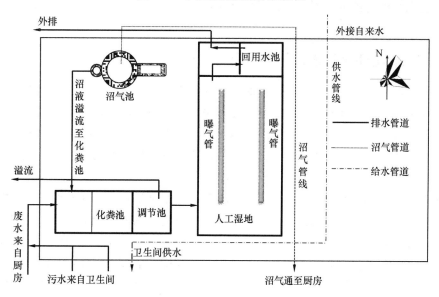

图 5.17　水处理构筑物平面布置及管线图

（2）人工湿地水处理系统排水高程图

人工湿地在施工过程中主要涉及防水层的施工，本湿地结构采用钢筋混凝土＋防水砂浆＋防水胶处理湿地渗漏问题，具体厚度为由下到上：100mm 素土层夯实、100mm 素混凝土、200mm 钢筋混凝土、20mm 防水砂浆、1～2mm 防水胶，池底坡度为 0.01。

5.1.4.6 人工湿地的运行及管理

（1）系统的启动

湿地建成后，分层加入填料，移栽植物后，然后开始进水运行，负荷逐渐增加，直到达到设计负荷或者通过进出水指标来确定实际负荷。

（2）运行管理中存在的一些问题及解决办法

在夏季暴雨季节水量变化较大时，可通过对调节池中提升泵的控制来确定湿地负荷。多余的雨水会通过调节池的溢流管道排到墙外的果园。

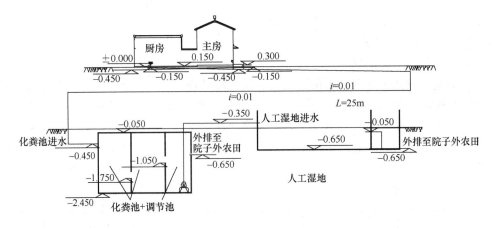

图 5.18　水处理构筑物高程图

关于湿地过冬的问题在许多文献中都有叙述，针对陕西地区农村特点，深秋初冬时可以将湿地上面种植的植物收割，覆盖于湿地表面，或是用秸秆覆盖在上面，起到一定的保温作用。

5.1.5　农村住宅生活污水的循环利用

我国是世界 13 个缺水国家之一，拥有的淡水资源总量低于巴西、俄罗斯、加拿大、美国和印度尼西亚，居世界第 6 位。绝对储量虽算丰富，但由于人口庞大，人均水资源占有量大大低于世界平均水平，约为 2200m³，而且随着人口和经济的继续高速增长，这一数字每年还会递减。相关数据显示，即便按目前的正常需要和不超采地下水，正常年份全国缺水量将近 400 亿 m³，农村有 3.2 亿人饮水不安全。

我国目前江河湖泊普遍遭受污染，污染的范围逐渐从城市向农村扩展。城市中全部已经建立了污水处理厂，有相应的污水处理设施，并且对中水回用能够达到一定的水平。农村是粮食及各类果蔬的生产基地，其水资源安全不仅关系到国民食品安全问题，也关系到广大农村居民的生活质量和生活水平。据了解，在农业用水效率方面，我国平均单方灌溉水粮食产量约为 1kg，而世界上先进水平的国家（如以色列）平均单方灌溉水粮食产量达到 2.5～3.0kg。目前我国大部分地区仍然采取传统的漫灌方式，灌溉水有效利用系数仅约为 0.45，农业节水灌溉面积占有效灌溉面积的 35%，而在一些发达国家节水灌溉面积比例都已达到甚至超过 80%。因此在农村建立与之相适应的水处理设施，改变以往污水漫流、水资源流失的状况将是一项重大任务，同时也对农村环境改善、农民生活环境提高有很大帮助，是社会进步、和谐的标志。

5.1.5.1　完善给排水体系

在农村完善给排水系统，是保证节约用水的第一步，农民要生活必须要有可靠的给水水源。目前还有部分农村没有合理的供水体制，因管道材质应用不合理或破损等问题导致饮水在供给的过程中浪费量占总供水量的很大一部分。另外，排水体制及排水系统也是关系农村生活水平的重要因素，排水管道的合理设计直接决定着农村的卫生环境。在饮水条件满足以后，大多数农村都忽略了排水问题的根本解决，导致目前农村的自然环境破坏，污水乱排，"随巷逐流"等现象严重。可见，要改善农村环境必须要建设系统的排水系统工程。

如陕西地区除了少数特殊村庄，大部分以聚居形式的自然村落为主，常见基本村落巷道布局结构如图5.19所示。在山区等偏远村落，农民居住距离较远的，可以若干户农民共用排水设施集中处理，即使单独的院落，也可以单独建设简易的污水收集处理措施（如化粪池、沼气池、人工湿地等）。本示范工程就是以单户院落为主体的家庭给排水及污水处理系统，而常见的简易排水明渠用盖板覆盖即可，地埋式管道设计可以依地区特点选择铺设。

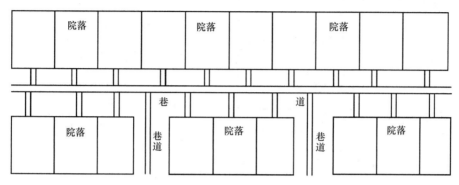

图5.19　陕西地区常见村落结构

5.1.5.2　节约用水，循环利用

首先，良好的给排水体制和设施是节约用水的客观前提，农村经济条件相对较差，一系列公共设施的建设和普及需要政府的大力支持和引导。

其次，要提高农民节水意识，在水源缺乏的地区农民节水意识较强，而在水源相对丰富的地区则大多没有节水意识。而对于污水收集、处理和排放这个理念则是大多数农民所不具备的。在一定意义上，应通过政府宣传，普及水循环理念，宣传水资源危机现状。另外，还要加大管理和执法力度，对于水资源滥用、滥采、乱排等现象要受到法律的惩处。

最后，不同地区的节约用水可采取不同措施。如陕西省横跨三个气候带，各地降雨量及水资源状况不同（陕北关中较为干旱，陕南则湿润多雨），影响到人们的用水和排水习惯有所差异，人们对待节水问题有不同的看法。因此，除了在法律上普及正规的节水观念之外，要积极建设符合当地排水要求的排水系统、节水方法及水处理设施，如在陕北和关中可以对雨水进行收集处理来补充生活用水。污水处理系统是必需的，因为污水的处理与否关系着地区环境的好坏，排放不当则会影响地区水资源安全。

对污水的处理利用及雨水的收集和利用可以有效地缓解用水危机，同时也可以使周围生活环境不被污染，地下水系统不被破坏，具体措施可以从以下两个方面进行。

（1）对污水的处理利用

生活污水是指在日常生活中洗漱冲刷、洗衣服等产生的废水，直接排入河道或田地，久而久之，势必会对环境产生严重的影响。对污水的处理关系着当地的卫生环境问题，处理排放不当则会影响整个地区的饮用水或地下水等。在水资源缺乏的地区（如陕北关中气候干旱，年降雨量少，水资源匮乏），农民可以通过建立一定的污水处理设施对污水进行收集处理，进一步循环再利用，如浇地、喷农药等。这样既节约了水资源，也不会对地区水环境造成影响。

生活污水首先应进入化粪池、氧化塘、沼气池等，少量的生活污水（土地面积足够大）可以直接土地消纳，经过一段时间的消化后再进入人工湿地处理。只要各构筑物负荷及运行方式设置合理，就可以得到较好的出水水质。没有经过预处理单独使用人工湿地处理，会因为悬浮物等造成人工湿地被堵，或者是因为有机负荷过高往往不能达到预期的处理效果。诸多研究表明，"前处理＋人工湿地"组合能够满足生活污水的处理要求，其出水可排放、浇地或喷农药等，使得生活污水变得对环境完全无害，并能在水循环的过程中达到对水进行多次利用的目的。如图 5.20 所示为农村生活污水处理、排放及综合利用的流程。

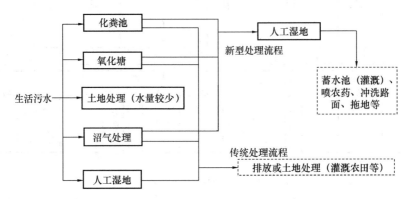

图 5.20　农村生活污水处理、排放及综合利用流程

（2）对雨水的收集利用

在水资源缺乏的地区，对雨水的收集利用是很重要的节水方式。历史上很长的时间里，干旱地区的居民都以雨水为生，甚至现在也有部分地区的农民以雨水作为饮用水的补给源。如陕北关中地区，年降雨量少，一般农民用水主要来源于地下水或水库水，遇旱期水库也有干涸的可能，所以对雨水的收集利用是很重要的节水方式。

雨水一般可以单户进行收集利用，也可以村落为单位进行收集利用或者根据村落地形地势等条件设置多个收集处理利用点。如图 5.21 所示为以单户为单位的雨水收集利用，可以将院落屋顶等的雨水收集在水窖中（水窖为陕北关中地区常见的储水设施），以备后用。在地面地势较低处作为收集点，将屋顶的雨水用水槽集中收集，在地面挖一水窖进行雨水收集（如图 5.22 所示）。为了水质较好和安全考虑，水窖应该用混凝土浇筑。

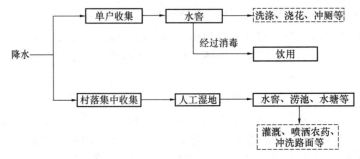

图 5.21　农村雨水收集步骤及综合利用过程

在进入水窖的入口应该设置雨水过滤装置，阻挡较大的颗粒污染物进入。若为了取得

更好的水质，在收集过程中要做到严谨仔细，这将对水质有很大的提高（如对院落进行水泥硬化，在降雨前对院落及时打扫或仅取屋顶的水作为饮用水收集）。另外，也可以在降雨初期先进行排放，根据雨量间隔一定时刻后再进行收集，即可达到较好的水质。在平时可以用降雨收集来的水洗衣服、洗漱及洗澡等，如要饮用，则要进行简单的消毒处理。对水窖中收集来的雨水可以通过水桶"吊水"来使用，或者可以直接将水泵沉入窖底，在屋顶放置水箱，将水

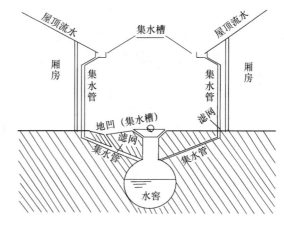

图 5.22　以家庭为单位的雨水收集系统

直接泵送到屋顶，方便使用；又或直接泵入屋顶太阳能热水器等储水设备进行利用。

　　为达到节约用水、循环使用的目的，在居住间距较远的村落，水处理和雨水收集措施要单独修建或若干户共同修建。但在人口居住密集的村镇，就可以对全村镇的污水和雨水进行收集，从成本上来看，比单户或者若干户联用的成本节约很多。而从改善整个村容村貌来看，只有对全村的雨水、污水系统都进行改造处理，才能达到真正的新农村建设目的。在对整个村镇的雨水、污水系统进行改造的同时，对巷道、水渠、排水管道的雨水也要引入到预先建设的水塘、水窖中，并可以将降雨初期的雨水先排入污水处理设施，当管道经过一遍冲刷后，再开始对雨水进行收集，从而提高水质。这样收集来的雨水在干旱季节可以供农民灌溉、喷农药等。

　　整个排水及处理设施的建设是一个有机联合的系统工程，对于不同的村落需要综合考虑该村落地形地貌，并结合当地气候降水来设计给排水管道及污水处理设施，综合布局。

　　（3）村落生活污水排放及处理案例

　　以某示范工程所在村落为例，设计村落污水排放及处理系统方案。如图 5.23 所示为示范工程所在地村落巷道布局概况。

图 5.23　陕西省大荔县紫阳村村落巷道布局

该示范工程位于村落西南角，经实地考察，村落北部是田地和出村公路（去大荔县城），其余三周都被农田包围，基本走势为西高东低、北高南低。村庄目前无排水设施，遇雨则雨水随路横流，洗涤等污水通常经过院落水道排入巷道。虽巷道路面已经硬化，却仍污水横流，泥泞不堪。

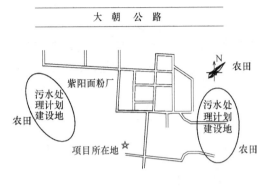

图 5.24 紫阳村村落结构布局

如图 5.24 所示为根据卫星地图画出的村落布局结构图。根据实地情况，村落东北部人口居住稠密，西南部相对稀少，但有一面粉厂位于村落西南。综合实地地势及人口居住分布特点，可在该村落设置两处污水处理单元（化粪池＋人工湿地）和雨水收集单元（水窖、水塘等），建设在村落东边和西南的空置农田上，如图 5.24 所示圆圈处。

鉴于农村经济落后，宜采用雨污合流制，即应沿巷道铺设雨污管道，农民院落污水可以通过管道排至污水处理设施。在晴天将排水收集至污水处理设施中（化粪池＋人工湿地）；雨天初期雨水对排污管冲洗后，将排污管入口再接入雨水收集设施中（池塘、水窖等）。最重要的是要对现有的或者是根本没有的排水设施进行改造修整，基本原则是按巷道走向设置排水管道。根据地势高低决定排水方向，水处理设施建设选址尽量选择村落下风向位置，从而更好地对污水进行集中处理，对雨水进行存储综合利用。

实际上，只收集和处理不能达到节水的最终要求。通过技术支持和宣传，推广新型灌溉技术，在水资源的利用上要改变以往粗犷的利用方式，对农田的灌溉尽量避免以往的漫灌，采用渗灌等节水的灌溉方式，发展新型生态农业等都是农村节水的重要措施。

5.1.5.3 建设农村节水基础设施，普及农民节水常识

随着经济的发展，农村收入逐年提高，农民生活水平得到了很大的提升，农村用水量也越来越大。在给排水设施不完善的农村，不合理的乱排污水有可能造成地区河流污染或地下水污染。近年来，国家加大了农村基础设施建设，并提出了环保节约、循环利用的号召，对水资源的循环利用是伴随着"循环经济"的提出而出现的，水资源循环利用也是"循环经济"最典型的表达，主要表现在节约利用和利用率高等方面。以"减少排量、重复利用、废水资源化"为原则，做到排放少、利用率高、可重复利用，符合可持续发展的基本特征。

目前，我国大部分城市已基本具备了污水处理条件，而在农村由于地域分散、污水量小，不能得到有效处理。加上近年来城市化进程加剧，农村土地面积减少，农村原来传统的污水处理方式已经不能满足日益增长的污水水量，导致农村环境日益恶化，地下水污染导致饮水安全的问题更是屡见不鲜。因此，建立合理的污水处理设施是改善农村环境和保障地区水资源安全的必要途径。

本节所述的"化粪池＋人工湿地"组合处理方式，能够满足处理农村生活污水的要求，其出水水质能够达到《城镇污水处理厂污染物排放标准》GB18918 中一级 B 标准，并可进行回用（如农民浇花、浇地、洗车及冲洗院子等）。其次，应鼓励农民使用节水的

生活器具，淘汰不符合节约用水标准的陈旧器具，提高生活用水效率，最大限度地减轻农村生活排水量。再次，在一些地区，可建设储水窖，在雨季收集的雨水等到旱季用来浇地等，坚持"一水多用"，这对减少生活污水的处理和排放量，有很大的帮助，最终达到节约用水的目的。

最后，在基础设施完善的基础上，一方面要加强管理，保证所建设施能够"物尽其用"。另外，增强农村居民的节水意识，完善水资源保护法律体制，普及水资源循环原理科普知识等都是节用水循环经济所必不可少的。节约用水，保障饮水安全不仅是一种措施，更是一种意识，并且需要在法律和政策上给予强有力的支持。相信只要这些都做好了，节约用水深入人心了，饮水、用水问题才会得到很好的解决，整个水资源就可以实现循环利用了。届时，将一个整洁、绿色、干净的原生态乡村归还农村。

5.2 农村住宅的废弃物处理技术

5.2.1 农村废弃物处理的历史

由于工业化和城镇化的推进，农村垃圾问题经历了一个由问题初现到日益严重的过程，但与之相对的垃圾处理对策却没有随着该问题的严重而获得长足的进展。

在封建社会生产力不发达，以自然经济为主的中国农村生产垃圾和生活垃圾中，有机物垃圾占绝大多数，这些垃圾可以很好地融入农耕经济的生产、生活循环之中，作为土地的肥料、牲畜的饲料，不会对农村社会发展形成循环外负担。近代，农村的生产、生活的社会组织形式虽然曾发生过各种各样的变化，但是由于生产和生活的物质内容没有发展本质性变化，仍以有机物为主，因此垃圾处理在近代农村也未对农村发展造成太大影响。而改革开放以后，我们的社会经济取得了飞跃式发展，农民的物质生活也空前丰富起来，产生的垃圾种类和数量也越来越多，且有机物的比例不断下降，无机物的比例不断上升，垃圾的物质构成发生了实质性变化，出现了如塑料、碎玻璃、石棉瓦等无机垃圾。若完全采用原有方式进行处理，如焚烧、填埋等常用方法，不仅造成二次污染，而且对于农村垃圾问题并无明显改善。在很长一段时期内，人们对传统的垃圾处理方式产生了严重的依赖，难以开创和接受新的垃圾处理方式，这是导致农村垃圾处理问题成为制约农村社会发展的重要社会历史因素。

农村垃圾问题处理是否有效得当，关系到广大农民的生活质量，影响着全国的改革发展大局，应立足长远，针对现状，多元化、科学化地解决此问题。

5.2.2 农村住宅废弃物概述

5.2.2.1 农村住宅废弃物污染现状

（1）处理方式落后

过去，由于我国农村垃圾一直呈现数量小、种类少、易分解的特点，采用堆肥、简易填埋或自然腐烂等方式，基本可以维系垃圾总量与生态环境之间的平衡。但随着农村经济社会的快速发展，农民现代生活方式逐渐确立，农村生活垃圾逐步向城镇"看齐"，垃圾数量猛增，而农村又缺乏生活垃圾处理系统，随处堆放，于是"垃圾山"随处可见。

据了解，建设一个正规的垃圾填埋场需要上千万元的资金，靠村镇几乎是"不可完成"的任务。但由于农村垃圾治理长期被视作是一项公益性事业，其经费主要来源于国家及地方财政，在资金来源渠道单一、农村经济普遍困难的现状下，垃圾处理经费投入严重不足。由于资金匮乏，乡镇垃圾处理方式都较为简易，缺乏规范设计及有效的环保措施，许多垃圾填埋场与国家要求的建设标准相去甚远，无害化处理率低。同时，在当前农村盖房装修风潮下，一些建筑和生活垃圾甚至仅仅找一处无人的低洼山沟就随意堆放。

这种垃圾处理方式使垃圾成为农村环境的潜在污染源，在降雨、地下水渗透等因素作用下，对环境和人体造成危害。

（2）面源污染扩大

近几十年来，化肥日渐代替有机肥，农村相当大的一部分禽畜粪便等各种垃圾都被直接排放到河水中，不但造成禽畜粪便和人粪尿的严重浪费，还造成农村河道堵塞、水源被污染等局面。另外，一些新的耕作方式普及也对农业环境产生了负面影响，如耕作机械和耕作技术不配套，秸秆难以就地还田，农民便将秸秆付之一炬，有的甚至直接将秸秆推到河里，河塘成了"天然垃圾场"。地膜、塑料袋等非降解物，在土地中的残留率已高达20%～30%，严重危害着各种农作物的生长。

显然，昔日传统农业的物质循环、能量流动被高投入、高污染所替代，许多能源、肥源变成农村污染源。

（3）污染层面加深

很长一段时间以来，农村的基础设施不完善，乡镇、村委财力有限，村里的生活垃圾都倾倒在村里的偏僻地方。由于没有专车，无法清运，这些垃圾就长时间在村里堆放，带来恶劣影响，如蚊虫飞舞、臭味弥漫，更严重的是容易孳生细菌、病菌。对村里垃圾进行消毒、灭菌的预防，许多农村都没有做到位，并且由于农民倾倒垃圾的地点较多，根本不可能对所有垃圾堆放点及时消毒，另外，农民倾倒垃圾频繁，这也给垃圾消毒工作带来困难。这些都为一些环境污染引发的公众卫生、疾病传播事件埋下了深层次的触发源。

5.2.2.2 农村住宅废弃物产量

据卫生部的一项调查显示，目前农村每天每人生活垃圾量为 0.86kg，全国农村每年产生生活垃圾约 2.8 亿 t。影响农村生活垃圾产生量的因素有燃料结构、生活水平、家庭人口结构、文化程度和社会行为准则等。其中，生活垃圾的产生量与生活水平直接相关，生活水平高、经济条件好的地区，生活垃圾的产生量相对较高。

5.2.2.3 农村住宅废弃物的分类及流向

（1）农业垃圾

农业垃圾包括农作物秸秆、菜皮菜根以及农用地膜等，该部分垃圾在农村垃圾总量中所占比例最大。其中，农膜对我国农业耕作制度的改革、种植结构的调整和高产、高效、优质农业的发展产生了重大而深远的影响，对农民增加收入和脱贫致富做出了重要贡献。然而，农膜在老化、破碎后形成残膜，由于其使用量大且难以降解，带来了严重的环境污染问题，被农民称之为"白灾"。农业部调查结果显示，目前我国农膜残留量一般在 60～90kg/hm²，最高可达到 165kg/hm²。

农业垃圾目前主要有三种流向：一是堆在路边自然发酵腐烂；二是焚烧，用作燃料和直接在田间焚烧肥田；三是混入生活垃圾后集中收集填埋，此部分已达到生活垃圾总量的

40%。农业垃圾在传统上都是通过还田消纳的，任何进入市政生活垃圾处置系统的部分都是可能的错置。

（2）生活垃圾

生活垃圾包括塑料袋、废纸箱、玻璃、金属，还有厨余以及打扫卫生产生的尘土等。这些生活垃圾中凡是具有一定价值的，如纸箱、玻璃瓶、废塑料等，农民会自行分类收集后销售；其中的部分生物有机垃圾则用于饲喂家禽、家畜；无利用价值部分进入垃圾桶，由村落保洁员收集后进入填埋场。

（3）建筑、装潢垃圾

农民在建房和房屋装修过程中产生的垃圾，包括建筑渣土和装修垃圾（如废油漆桶、废油漆涂料等）。建筑渣土在农村是自行消纳的，农民用其抬高建房地基或修筑乡村小路。而农民装修和房屋维修过程中产生的垃圾则多被作为生活垃圾来处理，如废油漆桶及少量的废油漆等有毒、有害物质大多混入生活垃圾被填埋。

（4）人畜粪便

据测算，我国人粪尿年产生量为 2.6 亿 t，农村地区仍有半数以上的农户使用旱厕。而我国农村禽畜粪便年产生量高达 27 亿 t，禽畜养殖场和农户基本上没有粪便处理设施，除一部分用做肥料外，其中的 80% 直接排入河道，既污染了环境又污染了水体。在农村大规模使用化肥后，仅有少量农户使用沼气池产生的沼渣及厕所腐熟的粪便上肥，大多数粪便处于自然流失状态，已经成为影响村容村貌和污染水体的重要污染源。

从上述垃圾的流向可见，很多本应进入生物链的有机物质随着垃圾收运系统进入了填埋场，而人畜粪便等又得不到合理的利用和处置，这种垃圾收集处置系统是低效的和非环境友好的。为了提高其效率，要在环境友好和循环经济原则的指导下，以源头减量和资源化利用为农村废弃物对策的首选，推动废弃物的就地消纳。

5.2.2.4 农村住宅废弃物处理现状

目前，我国农村垃圾的处理主要采取简易填埋、临时堆放焚烧、随意倾倒三种处理方式，其中以简易填埋为主。农村采用的简易填埋一般是利用现有的沙坑或者低洼地直接倾倒垃圾。随着时间的推移，混合垃圾腐烂发臭以及发酵甚至发生反应，不仅会释放出危害人体健康的气体，而且垃圾的渗滤液还会污染水体和土壤，进而影响农产品的品质。

区域的经济发展水平在很大的程度上决定了农村生活垃圾的处理情况。在经济相对发达的地区，如北京、深圳、上海、浙江及苏南的农村地区，垃圾处理状况要比其他农村地区来得乐观一些。很多地方提出城乡一体化垃圾管理模式，把城市垃圾管理体系向农村延伸，对农村垃圾实行"统一管理、集中清运、定点处理"。

从 2009 年开始，陕西省大力鼓励、扶持农村垃圾收集设施的建设，规划要在全省2.6 万个行政村中建设垃圾收集点、建立村庄保洁和垃圾清运制度。全省农村垃圾处理实行分类指导原则，推行"户集、村收、镇（乡）运、县处置"的运行模式。

5.2.3 农村住宅废弃物处理技术

5.2.3.1 常用处理技术

（1）好氧堆肥处理技术

1）堆肥的概念

堆肥的基本概念包括两方面的含义，即堆肥化和堆肥产物。堆肥化是受控制条件下，在不同阶段，通过不同微生物群落的交替作用，使有机废物逐步生物降解，最终形成稳定的环境无害的类腐殖质复合物的过程。在有氧条件下通过好氧微生物的作用，有机物料发生了两个方面的变化，一是矿化作用，生成水、二氧化碳等物质，并释放能量；二是变成了新的微生物细胞物质，继续堆肥化过程，并产生腐殖质。堆肥化的主要特征是将易降解的有机物分解转化为性质稳定且对土壤有益的物质，有效杀灭治病菌，确保堆肥产物能安全地应用于农业或林业。

堆肥化结束后的产品称作堆肥产物。堆肥产物的用途很广，既可以用作农田、绿地、果园、菜园、苗圃、畜牧场、庭院绿化、风景区绿化、农业等的种植肥料，也可以用于水土流失控制、土壤改良等。使用堆肥产物能够增加土壤腐殖质含量，形成土壤团粒结构。堆肥的作用还包括：

①使土质松软，多孔隙易耕作，增加保水性、透气性及渗水性，改善土壤的物理性状；

②增加吸附阳离子养分的能力，提高土壤保肥能力；

③由于堆肥腐殖质中的某种组分具有螯合能力，能抑制对作物生长不利的活性铝与磷酸的结合；

④堆肥是缓效性肥料，不对农作物产生损害；

⑤腐殖化的有机物具有调节植物生长的作用，也有助于植物根系的发育和伸长，扩大根部范围；

⑥将富含微生物的堆肥施于土壤之中可增加土壤中微生物数量，改善作物根系微生物条件，促进作物生长和对养分的吸收。

2）好氧堆肥处理技术原理

好氧堆肥是在有氧的条件下，依靠好氧微生物（主要是好氧细菌）的作用来进行的。在堆肥化过程中，有机废物中的可溶性有机物质可透过微生物的细胞壁和细胞膜被微生物直接吸收，而不溶的胶体有机物质，先被吸附在微生物体外，依靠微生物分泌的胞外酶分解为可溶性物质，再渗入细胞。微生物通过自身的生命代谢活动，进行分解代谢（氧化还原过程）和合成代谢（生物合成过程），把一部分被吸收的有机物氧化成简单的无机物，并释放生物生长、活动所需要的能量，把另一部分有机物转化合成新的细胞物质，使微生物生长繁殖，产生更多的生物体。

3）好氧堆肥化过程

作为一种生物过程，堆肥中有众多的微生物参与有机质和有机化合物的分解。由于有机质和某些有机化合物的组成非常复杂，它们的分解涉及多个微生物种群的协同作用。影响微生物种群生长的重要因素包括氧气、水分、温度、养分和 pH 值。

从初始物料到腐熟产品的好氧堆肥化过程的微生物生化作用比较复杂，大致可分为三个阶段：

①产热升温阶段。堆肥初期，堆体基本呈中温，嗜温性微生物较为活跃并利用堆肥中可溶性有机物旺盛繁殖。它们在转换和利用化学能的过程中，有一部分变成热能，由于堆料有良好的保温作用，温度不断上升。此阶段微生物以中温、需氧型为主，通常是一些无芽孢细菌。适合于中温阶段的微生物种类极多，其中最主要的是细菌、真

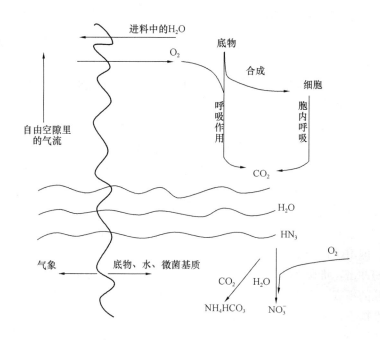

图 5.25　堆肥反应过程原理示意

菌和放线菌,细菌特别适应水溶性单糖类,放线菌和真菌具有分解纤维素和半纤维素物质的能力。

②高温分解阶段。当肥堆温度升到 45℃ 以上时,即进入高温阶段。与细菌的生长繁殖规律一样,可将微生物在高温阶段生长过程细分为三个时期,即对数生长期、减速生长期和内源呼吸期。在此阶段,嗜温性微生物受到抑制,嗜热性微生物逐渐代替了嗜温性微生物的活动,堆肥中残留的和新形成的可溶性有机物质继续分解转化,复杂的有机化合物如半纤维素、纤维索和蛋白质等开始被分解。通常,在约 50℃ 进行活动的主要是嗜热性真菌和放线菌;温度上升到 60℃ 时,真菌几乎完全停止活动,仅有嗜热性放线菌与细菌在活动;温度上升到 70℃ 以上时,对大多数嗜热性微生物已不适宜,只有少数耐热微生物繁殖,微生物大量死亡或进入休眠状态;堆肥温度逐渐降低。

③腐殖化阶段。随着堆肥温度的降低,嗜温微生物又占优势,堆积层内开始同时发生与有机物分解相对应的另一过程,即腐殖质的形成过程,堆肥物质逐步进入稳定化状态。在腐殖化后期,只剩下部分较难分解及难分解的有机物和新形成的腐殖质,此时微生物活性下降,发热量减少,温度进一步下降。在此阶段,微生物对残余较难分解的有机物作进一步分解,腐殖质不断增多,最后堆肥物达到腐熟且稳定化。

4) 好氧堆肥控制条件

①含水率:堆肥的最适含水率随物料的性质而变化,一般认为 55%～65% 为合适的含水率范围。当物料中的自由水较多时,适宜的堆肥含水要小一些;当物料中的水主要以组织水或结合水形式存在时,堆肥的含水率可高一些。对于蔬菜废物和秸秆的共堆体,含水率在 70% 也能实现成功堆肥。

②温度:堆肥高温阶段的控制温度在 55～60℃ 比较适宜,可根据堆肥过程的目的不同(如蒸发水分、杀灭病原菌、快速降解、养分保持、防止过度堆肥等)调解堆肥的控制

温度。分阶段控温是较好的温度控制方式。

③碳氮比：合适的堆肥原料碳氮比为 $25\sim30$。C/N 过高影响底物的降解速率，过低则易导致氮元素损失。

④颗粒粒度：合适的堆肥原料颗粒粒度为 $2\sim10cm$，过细的物料要增加骨料，过粗的物料应粉碎。

5）堆肥在农村应用的前景

堆肥是农村固体废物重要的资源化技术，可利用堆肥技术进行处理的农村固体废物包含种植废物、养殖废物和经分拣的农村生活垃圾。混合收集的生活垃圾虽然也可堆肥，但由于其所含污染物较多，堆肥品质差，农民不愿意使用，影响堆肥产物的实际应用，因而不推荐对混合收集的农村生活垃圾堆肥。作物秸秆和养殖业粪便具有有机成分含量高、有害成分少、富含营养成分的特点，适合于堆肥还田。在我国，粪便和秸秆堆肥是传统的废物利用技术，但由于传统堆肥养分含量低、体积大、卫生条件差、施用不方便等缺点，加之受到化肥的冲击，堆肥在我国一度呈现萎缩。随着绿色有机农业的兴起、堆肥技术的进步和环境标准的提高，堆肥又开始受到重视。一方面，堆肥是有机肥，对改善土壤性能、提高肥力、维持农作物长期的优质高产都是有益的，是农业、林业生产所需要的；另一方面，有机固体废物数量逐年增加，对其处理的卫生要求日益严格。从节省资源与能源角度出发，堆肥是实现有机废物资源化的重要手段。

（2）小型垃圾填埋场技术

农村小型垃圾填埋技术是卫生填埋场，要遵循国家的有关标准，如《生活垃圾填埋污染控制标准》GB 16889 等。填埋场是在地球表面的浅地层中处置废物的物理设施，其目的是通过设计、施工、运行和封场管理等一系列手段，最大限度地减少所填埋废物对周围环境和人体健康的影响。

土地填埋实质上是将固体废物放置于填埋场内的过程，包括入场废物流控制、废物放置、压实、覆盖、封场以及环境监测、控制设施设置、封场管理等多个环节。卫生填埋与历史上的废物填坑、填沟、填塘、无控堆放或掩埋有本质上的区别，它强调对填埋释放物如渗滤液、填埋场气体等的有效控制。目前，根据废物特性、危害性和填埋要求的不同，采用不同的填埋处置形式，如自然衰减型填埋场、半封闭型填埋场和全封闭型填埋场。

1）土地填埋过程

卫生填埋场的操作运行可以分为三个部分，即场地推备、填埋废物、封场管理，其具体作业细节随着填埋废物的不同和填埋场结构的不同而异。

①场地准备

第一步，场地准备，包括：已有排水系统的改道，使之不通过欲建的填埋场地；进出场地的道路建设；称重设施；装配围栏。

第二步，开挖和填埋场边底准备。现代填埋场通常采用分区建设方法，在一定的运行时间内只允许有小面积的裸露填埋作业面，以减少降雨的冲刷和入渗。此外，填埋场的开挖是逐步进行的，而不是一次性准备一个完整的填埋场场地。挖出的土可以堆放在临近的未开挖区，用于中间和最终覆盖等。为了降低费用，要尽可能就地获得覆盖材料。如果一次性开挖、一次性封衬，则必须在未使用的填埋区设置雨水排水系统。填埋场场底要平整并有一定的坡度，以便于渗滤液导排和收集，之后铺设低渗透性的防渗衬层系统。在铺设衬层前需安装衬层渗漏检测和地下水监测设备。通常，衬层需铺设到填埋场边坡之上，而渗滤液收集和抽排设施则应安置在衬层之中或之上。

②填埋废物

某一作业期内填埋的废物和覆盖层构成一个填埋层。填埋层的高度通常为 2.5～3.5m，宽度一般为 3～9m，取决于填埋场的设计和容量。废物由收集和运输车辆运来后，从表面开始向外向上堆放，按每层 40～60cm 的高度摊平，然后压实。垃圾填埋时的作业面是指在给定时间内固体废物卸载、放置和压实等的工作面，其长度随填埋场条件和作业尺度的大小而变化。在每一作业时段结束时，所有单元暴露面都应进行覆盖，以减少降雨入渗量，此外，覆盖还兼具改善景观和抗风化腐蚀的作用，中间覆盖层厚度通常为 15～30cm。

一个或若干个填埋层完工之后，需要建气体收集沟，沟内放砾石等强渗透性滤料，中间铺设穿孔的导气管（如塑料管）。填埋气体产生后，通过收集管道排出，气体收排系统需连在一起。对于小型的农村固体废物填埋场而言，采用竖井排出气体是一个经济的选择（如石笼等），竖井中间铺设穿孔的导气管，其外放置砾石，最外用铁丝网包裹。排出的气体可以烧掉或加以利用。

在填埋场环境中，由于固体废物中的有机物将发生分解，加之自身的压实作用，完工的填埋单元可能会发生沉陷。因此，填埋场建设工作也包括沉降表面的修补，以满足设计高度要求和排水需要。气体和渗滤控制系统也需要进行长期使用和维护。所有的填埋工作都完成后，需要铺设最终覆盖层，并实施绿化。如果需要，还应该对填埋场表面进行修补和改造，以备它用。

③封场管理

根据法律要求，完工后的填埋场在封场后的一段时间内必须进行封场后的监测和维护，包括气体和渗滤液控制系统的维护和运行以及环境监测等。封场后管理的关键是制定封场计划，主要包括地表径流控制、侵蚀控制、填埋场气体和渗滤液收集和处理以及环境监测等方面。

2）填埋场的基本构成

卫生填埋场的主要设施基本构成如下：废物接收系统，包括入场道路，检查称重设施等；防渗衬层系统和渗滤液收集和处理系统；填埋场气体收集和控制系统；填埋单元和作业区；覆盖层系统，包括中间覆盖层与最终覆盖层；地表水和地下水控制系统；填埋场环境监测系统；填埋场作业系统；封场与封场后管理系统；填埋场稳定后的开采与再利用；办公、管理和生活设施。

3）土地填埋的主要环境问题

①渗滤液水质、水量波动大

传统填埋场渗滤液产生量直接受进场降水量的影响。一般填埋场运营期间渗滤液产量大，封场后渗滤液量相应减少，雨季渗滤液产量大，旱季渗滤液量则较少，渗滤液水质季节性波动显著。受填埋垃圾分解阶段的影响，填埋初期渗滤液污染物浓度高，后期浓度逐渐降低，但可生化处理性也随之降低，从而给渗滤液的处理带来困难。

②渗滤液处理费用高

填埋场渗滤液不仅污染物种类繁多，成分复杂，同时污染物浓度很高，例如 COD 浓度可达几万毫克每升。要使组成复杂、浓度很高的渗滤液达标排放，必须对其进行深度处理。目前的渗滤液处理系统多由物理化学处理法和生物处理法联合组成，处理单位体积渗滤液不仅费用很高，有时还难以达到排放标准的要求。同时，由于填埋场设计、施工和运行监管的缺陷，易使填埋场渗滤液控制系统发生故障，最终对地下水体造成污染。

③填埋场气体危害大

填埋场气体可以迁移到远离填埋场的地方，聚集浓度过高（甲烷含量4％～15％）具有爆炸、造成人窒息等危险。进入大气的填埋场气体可能携带有微量浓度的致癌有机物，产生健康和环境问题，同时填埋场气体还是重要的温室气体。填埋场在产甲烷阶段产生的沼气是一种燃料气体，在发达国家已得到普遍利用，但目前在我国利用还不多。

④填埋场土地占有时间长

填埋场长期占用土地、需要长时间的封场管理。卫生填埋场的稳定化时间较长，一般需要10～30年，甚至更长，填埋场封场后，仍需要长时间进行渗滤波处理、环境监测、填埋场气体控制等，封场后管理费用昂贵，需要长期占用土地。由于土地不能得到有效地重复使用，所以必须不断地选择新的填埋场址。

（3）蚯蚓堆肥法

蚯蚓堆肥是指在微生物的协同作用下，蚯蚓利用自身丰富的酶系统（蛋白酶、脂肪酶、纤维酶、淀粉酶等）将有机废弃物迅速分解，转化成易于利用的营养物质，加速堆肥稳定化过程。用蚯蚓堆肥法处理农村生活垃圾工艺简单、操作方便、费用低廉、资源丰富、无二次污染，而且处理后的蚯粪可作为除臭剂和有机肥料，蚯蚓本身又可提取酶、氨基酸和生物制品。蚯粪用于农田对土壤的微生物结构和土壤养分会产生有益的影响，提高作物（如草莓）的产量和生物量以及土壤中的微生物量。蚯蚓堆肥法具有的上述优点，使该技术在农村地区的应用具有广阔的前景。蚯蚓处理固体废物的主要方法有生物反应器法和土地处理法。

1）生物反应器法

该方法把蚯蚓的生物处理过程和高效的机械处理过程结合起来，通过为蚯蚓提供优化的环境条件，缩短蚯蚓转化有机废弃物的时间，提高处理效率。自然界中，蚯蚓转化有机废弃物的时间约为1～2月，通过蚯蚓生物反应器，处理时间可缩短到7～10天。蚯蚓生物反应器可以控制蚯蚓生长繁殖的最适宜条件，自动连续运转，把有机固体废物转化为多功能生物有机肥，并能直接应用到花卉、草坪、树木和菜区。

蚯蚓生物反应器按照适用的范围和规格可分为家庭用小型蚯蚓生物反应器，中型蚯蚓生物反应器和固体废物处理厂用的大型蚯蚓生物反应器。根据我国农村的实际情况，小型和中型蚯蚓生物反应器都可在广大农村推广应用，以家庭或村镇为基本单位进行固体废物的处理。在经济发展水平相对较高和农业机械化水平较高的农村地区，大型蚯蚓生物反应器也有一定的应用前景。蚯蚓生物反应器按其形态又可分为分批式反应器、叠放盘式反应器、活动底层式反应器、连续型反应器和立体自动化薄层处理床等多种类型。

固体废物在进入蚯蚓生物反应器前，通常要进行分选，将不能为蚯蚓利用或对蚯蚓处理不利的物质去除，如金属、玻璃、砖石、塑料、橡胶等，然后再进行粉碎、喷湿、堆沤等预处理，将其中的大部分致病微生物、寄生虫和苍蝇幼虫杀死，从而实现无害化。蚯蚓生物反应器的关键作用是通过计算机等设备自动调节蚯蚓生长所需要的温度、湿度等条

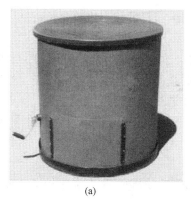

(a)   (b)

图 5.26　不同类型的生物反应器

(a) 桶式反应器；(b) 工业用箱式反应器

件，控制环境因素，保证蚯蚓最优的生理机能和最大的新陈代谢率，为蚯蚓提供最佳的生存环境，从而提高固体废物处理的效率。

蚯蚓生物反应器主要由反应器主体、加料部分和出料部分组成，反应器主体是处理固体废物的核心。以中国农业大学开发的蚯蚓生物反应器为例，每个组成单元长 2m、宽 2.5m、高 1.5m，可以根据处理废弃物的多少组合组成单元。如一个日处理 5t 废弃物的标准反应器由 10 个单元组成，每个组成单元分上下两部分，上半部分高 1m（处理装置），下半部分高 0.5m（收集装置），主体内有微喷水器的水管、电线、自动探测器、中央调控器和多数显示器等，用来调节和控制蚯蚓生存的最佳环境因子。加料主要是通过位于反应器主体上部的布料机来完成，布料机上有动力电机，带动布料轴杆旋转，使有机废弃物通过布料口自动、均匀地落在反应器的主体中，并且能根据废弃物和反应器中蚯蚓的数量调整加料量。出料加工部分由出料装置和收集器组成。出料装置由筛网和刮料器组成，筛网支撑生物反应器料床，同时分离压蚯蚓粪，刮料器位于筛网上（呈菱形状），在动力牵引下，刮料器往返运动，使蚯蚓粪掉落到筛网下的收集器里。收集器是一个长方形的容器，与刮料器同步运行，以保证充分收集蚯蚓粪生物有机肥。蚯蚓生物反应器法处理固体废物的一般工艺流程如图 5.27 所示。

图 5.27　蚯蚓生物反应器法处理固体废物工艺流程简图

2）土地处理法

土地处理法是在大田里采用简单的反应床和反应箱进行蚯蚓养殖，并处理固体废物的一种方法，目前应用较多。此方法不仅适用于处理分类后的有机固体废物，而且也适应于处理混合收集的农村固体废物。新鲜的混合固体废物很难利用一般设备进行分离，如果利用土地法处理，则相对比较容易。试验研究结果显示，每亩土地每年可处理 100t 有机固体废物，生产 2～4t 蚯蚓和 37t 高效蚯蚓粪。农村可利用的土地远比城市要多，使用大田模式可以降低成本。但是大田模式生产率较低，远低于生物反应器模式，其主要原因是不能保证蚯蚓新陈代谢所需要的最佳条件，另外还需要定时添加原材料，取出蚯蚓粪，定期检查含水量、通气性等指标，劳动力要求高。由于我国农村劳动力比较充裕，推广使用土地处理法比生物反应器法有更大的可行性。

该技术不足之处在于目前实际操作仍以单一的自然堆肥加养殖蚯蚓法为主，周期较长、效果较差，给推广带来困难。理想的做法是开发并推广利用成本较低的小型蚯蚓生物反应器，以农户家庭或村镇为单位，对农村固体废物进行源头处理，并逐步提高处理产品的质量，在积累一定的经验以及条件成熟后，向蚯蚓处理农村固体废物的产业化方向迈进。

（4）常用处理技术比较

目前，生活垃圾的处理处置方法主要是填埋、焚烧、堆肥，表5.9比较了三种处理方式的优缺点。表5.10比较了三种处理方式在我国城市的应用情况。由表5.10可知，长期以来，我国城市垃圾的处理处置主要方式以填埋为主，以堆肥、焚烧为辅。从我国国情看，填埋处理费用省，操作简便，易被决策者接受与采纳，是目前国内首选的垃圾处理方式，约占全部垃圾处理量的90%，并且我国的国情以及生活垃圾的特性（厨余垃圾含量高、含水率较高、热值低以及垃圾成分复杂）也决定了在今后相当长的一段时间内，填埋处理技术仍将是我国城市生活垃圾的主要处理方式。

生活垃圾处理方式比较 表5.9

处理方式	优点	缺点
填埋	1. 对垃圾成分无特殊要求 2. 成本低，约为堆肥的1/3，焚烧的1/10 3. 处理容量大 4. 可回收沼气	1. 占地大 2. 选址困难 3. 容易造成二次污染 4. 垃圾稳定化时间长
堆肥	1. 可获得堆肥产品 2. 占地中等 3. 无害化程度好，时间较短	1. 垃圾中可生物降解的有机物大于40% 2. 堆肥过程臭味大 3. 堆肥产品肥效较低，需控制重金属
焚烧	1. 占地面积小 2. 回收利用热能 3. 减量化最彻底（体积减量80%～95%）	1. 投资大，运营成本高 2. 容易造成二噁英等污染 3. 垃圾平均低位热值高于5000kJ/kg

我国城市生活垃圾处理技术应用情况 表5.10

项　目	填　埋	堆　肥	焚　烧
个数	298	24	23
占有率	86.4%	6.9%	6.3%
日处理量（t/d）	121488	6187	7650
处理量占有率	89.8%	4.6%	5.6%
总投资（万元）	501446.61	50141.7	172041
投资占有率	69.3%	6.9%	23.8%

但是，传统填埋存在着诸多问题，如渗滤液污染严重、垃圾填埋场的综合利用率低、填埋垃圾产生的沼气收集困难、容易发生爆炸等，对环境造成的潜在影响日益暴露，再加

上填埋场地的选择也越来越困难，填埋法的地位将逐渐减弱，需要与其他技术结合在一起构成垃圾综合处理体系。为解决传统填埋工艺的种种缺陷，近年来，生物反应器填埋技术迅速发展。生物反应器填埋场通过有目的的控制手段强化微生物过程，从而加速垃圾中易降解和中等易降解组分的转化和稳定，与传统填埋场相比，它具有加快垃圾生物降解速度、提高气体产量和产率、加速填埋场稳定化、增加填埋场有效容积、降低填埋场处理和运行成本等优势。

堆肥工艺由于垃圾分选不彻底，使用混合垃圾进行堆肥，堆肥产品质量不高，现有的少数堆肥厂也难以正常运行。一些无法正常运转的垃圾堆肥处理厂还受到媒体的曝光，造成恶劣的影响，如安徽合肥投资上亿元国债扶持的某垃圾堆肥处理项目，最终无法正常运转；山西运城的某垃圾堆肥处理厂、四川省兴建的 11 家垃圾堆肥处理厂中有 8 家目前都无法正常运转。

焚烧是经济相对发达国家普遍采用的一种垃圾处理方法，是一种建立在政府向居民高额收费、政府大量补贴、垃圾源头严格分类、垃圾热值较高的情况下较为理想的处理方式。从整体上看，我国采用焚烧技术尚处于起步阶段，焚烧技术的设备工艺和技术复杂严格，一次性投资巨大，而且如果解决不好烟气净化问题，很容易使得垃圾这种固体污染转化为气体污染。

5.2.3.2　特殊废弃物的处理技术

（1）人粪尿的处理

1）粪便处理常用方法

自开展"卫生城镇"建设以来，粪便的处理设施逐年增加，但是尚处于初级阶段，处理覆盖率较低，尚未形成完整的粪便管理体系，处理方法仅限于堆肥、贮存、发酵复合肥以及沼气处理。

①混合堆肥

经筛分的生活垃圾中的有机物与粪便混合堆成条形堆料，混入粪便可调节堆肥的湿度，提高肥力。当堆肥温度升高时，可杀死粪便中的致病菌和虫卵。然而，此法处理的粪便数量有限，一般适用于干燥少雨的北方地区。

②发酵复合肥

粪便脱水后，与生活垃圾中的有机物或秸秆混合，至密闭的容器内厌氧发酵 20 天，经风干后，成团粒结构，易于运输，可包装出售。

③沼气发酵

自 20 世纪 50 年代以来，我国就开始提倡应用沼气技术处理粪便。沼气发酵处理粪便产生的沼气可用于照明和烹饪，不仅解决了农村供电和燃料不足带来的生活不便，全年连续产气 8 个月以上的农户可节煤 1.3t 以上。沼气池公厕比普通公厕氨浓度降低 57.94%，使苍蝇密度降低 63.5%，净化了室内外空气。

2）农村住宅旱厕改造

随着生活水平的不断提高，农村环境建设也越来越受到人们的关注和重视。农村厕改是小康生活必不可少的卫生措施，不仅在预防肠道传染病和寄生虫病发生、保护群众身体健康、提高肥效、促进生态农业的发展、提高群众生活质量等方面发挥着重要作用，更是农村移风易俗，开展精神文明建设的重要内容。

农村卫生厕所的建设要求：选址应因地制宜，方便使用，提倡"进院入户"，远离水源；有墙、有顶、有窗、有门，厕屋一般不低于2m，面积大于1.2m²，室内有便器；新建或利用旧厕屋、楼梯口等改造均可；粪池密闭、不渗漏，粪便处理符合卫生无害化要求；内部设有盛放手纸容器、专用清扫工具、贮水容器、照明设施；使用时应保持厕所内清洁卫生，无蝇蛆，基本无臭味。本节主要阐述旱厕改造技术。

图5.28 双瓮式卫生厕所示意

①双（三）瓮式卫生厕所

粪尿通过在瓮体内密闭贮存、厌氧发酵、沉淀分层，其中的细菌、病毒被杀灭，寄生虫卵被沉淀，达到无害化处理效果。地下储粪池由两（三）个瓮组成（每个瓮由上下两个半瓮连接成一整体），并由过粪管连接（如图5.28所示），其主要优点有造价低、建造安装方便、节水防渗，特别适合农村户厕的改建。这种厕改方法被全国爱国卫生运动委员会、联合国儿童基金会认定推荐，其建造方法如下：

（a）预制或购买瓮体，根据瓮体大小、数量，向地下挖一个长方形土坑，底部必须夯实基础。

（b）先分别将前后瓮下1/2的瓮体安装在坑内，再安装上瓮，瓮口高出地面10～15cm，前后瓮相距约30cm，上下瓮接缝处，用水泥密闭。建议前后瓮宜全部放在厕屋外，利于清粪除渣。

（c）过粪管安装：从前瓮的中下部与后瓮的中上部（制作时已留开口）连接，并用水泥固定，前低后高，与水平面呈45°～60°角，不能水平安装。

（d）三瓮式是在两瓮式的基础上增加一个瓮体，可按"一"或"△"形状安装瓮体。

②粪尿分集式卫生厕所

粪尿分集式卫生厕所（如图5.29所示）是一种技术改良后的现代旱厕。通过把粪和尿分开收集，把基本无害的尿液直接利用，对危害性较大的粪便单独收集，并采用干燥脱水的方法达到无害化处理效果。粪尿分集式卫生厕所的结构主要由粪尿分集式便器、导尿管、贮尿容器、粪池、排气管等构成，其主要优点有造价较低、小便入口可用少量水冲刷、小便可直接利用等。粪便加灰（草木灰）覆盖处理，不污染环境，适用于使用干粪、烧柴草的农户新建或改建厕所，其建造方法如下：

（a）在地面建一个80cm高的粪池，

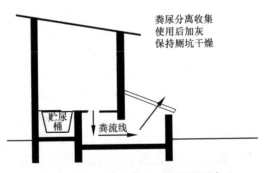

图5.29 粪尿分集式卫生厕所示意

粪池要有出粪口，有盖板并能防雨；

（b）采用Φ6钢筋混凝土预制盖板，中间按便器大小预留便器安装孔；

（c）安装排气管，高度应高于屋顶，并加塑料三通管防雨；

（d）如选址能接受阳光，尽可能使用太阳能板，利于粪便干燥。

③三格式卫生厕所

三格式卫生厕所（如图5.30所示）是根据粪便在不渗漏的池子中，经过密闭贮存、厌氧发酵、化粪沉卵、中层过粪和灭菌保肥的原理设计的，其结构由蹲便器、过粪管、三格化粪池、盖板五部分组成，主要优点有结构简单、施工方便、粪便无害化处理效果好，适用于因地制宜新建或改造旧厕，其建造方法如下：

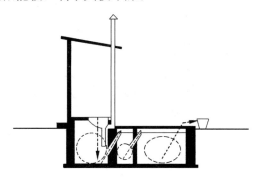

图5.30　三格式卫生厕所示意

（a）挖坑砌池，并按2：1：3或7：6：7比例砌起三个池子，池口应高于地面，防止雨水流入。在池子上加水泥预制盖密封，粪池有效深度不少于1m。

（b）根据地形可砌成"目"字形或"品"字形，也可将三格池其中一个或两个放在厕屋内。

（c）作底板处理，底层先平铺5cm厚碎砖头，上浇5～8cm厚混凝土。

（d）安装过粪管，多采用PVC塑料管，前低后高，两个过粪管的上口距池盖约15cm，过粪管穿孔位于隔墙有效深度的1/2处。

④沼气池厕所

国家《户用沼气池标准图集》规定，沼气池建设要实现"三结合"，即沼气池的建造要与圈舍和厕所相结合，与改圈、改厕、改厨同步进行，达到"一池三改"的效果，并与出料设施配套。我国北方地区为解决冬季沼气池产气率低的问题，推广了"三位一体"和"四位一体"综合设施。

（a）"三位一体"综合设施，即由厕所、太阳能畜禽舍和地下沼气池组合成一体。综合设施应建在背风向阳处，坐北朝南，周围没有遮阳建筑物，沿东西向延伸。综合设施中的储肥池，可建在设施的南面或北面。

（b）"四位一体"综合设施，即由厕所、太阳能畜禽舍、地下沼气池和塑料薄膜日光温室组合成一体，其设计特点基本与"三位一体"相同，应建在背风向阳处，坐北朝南，东西向延伸，周围没有遮阳建筑物。在"四位一体"综合设施中，太阳能畜禽舍一般建在设施的东头或西头，地下沼气池建在太阳能畜禽舍地表以下，使蓄水圈盖板与畜禽舍内地表相平。沼气池可按户用圆筒形或曲流布料水压式沼气池的设计工艺进行建造和管理。

（2）禽畜粪便的处理技术

禽畜粪便无害化处理技术主要包括禽畜粪便脱水预干燥技术、禽畜粪便快速堆肥发酵和除臭技术、产沼气技术、沼气发酵前后处理技术等。此外，针对禽畜粪便中含有丰富的营养物质及一些微量元素，在开展禽畜粪便无害化处理的同时，将其作为主要原料，经生物和物理化学技术处理，研制开发禽畜饲料、生物添加剂以及有机无机复合肥，并大力发

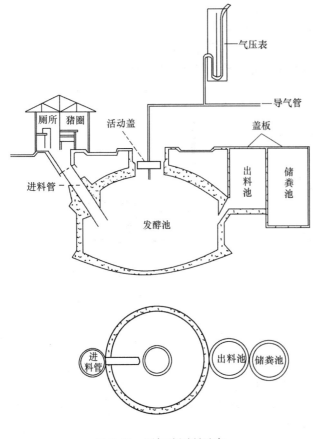

图 5.31 沼气池厕所示意

展大中型沼气工程，促进禽畜粪便经济有效地利用。近年来，禽畜粪便无害化和资源化技术发展迅速，新工艺、新方法不断涌现，因此在处理禽畜粪便的实际应用中，需要根据当地或各禽畜养殖场的实际情况加以筛选和组合，并制定严格的技术规范和实施细则。

1）固液分离技术

农村禽畜粪便形成污染的主要原因之一，是大中型禽畜饲养场排出的粪便量大且含水率高，难以运输、存放或直接利用。因此，粪便的固液分离往往是对其进行处理和综合利用的首要环节。通过固液分离，一方面可以对其有机物再生利用，如经过发酵、烘干等处理制成肥料、饲料；另一方面可以减少污水中的固态污染物，便于污水的进一步处理。固液分离的方法主要有两类，一类是根据固体物的几何尺寸差异进行分离；另一类是根据固体物与溶液的比重差异进行分离。常用的禽畜粪便固液分离技术包括筛分、沉降分离和过滤分离等。

①筛分

筛分是一种根据禽畜粪便的粒度分布进行固液分离的方法。与一般固体废物一样，筛分对禽畜粪便的去除率取决于筛孔的大小，筛孔大则去除率低，筛孔小则去除率高，但筛孔容易堵塞。筛分的形式主要有固定筛、振动筛、转动筛等。固定筛的筛孔为 20～30 目时，固体物去除率为 5％～15％，其缺点是筛孔容易堵塞，需经常清洗。振动筛加快了固体物与筛面间的相对运动，减少了筛孔堵塞现象，当筛孔为 20～30 目时，固体物去除率为 6％～27％。转动筛具有自动清洗筛面的功能，当筛孔为 20～30 目时，固体物的去除率为 4％～14％。

②沉降分离

沉降分离是利用固体物相对密度大于溶液相对密度的性质而将固体分离出来的方法，分自然沉降、絮凝沉降和离心沉降。自然沉降速度慢、去除率低，我国农村地区普遍使用的简易化粪池就属于此技术。絮凝沉降由于使用了絮凝剂，使小分子悬浮物凝聚形成大的颗粒，从而加快沉降速度，提高去除率。离心沉降则通过外界动力提高离心加速度，大大加快颗粒的沉降速度，使分离性能大为改善。如含固率为 8％的猪粪，使用离心沉降可使其总固体去除率达 60％。但离心沉降的缺点是设备投资大、运行能耗高、维修较为困难。

③ 过滤分离

虽然过滤与筛分有许多相同之处，但两者在分离过程上却有明显的不同。过滤分离中，未过滤的颗粒可以在滤网上形成过滤层，对上层的物料也能起到过滤作用。过滤分离技术主要使用真空过滤机、带式压滤机、转辊压滤机等设备。真空过滤机的去除率高，但结构复杂，投资大；带式压滤机的设备费用相对较低，电耗低，能连续作业，高分子材料滤网的使用会使设备寿命大大提高；转辊压滤机结构紧凑，分离性能比筛分好。

除上述几种设备外，还有卧式螺旋挤压机和立式螺旋分离机，旋转锥形筛、滚刷筛等也在实际中得到了应用。

2）干燥技术

干燥技术是禽畜粪便肥料化的一种方法，有时也被用作预处理。禽畜粪便的干燥处理技术主要包括日光自然干燥、机械脱水干燥、高温快速干燥及烘干膨化干燥等方法。

① 日光自然干燥

日光自然干燥是将禽畜粪便在自然或棚膜条件下，利用日光能进行干燥处理的方法，比较适合中、小规模的养殖场。禽畜粪便经粉碎、过筛，去除杂物后，置于干燥处，处理后可用作饲料或肥料。日光自然干燥的投资小、操作简单、成本低，是分散农户处理禽畜粪便常用的方法。但日光自然干燥存在处理规模小、多为人工操作、受天气等外界因素影响大、处理效率低、臭味大等弊端。

② 机械脱水干燥

机械脱水是采用压榨机械或离心机械对禽畜粪便进行脱水的方法，成本高、能耗大，而且仅为物理处理，不能同时除臭，因此处理效果差。

③ 高温快速干燥

高温快速干燥是在外能作用下使粪便升温而快速去除水分的干燥方法，目前在我国禽畜粪便处理中应用较为广泛。干燥一般需要使用干燥机，目前以回转式滚筒为最常用的干燥设备。高温快速干燥能够不受天气等外界条件影响，适合大批量生产，干燥速度快、效率高，还可以同时除臭、灭菌、除杂草，是相对较为经济有效的干燥方式。但高温快速干燥也存在一次性投资大，煤、电等能源消耗大的缺点。

④ 烘干膨化干燥

烘干膨化干燥法可以利用热效应和喷放机械效应两方面的作用，既能除臭又能彻底杀菌、灭虫卵，达到卫生防疫和商品肥料、饲料的要求。机械效应是指废物在喷放时以 150～300Ws 的速度在排料管中运行，由于运行速度和方向的改变而产生很大的内摩擦力，这种摩擦力的应力再加上蒸汽突然膨大及高温水散蒸汽的张力，可使废物疏松、游离，表面积增加，从而增加了与体内消化酶、有机酸的接触面积，不但是有效的干燥技术，而且是目前禽畜粪便饲料化的主要技术之一。烘干膨化干燥法在一些大中规模养鸡场中得到广泛应用，资本回收快，经济效益高。但该方法也存在一定的缺点，如烘干膨化时能耗大，大批量处理时仍有臭气产生，需要进一步进行臭气处理等工序。

3）除臭技术

禽畜粪便的除臭根据其原理大致可分为物理除臭、化学除臭和生物除臭，而除臭技术主要包括高空扩散、掩蔽剂、吸附法、吸收法和氧化法等。

① 高空扩散

将禽畜粪便排出的气体送入高空，利用大气自然稀释臭味，但必须满足当地大气污染物的排放标准要求。

② 掩蔽剂

在禽畜粪便排出的气流中加入芳香气味以掩蔽臭味或与臭气成分相结合减少臭味。这种掩蔽剂的反应产物通常是不稳定的，在一定条件下容易分解，并且气味可能较原有臭味更难闻，目前已很少采用。

③ 吸附法

吸附的原理是将粒子状物质与流动状物质（气体或液体）相接触，从而使粒子状物质从流动状物质中分离或贮存一种或多种不溶物质。在禽畜粪便除臭技术中，经常使用除臭剂将挥发的气体物质吸附，达到去除臭气的效果。活性炭、泥炭是使用最广泛的除臭剂，熟化堆肥和土壤也有较强的吸附力，此外国外近年来使用的折叠式膜、悬浮式生物垫等生物膜产品，均能有效地吸收与处理养殖场排放的气体。折叠式过滤膜通常使用聚丙烯复合膜或聚丙烯热喷纤维膜等微孔滤膜作为过滤材质，采用特殊的折叠及热熔工艺制成，以过滤吸附作用除菌除臭，是良好的空气净化系统，在电子、医药、化工和水处理等多个领域都有应用。在处理农村固体废物中，此类生物膜技术虽然具有很好的除臭效果，但因为费用相对昂贵，尚未得到推广应用。

④ 吸收法

吸收法的原理是混合气体中的一种或多种可溶成分溶解于液体之中被去除。在禽畜粪便除臭技术中，需要根据不同对象采用不同方法。对于烘干时释放臭气的处理，常用的除臭方法是采用化学氧化剂进行吸收，如高锰酸钾、次氯酸钠、氢氧化钙、氢氧化钠等，这种方法称为液体洗涤。该法能使硫化氢、氨和其他有机物有效地被水汽吸收并去除，但需要对吸附用水进行二次处理。凝结法是利用饱和水蒸气与较冷的表面接触时，会因温度下降而产生凝结现象，由此使可溶的臭气成分凝结于水中，并从气体中除去。该法通常用于去除堆肥排出的臭气。

⑤ 氧化法

氧化法是在禽畜粪便除臭处理中，使臭气中的有机成分氧化生成二氧化碳和水或中间产物而去除臭味的方法。氧化法可分为热氧化、化学氧化和生物氧化。热氧化需要为反应提供足够的时间、温度、气体扰动紊流和氧气，可以氧化臭气物质中的有机或无机成分，其缺点是能耗大。在操作温度为650~850℃、气体滞留时间为0.3~0.55s的条件下，可以彻底破坏臭气。化学氧化是指向臭气中直接加入氧化气体如臭氧等，将原有臭气成分氧化去除，该方法也因成本高而难以大规模运用。生物氧化是在特定的密封塔内利用生物氧化臭气物质，也可将排出的气体通入需氧动态污泥系统、熟化堆肥或土壤中，达到生物去除的目的，其已广泛用于去除堆肥中所产生的臭气。

必须指出的是，虽然禽畜粪便的除臭技术不断发展，但上述方法如吸附、凝结和生物氧化等对处理气体的臭味浓度都有一定要求，超过要求，就难以达到理想的除臭效果。禽畜粪便的臭味去除应当重视源头控制，在其转化或发酵过程中有效控制臭气的产生。

4）饲料化技术

① 新鲜粪便直接利用

相对于其他养殖禽畜，鸡的肠道很短，从吃进食物到排出仅需要4h，对养分吸收不完全，所食饲料中，约70％的营养物质未被消化吸收而排出体外，而其他养殖禽畜不具备这一特点。因此，新鲜粪便直接利用的方法主要适用于鸡粪，可以利用鸡粪代替部分饲料来养牛、喂猪。该方法在使用时需要注意一些问题，如鸡粪的最佳添加比例问题。鸡粪中病原微生物、寄生虫等易造成禽畜间交叉感染或传染病，可通过化学手段等加以解决，如将鸡粪与质量分数为37％的福尔马林溶液混合，24h后即可以去除脂类、尿素、病原微生物等病菌，再用作猪、牛饲料。

② 热喷技术

同烘干膨化干燥技术类似，热喷技术也是利用热效应和喷放机械，使禽畜粪便转变为鸡肮粉，生产高蛋白饲料，既能除臭又能彻底杀灭病菌和虫卵，达到卫生防疫和商品饲料的要求。通过辅以其他处理措施，如垫圈材料、发酵床等将禽畜粪便的脱水和除臭一次性完成，可降低禽畜粪便的处理难度。但热喷技术由于膨化作用增大了禽畜粪便的体积，从而增加了处理掉的禽畜粪便量，同时降低了禽畜粪便的肥效成分，是其应用中的不足。

（3）农作物秸秆的处理技术

农作物秸秆中有机质平均含量为15％，并含有氮、磷、钾、钙、硫等多种农作物生长所必需的营养元素，具有较高的利用价值，是一种开发价值很大的再生资源。如何提高秸秆的利用率，已成为废物资源利用及农村生态环境保护急需解决的问题。

农作物秸秆的处理与利用方法多种多样，从原理上仍可分为物理、化学和生物技术。通常物理技术操作简单，容易推广，但大部分物理方法难以增加秸秆的营养和资源价值；采用化学技术处理的秸秆饲料可提高禽畜的采食量和体外消化率（胃蛋白酶消化率），但推广费用高，使用范围窄，同时也容易造成二次污染；生物技术可以提高秸秆的生物学价值，但通常对技术要求较高，处理时间长，一些技术尚在研究阶段。总之，这三类技术各有利弊，应当根据实际情况进行选择，采取不同的处理措施，加大对秸秆的开发利用。

1）秸秆压缩成型技术

在我国大部分农村地区，受经济水平的制约，农作物秸秆一直是农户取暖烧饭的重要燃料。但是，秸秆分散堆放，堆积密度低，收集、运输、储藏不方便，而且直接燃烧利用热效率很低，也不卫生。因此，开发以秸秆为原料的新型燃料技术就成了农村固体废物处理与利用的必然需求，秸秆压缩成型制造块状燃料就是此类技术。

秸秆压缩成型技术所使用的原料通常不是单纯的秸秆，往往还混有锯末、木屑或者稻壳等。这些物质均属于纤维素生物质，含有纤维素、半纤维素和木质素，含量占植物体成分的2/3以上，因此结构一般比较松散，且密度较小。这类以秸秆为主的生物质原料受到一定的外部压力后，原料颗粒会重新排列位置关系，产生颗粒机械变形和塑性流变，体积大幅度减小，密度显著增大。由于大量水分的存在，只需使用较小的作用力就能够使纤维素形成一定的形状，而当含水率在约10％时，就需要施加较大的压力才能使其成型，但成型后结构牢固。由于纤维分子之间相互缠绕和绞合，在去除外部压力后，也不能再恢复原来的结构形状，因此可对以秸秆为主的生物质原料进行压缩，制成块状燃料。

如果原料的木质素含量较高，且成型温度达到了木质素的软化点，那么木质素就会发生塑性变形，使原料纤维黏合，形成既定形状，成型后经过冷却，可使强度增大，得到类似于木材的块状燃料。如果原料的木质素含量较低，需要在压缩过程中加入少量废纸浆、稀土等黏合剂，使之维持致密结构和既定形状。加入黏合剂的作用是使生物质颗粒间产生范德华力，在较小外力下产生静电引力，使之形成连锁结构，固定成型。

① 秸秆压缩成型工艺流程

秸秆压缩成型的一般工艺流程如图 5.32 所示。

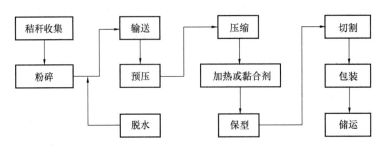

图 5.32　秸秆压缩成型的一般工艺流程

秸秆压缩成型工艺中主要的操作步骤如下：

（a）粉碎

粉碎是压缩成型重要的预处理工序，原料的粉碎质量直接影响产品的质量和压缩机械的性能。但并非所有原料都要粉碎，对于作为辅助原料的木屑及稻壳等粒度较小的原料，经过筛选即可使用。而秸秆类原料尺寸较大，必须进行粉碎，而且常常插入干燥工序以增强粉碎的效果。粉碎通常使用锤片式粉碎机，原料粉碎的粒度主要由产品的要求和工艺条件决定。

（b）脱水

作物鲜秸秆的含水率与作物类型密切相关，变化幅度很大。适合用于压缩成型燃料的秸秆一般要求木质素、半纤维素和纤维素的含量要高，原料含水率应低于 40%。来料后，一般通过滚筒干燥机等设备进行干燥，将原料的含水率降低至 8%～10%。当水分含量过高时，加工过程中随着温度的升高，体积会突然膨胀以致产生爆炸；如果水分含量过低，会使原料颗粒间范德华力降低，导致产品难以成型。

（c）压缩

"成型模"是秸秆压缩成型设备的关键部件，它的内壁是前大后小的锥形，物料进入模具后受到机器主推力、摩擦力和模具壁的向心反作用力共同作用，最终被挤压成型。

（d）加热与黏合剂

秸秆压缩成型过程中，加热一方面可以起到软化木质素、代替黏合剂的作用，另一方面还可使原料本身变软，更容易压缩。加热的温度对成型机的工作效率也有一定影响。而加入添加剂的目的主要有两点，一是增加压块热值的同时增加黏合力；二是单纯增加黏合力，以减少动力输入。黏合剂一般在预压前的输送过程中加入，以便于搅拌。

（e）冷却保型

在秸秆压缩成型之后，需要将产品通风冷却，固定其形状，以提高成型燃料的持久性。

② 秸秆压缩成型的工艺类型

秸秆压缩成型工艺有多种，可根据其工艺特征的不同进行分类，目前国内外主要应用的有热压成型、湿压成型和炭化成型三大类，如图 5.33 所示。

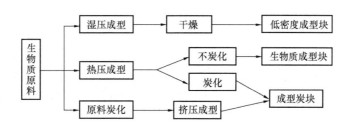

图 5.33　秸秆压缩成型机炭化工艺研究

（a）热压成型

热压成型是目前应用最广的秸秆压缩成型工艺。其工艺的一般流程为：秸秆原料→粉碎→干燥→挤压成型→冷却包装等。国内外的热压成型工艺中所采用的成型设备主要有螺旋挤压成型机、机械驱动活塞成型机、液压驱动活塞成型机等，其中螺旋挤压式成型机是目前使用最为普遍的一种秸秆压缩成型设备。

（b）湿压成型

含水率较高的秸秆及混合原料通常使用湿压成型工艺，一股将原料用水浸泡数日后，将多余的水分挤走，或者将原料喷水，再加黏合剂搅拌混合均匀。原料从湿压成型机进料口进入成型室，在其中原料受到压辊或压模的转动作用，进入压模与乐辊之间，然后被挤入成型孔，从成型孔挤出的原料已经成型，用刀切割成一定长度的颗粒排出。湿压成型设备简单、容易操作，但是成型部件磨损较快，干燥费用高，燃料块密度通常较低，燃烧性能较差。

（c）炭化成型工艺

该工艺先将生物质原料炭化或部分炭化，然后再加入一定量的黏合剂挤压成型，制成产品。由于炭化过程破坏了秸秆等原料的纤维结构，高分子组分受热裂解转换成炭，并释放出挥发成分，从而改善了挤压加工的性能，降低了成型部件的机械磨损和挤压加工过程中的功率消耗。但炭化后的原料在挤压成型后维持既定形状的能力较差，使用时容易开裂或破碎，所以在使用炭化成型工艺时，一般都要加入一定量的黏合剂。

2）秸秆直接还田技术

秸秆中含有一定量的营养成分，可以直接或经过一定处理之后还田利用，是很好的农田有机肥。秸秆还田技术也就是秸秆的肥料化技术，主要包括秸秆直接还田、间接还田（高温堆肥）和利用生化快速腐熟技术制造优质有机肥还田三种方法。本节仅介绍秸秆直接还田技术。

① 机械还田

机械直接还田技术又包括粉碎还田和整秆还田两种方式。粉碎还田是利用机械作业将田间秸秆直接粉碎还田，生产效率是手工还田的几十甚至上百倍。通常使用秸秆粉碎根茬还田机，能够加速秸秆在土壤中的腐解和吸收，改善土壤的理化性能，增加土壤的肥力，促进农作物持续增产增收。整秆还田主要是利用机械化技术将小麦、水稻和玉米秸秆等整秆还田，可将田间直立的作物秸秆整秆翻埋或平铺为覆盖栽培。机械还田效率高、能耗低，易于被农民接受和推广，但是秸秆机械还田不适用于山区、丘陵等土块面积小的地区。

② 机械旋耕翻埋还田

对于玉米青秆等木质化程度较低的秸秆，由于其秆壁脆嫩，容易折断，所以在收获后使用旋拼式手扶拖拉机横竖两遍旋拼，即可切成约 20cm 长的秸秆并旋耕还田。由于秆茎通气组织发达，遇水易软化，腐解速度快，其养分当季就能利用。机械旋耕翻埋技术需要配合施用氮、磷等肥料，有利于降解微生物的生长，同时要注意减少病虫害的传播。

③ 覆盖栽培还田

覆盖栽培还田即在耕地表面覆盖废弃作物秸秆，利用微生物繁殖、分解、发酵时产生的热量进行增温，从而提高土壤温度，促进新播种作物分化生长，达到提早收获作物的目的。秸秆覆盖栽培还可以使秸秆腐解后增加土壤的有机质含量，补充氮、磷、钾和其他微量元素，改善土壤的理化性能，加速土壤中物质的生物循环。此外秸秆的覆盖可以提高土壤的饱和导水率，增强土壤的蓄水能力，提高水分的利用率，促进植株地上部分生长。由于秸秆传热性能差，在覆盖情况下，秸秆能够调节土壤温度，可以有效缓解气温激变对作物的伤害。

3）秸秆饲料化技术

由于秸秆中含有大量的木质素，与其中的糖类结合在一起，可形成物理屏蔽作用，使其难以被动物肠胃中的微生物和酶分解吸收，且秸秆中蛋白质和其他必要营养元素含量也较低。因此，未经处理的秸秆难以被消化，营养利用率很低，不适合直接用作饲料。秸秆的饲料化技术，其目的就是通过物理、化学或生物手段，将难以为动物吸收的秸秆转化为利于消化吸收的动物饲料，为动物的消化吸收创造适宜的条件。

① 秸秆的物理处理

秸秆的物理处理方法比较简单，与一些预处理方法类似（如粉碎、切割等），还有的与燃料化技术类似（如压块成型等），不再赘述。此处，重点介绍挤压膨化技术和热喷技术。

（a）秸秆挤压膨化技术

挤压膨化技术是一种新兴的秸秆饲料加工技术。挤压膨化主要使用螺杆式挤压膨化机，将秸秆加水调质后输入挤压机的挤压腔内，依靠秸秆与挤压腔中螺套壁及螺杆之间互挤压、摩擦作用，产生热量和压力。秸秆在压力下被挤出喷嘴，压力骤然下降，从而使秸秆体积迅速膨大，其产品通常称为膨化秸秆。挤压膨化技术生产的膨化饲料质地疏松、采食率高，利于微生物生长，提高了消化率，而且便于运输和贮存，可以直接用作猪、鸡、牛、羊等的饲料或鱼料。

（b）热喷处理技术

热喷技术可用于规模化处理农作物秸秆，其主要流程是：将已经切碎成约 8cm 长的农作物秸秆混入鸡粪等，装入饲料热喷机内，在一定压力的热饱和蒸汽下，保持一定时间，然后突然降压，使物料从机内喷爆而出。利用该方法改变秸秆结构和某些化学成分，同时起到消毒、除臭的作用，使物料可食性和营养价值得以提高，是一种热压力加工工艺。热喷饲料颗粒小，表面积大，消除了秸秆的消化障碍，有利于微生物的生长和发酵，利用添加剂可提高热喷饲料的蛋白水平，使之成为一种优质饲料。

② 秸秆的化学处理

利用化学制剂对作物秸秆进行处理，破坏秸秆细胞壁中半纤维素与木质素形成的共价键，以利于瘤胃微生物对纤维素与半纤维素的分解，从而提高秸秆消化率与营养价值，该技术称作秸秆的化学处理技术。用于作物秸秆化学处理的化学制剂种类较多，其中，氢氧化钠、氢氧化钙、氢氧化钾和碳酸钠等常用于碱化处理；氯气、过氧化氢、次氯酸盐等氧化剂常用于氧化处理；液氨、氨水、尿素和碳酸氢铵等则常用于氢化处理。这些制剂中又以氢氧化钠碱处理和氨化处理应用最为广泛，其他一些成本低、效果好、操作简单的复合处理技术也逐渐被推广应用。

（a）碱化处理

秸秆碱化处理是将一定浓度的碱液（通常占秸秆干物质的 3%～5%）作用于农作物秸秆上，打破其中粗纤维中的纤维素、半纤维素和木质素之间的醚键或酯键，并溶去大部分木质素和硅酸盐，达到提高秸秆饲料营养价值的目的。常用的氢氧化钠的碱化处理秸秆有湿法处理和干法处理两种。前者需要消耗大量的碱和水，并且会在冲洗过程中损失 20% 的可溶性营养物质；后者则是将浓度为 20%～40% 的氢氧化钠溶液喷于粉碎或切短的秸秆上，然后用酸中和。用氢氧化钾、氢氧化钙或氨水等碱液处理后的秸秆，可以使秸秆的细胞壁变得疏松，容易被消化液渗透，进而使秸秆饲料的粗纤维素消化率和采食量得到大幅度的提高。

（b）氧化处理

由于秸秆的木质纤维素对氧化剂比较敏感，当向秸秆中加入氧化剂时，能从本质上破坏木质素与纤维素的结合，破坏木质素分子间的共价键，使半纤维素和木质素部分溶解，从而产生较大空隙，增加纤维素酶和细胞壁成分的接触面积，明显提高秸秆的消化率。目前研究最多的秸秆氧化处理技术主要包括二氧化硫处理、臭氧处理及过氧化氢处理。用氧化剂处理秸秆由于其成本太高，目前还不能在生产中推广应用。

（c）氨化处理

秸秆的氨化是指用氨水、液氨、尿素或碳铵等含氨物质，在密闭条件下处理秸秆，以提高秸秆消化率、营养价值和适口性的加工处理方法。秸秆氨化的原理主要有碱化作用、氢化作用和中和作用三个方面。秸秆氨化产品的质量与氨的用量、环境温度以及氨化时间等有关，也跟秸秆本身的品质、含水率等因素相关。氢化秸秆饲料具有防止饲料腐败、提高蛋白水平和消化率、提高土壤肥力和家畜生产能力的作用，而且投资少、操作简便、经济效益高，在农村得到了大规模的推广应用。但同时也具有氨利用率低、处理时间长、存在二次污染等缺点，需要进一步研究加以克服。

（d）复合处理

秸秆复合化学处理是同时使用多种处理方式的一种综合技术，如用尿素、氢氧化钙和食盐复合化学处理稻草、麦秸等。它一方面融合了碱化处理对木质素分解效果好和氨化处理增加瘤胃微生物蛋白合成量的优点，另一方面克服了碱化处理作物秸秆中残留碱量高和氨化处理对木质素软化作用差的缺点，是一种处理效果更好、更有前途的秸秆处理技术。复合化学处理试剂多种多样，可以根据不同作物和各种饲养对象选择不同的化学处理剂配方，来源广、价格低、配制方便。复合化学处理是近期研究的主要秸秆化学处理方法，对尿素＋氢氧化钙的复合化学处理已经得到深入研究，并且显示出了令人满意的处理效果，非常适用于秸秆的工厂化处理，如使用尿素、氢氧化钙和食盐（以下简称"三化"）复合化学处理稻草，可以提高秸秆的营养价值以及对肉牛的肥育效果。"三化"复合处理稻草按每100kg秸秆取尿素2.5kg、食盐1kg溶于50kg水中，再加入25kg石灰制成混悬液，将稻草逐层放入水泥池中，每层装入厚度为20～30cm，喷洒尿素溶液，草上覆盖塑料布，四周用土压住，密封，然后30天后开池放氨，取出摊晾1～2天后饲养。实践证明，秸秆"三化"复合处理方法明显改善了秸秆纤维结构，提高了秸秆的可消化率和营养价值。秸秆"三化"复合处理获得的饲料质地柔软、气味芳香，改善了适口性，增加了采食量，同时提高了牲畜增重速度和饲料转化率，经济效益显著提高。碱化氨化复合处理与氨化盐水处理秸秆综合了碱化、氢化、盐化的优点，在营养水平相近的情况下，氨化盐水处理秸秆与碱化氨化复合处理稻草、秸秆的采食量、日增重高，单位增重耗精料量降低。

5.2.3.3 适合农村地区情况的处理技术

农村垃圾问题的解决，必须从农村实际情况出发，因地制宜解决问题。目前，农村垃圾的核心问题是塑料袋等难降解的新型垃圾的处置，如果把农民日常生活中的菜叶、草木、尘土一起拉到垃圾填埋场，不但增加了垃圾处理量，加剧了垃圾处置的难度，也无意间改变了农村有效利用废弃物的习俗。

（1）分类收集

分类收集是从源头减量化的第一步。农村地区由于本身生活需要，垃圾回收利用率较高，分类有着很好的基础。

农村地区相对分散，集中处置成本较高，少量不易降解垃圾可集中处理。利用农村分散居住的特点，生活垃圾中的主体部分可采取简单两分法：有机废弃物通过饲料、燃料和肥料的"三料"资源化加以利用，在农户内解决；少量新型垃圾进入城市垃圾处理系统，进行卫生填埋或焚烧处理解决。

垃圾分类不仅要求垃圾收集与清运的配套设备、设施需要发展，而且在转变农民垃圾处理习惯和收集系统运行机制上都还有很多值得探索的地方。

（2）垃圾处理方式

分类收集就必须要分类处理，实用的农村垃圾处理方式有卫生填埋、好氧堆肥和垃圾有价收集。以陕西地区为例，陕西北部和南部地区，山区、沟壑较多，小型卫生填埋场易于选址，推荐陕北及陕南地区大力投资建设小型卫生填埋场，将分类后的垃圾进行卫生填埋；关中地区地势平缓，填埋选址较困难，推荐各村将垃圾中的有机物尽量堆肥，无机物及新型垃圾需运送到镇上或县城填埋。

1）卫生填埋

农村地区排放垃圾灰渣类组分高达50％以上，这类垃圾与建筑垃圾一并可以在农村地区的低洼处、沟壑处填埋处理。但在农村中处理渗滤液、填埋沼气就十分困难，因此填埋的垃圾中有机物类应不超过10％。

2）好氧堆肥

垃圾分类后的有机垃圾可用好氧堆肥，与禽畜粪便的好氧堆肥原理一致，都是采用微生物技术将有机固体废弃物进行处理转化。但由于农村垃圾成分复杂，因此破碎、筛选、混合等前处理工序较多。堆肥主要用于农村中有机物类垃圾，农村以村、镇为单位建设有机肥生产厂，生产规模根据乡镇人口数量和土地规模设置，既可以用"槽式发酵法"的机械化生产，也可以采用传统的堆肥法。这样，每天便可以及时地将生活垃圾中分离出来的生物质，集中送去生产有机肥。农民生产中除直接"秸秆还田"、用作饲料和燃料的各种废弃物外，都可以及时集中起来用于生产有机肥。

3）垃圾有价收集

对可回收垃圾都进行有价回收。作价的原则是：一是能有效引导、激励农民能够认真分类；二是有效引导、激励农民能够家里家外地收捡垃圾；三是财政能够承担，比用传统的方法收集、处理垃圾成本要低；四是可再生垃圾由于有废品回收人员再收，所以定价会略高一些，以便逐步淘汰人员素质极其复杂的废品回收人员，使垃圾回收逐步形成一个产业。

5.2.4 农村住宅废弃物处理对策

（1）大力倡导节约型消费模式，增强环保意识

公民的节约意识和环保意识需要培养，特别是当前农民的节约意识和环保意识淡薄，更要大力加强宣传教育力度。解决我国农村的环境问题，其中一项任务就是开展农村环境宣传教育。通过宣传教育，让农民树立强烈的环境意识，调动农民参与农村环境保护的积极性和主动性，帮助农民树立科学的环境价值观，提高他们参与保护家园的意识。

农民环境意识淡薄，不是农民的主观原因造成的，而在于农民不知道为什么要保护环境，也不知道自己的生活习惯错在哪里，他们甚至对破坏环境的行为及其产生的后果浑然不知。因此，农村的环保宣传工作要针对农村的实际情况，将提高农民的环保意识、改善农民的生活习惯作为今后环保宣传工作的重点，运用广播、电视、报纸、宣传栏、标语口号等形式对农村居民进行环境知识的宣传工作，让居民了解农村环境工作的重要性，帮助农民认识到环境污染的危害性、认识到当前农村环境面临的严峻形势，以及如何减少在生产、生活中所产生的污染，如何养成环保习惯，来增强全民生态环境保护的责任感和使命感，唤起广大农民的生态意识和可持续发展意识。

（2）加大宣传力度，认识生活垃圾分类处理的重要意义

生活垃圾分类是资源化利用的前提和基础，不从源头上对生活垃圾进行分类，资源化利用就无从谈起，减量化的目标就无法实现。要利用多种形式向广大干部群众进行环保教育，帮大家算好几笔账，一是经济账，二是资源账，三是生态环境账。大力开展"变废为宝"的绿色环保行动，大力倡导生活垃圾分类处理，促进农村干部增强农村生活垃圾分类处理的主体意识，促使农民养成自觉分类的习惯，努力营造农村居民关心环保、参与环保的浓厚氛围。

（3）建立健全农村生态环境保护制度

制度是管根本的、管长远的，能够使资源、环境、发展保持协调前进。首先，要加强农村环境保护立法。依法制定和完善农村环境保护法规、标准和技术规范，抓紧研究起草土壤污染防治法、禽畜养殖污染防治条例和农村环境保护条例。其次，要制定农村环境监测、评价的标准和方法。各地要结合实际，抓紧制订和实施一批地方性农村环境保护法规、规章和标准。再次，要落实环境保护责任制，建立科学的政府绩效评估体系，将环境质量变化和环保工作作为基层党政领导干部政绩考核的内容之一。然后，要根据各地经济社会发展的实际，逐步建立绿色国民经济核算制度、污染物排放总量控制制度、区域开发和保护政策制度、建设项目环境影响评价制度和公众参与制度等。最后，要将农村生态环境保护和治理作为社会主义新农村建设的重要内容来抓，建立完善的生态建设激励机制，

继续加大退耕还林（湖）、退牧还草等的政府资金支持力度。

（4）建立有效垃圾处理网络

农村垃圾面临着范围广、任务重，清运处理困难的困境。建立一个有效的垃圾处理网络是我国农村垃圾处理的当务之急，因此建议在县、市建立消纳处理全市垃圾的卫生处理场，各行政村设立临时垃圾收集站，并落实农户房前屋后"三包"责任制。各乡镇在必要的位置建设垃圾中转站，由各村送达到中转站，在中转站进行垃圾的分类、减量后，将不可资源化的垃圾再运到市垃圾处理场进行处理，距离较远的乡镇可以采用二级中转方式。各市县要把有效垃圾处理网络纳入城乡一体化发展战略规划中，在审批和审核各类规划特别是村镇规划中，要严格把好规划审查关，使环卫设施在规划中得到具体安排。

（5）引进市场化机制

一方面，政府要明确"谁投资、谁受益"的原则。充分发挥市场配置资源的基础性作用，拓宽投融资渠道，鼓励国内外资金，包括激活民间投资介入垃圾处理设施的建设和运行；另一方面，也要体现"谁污染、谁治理"的原则。政府要出台相关政策，逐步在各地实行生活、生产垃圾收费制度，明确垃圾收费相关事宜，在使垃圾得到有效减量的同时，弥补财政投入的不足。总之，政府要通过落实有效的政策措施，强化利益驱动，确保投资具有良好的回报，切实解决当前垃圾处理能力不足所造成的环境污染问题。

5.3 本 章 小 结

本章针对农村地区水资源循环利用现状、方法及利用途径进行了阐述，并以陕西地区为例，对传统的排水及污水处理方式进行解析，重点针对人工湿地处理农村生活污水进行试验研究和工程示范，获得了相关研究数据，提出符合地域及气候特征的陕西省农村地区污水处理及水资源循环利用模式，这对指导农村地区的水资源利用具有很好的借鉴价值。此外，本章对当前我国农村固体废弃物的处理现状和技术进行了系统阐述，提出适合我国农村地区废弃物的处理技术和对策，建议主要从分类回收和堆肥处理方面来考虑，因地制宜的处理农村垃圾问题。

参 考 文 献

[5-1] 王瑗，盛连喜. 中国水资源现状分析与可持续发展对策研究[J]. 水资源与水工程学报，2008，19（3）：10-15.

[5-2] 汪恕诚. 建设节水型社会是解决中国水资源短缺的根本出路[N]. 学习时报，2006.10.31.

[5-3] 齐瑶，常杪. 小城镇和农村生活污水分散处理的适用技术[J]. 中国给水排水，2008，24(18)：24-28.

[5-4] Solano M L，Soriano P. Constructed Wetlands as a Sustainable Solution for Wastewater Treatment in Small Villages[J]. Biosystems Engineering，2004，87(1)：109-118.

[5-5] 赵志强. 人工湿地处理技术在农村污水处理中的应用[J]. 资源与环境科学，2011，1：294-299.

[5-6] 蒋展鹏. 环境工程学[M]. 北京：高等教育出版社，2005.

[5-7] 耿琦鹏. 人工湿地对化粪池出水净化效果的研究[J]. 水资源研究，2007，28(2)：29-31.

[5-8] HJ 2005—2010. 人工湿地污水处理工程技术规范[S]. 北京：中国环境科学出版社，2010.

[5-9] 杨永哲，任勇翔．水培技术作为人工湿地预处理工艺可行性研究[J]．中国环境科学，2010，30
(8)：1079-1085.

[5-10] 朱洁，陈洪斌．人工湿地堵塞问题的探讨[J]．中国给水排水，2009，25(6)：24-29.

[5-11] 白佳琦，张颖．人工湿地防堵技术研究进展[J]．工业水处理，2011，31(6)：5-9.

[5-12] 吴晓磊．污染物在人工湿地中的流向[J]．中国给水排水，1994，10(1)：40-43.

[5-13] 吴晓磊．人工湿地废水处理机理[J]．环境科学，1994，16(3)：83-88.

[5-14] Vymazal J. The Use of Sub-surface Constracted Wetlands for Wastewater Treatment in the Czech
Republic：10 Years Experience[J]. Ecological Engineering, 2002, 18：633-646.

[5-15] Vymazal J, Brix H, Cooper P F, et al. Removal Mechanisms and Types of Constructed Wetlands
[J]. Constructed Wetlands for Wastewater Treatment in Europe. Leiden：Backhuys Publishers,
1998：17-66.

[5-16] 卢少勇，余刚．人工湿地的氮去除机理[J]．生态学报，2006，26(8)：2670-2678.

[5-17] Vymazal J. Nitrogen Removal in Constructed Wetlands with Horizontal Sub-surface-flow Can We
Determine the Key Process? [J]. Nutrient Cycling and Retention in Natural and Constructed Wet-
lands. Leiden：Backhuys Publishers, 1999：1-17.

[5-18] 张甲耀，夏盛林．潜流型人工湿地污水处理系统氮去除及氮转化细菌的研究[J]．环境科学学
报，1999，3(19)：323-327.

[5-19] Mayo A W, Bigambo T. Nitrogen Transformation in Horizontal Subsurface Flow Constructed
Wetlands I：Model Development[J]. Physics and Chemistry of the Earth, 2005, 30：658-667.

[5-20] 杨敦，周琪．人工湿地脱氮技术的机理及应用[J]．中国给水排水，2003，19(1)：23-25.

[5-21] 陆松柳，胡洪营．人工湿地的反硝化能力研究[J]．中国给水排水，2008，24(7)：63-67.

[5-22] Bialowiec A, Wojciech Janczukowicz. Nitrogen Removal From Wastewater in Vertical Flow Con-
stracted Wetlands Containing LWA / Gravel Layers and Reed Vegetation[J]. Ecological Engineer-
ing, 2001, 37：897-902.

[5-23] 张荣社，周琪．自由表面人工湿地脱氮效果中试研究[J]．环境污染治理技术与设备，2002，3
(12)：9-12.

[5-24] 张跃峰，刘慎坦．人工湿地处理农村生活污水的脱氮影响因素[J]．江苏大学学报，2011，4
(32)：487-491.

[5-25] Vymazal J, Brix H, et al. Removal Mechanisms and Types of Constructed Wetlands[J]. Con-
structed Wetlands for Wastewater Treatment in Europe. Leiden：Backhuys Publishers, 1998：17-
66.

[5-26] 陈永华，吴晓芙．人工湿地污水处理系统中植物套种模式根际微生物多样性研究[J]．环境科
学，2011，8(32)：2398-2402.

[5-27] 周树权，周金波．10 种水生植物的氮磷吸收和水质净化能力比较研究[J]．农业环境科学学报，
2010，29(8)：1571-1575.

[5-28] 张曦，吴为中，温东辉．氨氮在天然沸石上的吸附及解吸[J]．环境化学，2003，22(2)：166-
172.

[5-29] Devai I, Delaune R D. Evidence for Phosphine Production and Emission from Louisiana and Flori-
da Marsh Soils[J]. Organic Geochemistry, 1995, 23(3)：277-279.

[5-30] 卢少勇，金相灿．人工湿地的磷去除机理[J]．生态环境，2006，15(2)：391-396.

[5-31] 袁东海，景丽洁．几种人工湿地基质净化磷素的机理[J]．中国环境科学，2004，24(5)：614-
617.

[5-32] Vymazal J, Lenka Kropfelova. Nitrogen and Phosphorus Standing Stock in Phalaris Arundinacea

and Phragmites Australis in a Constructed Treatment Wetland：3-Year Study[J]. Archives of Agronomy and Soil Science，2008，54(3)：297-308.

[5-33] 郑兴灿，李亚新. 污水除磷脱氮技术[M]. 北京：中国建筑工业出版社，1998.

[5-34] 翁酥颖，戚蓓静，史家樑等. 环境微生物学[M]. 北京：科学出版社，1985.

[5-35] 李林锋，年跃刚. 植物在人工湿地脱氮除磷的贡献[J]. 环境科学研究，2009，22(3)：341-348.

[5-36] Vymazal J. Removal of Nutrients in Various Types of Constructed Wetlands[J]. Science of the Total Environment，2007，380：48-65.

[5-37] 卢少勇，张彭义. 人工湿地沸石填充方式研究[J]. 环境科学研究，2006，3(19)：91-95.

[5-38] 曹玉梅，李田. 污水生物生态处理工艺中的脱氮机理研究[J]. 环境工程学报，2009，3(10)：1735-1741.

[5-39] Arthur F M Meuleman，Richard Van Logtestijn. Water and Mass Budgets of a Vertical-Flow Constructed Wetlandused for Wastewater Treatment[J]. Ecological Engineering，2003，20：31-44.

[5-40] 李亚峰，田西满. 人工湿地处理北方小区生活污水[J]. 中国给水排水，2009，25(12)：53-57.

[5-41] Tuncsiper B. Nitrogen Removal in a Combined Vertical and Horizontal Subsuiface-Flow Constracted Wetland System[J]. Desalination，2009，247：466-475.

[5-42] 王磊，李文朝. 低氧接触氧化/微曝气人工湿地工艺净化污染河水[J]. 中国给水排水，2008，24(5)：22-27.

[5-43] Claudiane O，Florent C，Yves C，et al. Artificial Aeration to Increase Pollutant Removal Efficiency of Constructed Wetlands in Cold Climate[J]. Ecological Engineering，2006，27：258-264.

[5-44] 李松，王为东. 自动增氧人工湿地处理农村生活污水脱氮研究[J]. 环境科学与技术，2011，3(34)：19-28.

[5-45] 国家环境保护总局水和废水监测分析方法编委会. 水和废水分析监测分析方法(第四版)[M]. 北京：中国环境科学出版社，2002.

[5-46] 王世和. 人工湿地污水处理理论与技术[M]. 北京：科学出版社，2007.

[5-47] Katsutoshi S，Tsuyoshi M. A Mathematical Model for Biological Clogging of Uniform Porous Media[J]. Water Resources Research，2001，37(12)：2995-2999.

[5-48] 雅各布斯著，杨厚昌译. 沸石的正碳离子活性[M]. 北京：石油工业出版社，1982.

[5-49] 卢少勇，桂萌. 人工湿地中沸石和土壤的氮吸附与再生试验研究[J]. 农业工程学报，2006，22(11)：64-69.

[5-50] 付融冰，杨海真，顾国维. 人工湿地中沸石对铵吸附能力的生物再生研究[J]. 生态环境，2006，15(1)：6-10.

[5-51] Yang Y，Zhao Y Q，Babatunde A O，et al. Characteristics and Mechanisms of Phosphate Adsorption on Dewatered Alum Sludge[J]. Sep. Purif. Technol.，2006，51(2)：193-200.

[5-52] 住房和城乡建设部标准定额研究所编. RISN-TG006-2009. 人工湿地污水处理技术导则[S]. 北京：中国建筑工业出版社，2009.

[5-53] 贺强，赵新胜. 黄河三角洲湿地植物图谱[M]. 北京：北京师范大学环境学院，2007.

[5-54] 王洪涛. 陆文静农村固体废物处理处置与资源化技术[M]. 北京：中国环境科学出版社，2006.

[5-55] 卞有生. 生态农业中废弃物的处理与再生利用[M]. 北京：化学工业出版社，2000.

[5-56] 余维祥. 农村生态环境状况与农业可持续发展[J]. 生态经济，2009，9：150-153.

[5-57] 王红玲. 发展循环农业经济的构想[J]. 经济研究参考，2010，7：24-25.

[5-58] 吉崇拮，张云，隋儒楠. 沈阳市典型农村生活垃圾调查及污染防治对策[J]. 环境卫生工程，2006，2：51-54.

[5-59] 单华伦，朱伟，张春雷，李磊. 发达农村生活垃圾特性调查及治理技术探讨[J]. 江苏环境科技，2006，6：3-5.

[5-60] 王洪涛，陆文静. 农村固体废物处理处置与资源化技术[M]. 北京：中国环境科学出版社，2006.

[5-61] 边炳鑫，赵由才. 农业固体废弃物的处理与综合应用[M]. 北京：化学工业出版社，2004.

[5-62] 施正连. 治理农村垃圾污染措施的探讨[J]. 农业装备技术，2001，3：1.

[5-63] 罗如新. 农村垃圾管理现状与对策[J]. 中国环境管理，2006，4：23-26.

[5-64] 施金标，杨云根. 垃圾处理在小城镇中的推广和应用[J]. 小城镇建设，2004，4：69.

6 农村住宅的绿色节能综合评价及渐进性节能建设

《北京宪章》指出："住宅新陈代谢是人居环境发展的客观规律，住宅单体和环境经历了一个计划、设计、施工、服务、保护、改善、重建的过程。住宅环境生命周期持久，对工程师的远见和卓识依赖很大，将构建的循环过程中每一个阶段统筹安排，在新开发的区域规划设计以及老城区改善、重建的动态循环系统的空间和时间因素作用下，不断改善环境质量，是实现可持续发展的关键。"

建设社会主义新农村，是确保我国现代化建设顺利推进的必然要求，农村住宅的绿色节能是其中最为重要的环节。它是农民居住条件改善的过程，是以改善居住条件为基础，以提高农民的生活质量为目的，创建健康、科学、文明生活方式的过程。因此，社会主义新农村建设的当务之急，便是建设一套科学完整、系统、健康的住宅理念。但鉴于农村地区的经济发展情况还处于相对落后阶段的基本现状，农村住宅的绿色节能在以人为本、渐进、节能省地的原则下，成为新农村住宅建设的主要方式之一。

农村住宅的绿色节能可以改善村容村貌，提高农民的生活质量，集约规划村庄的土地，并且拓宽农民就业渠道，逐步实现村庄的城镇化。从农村角度来看，绿色节能住宅不仅改善了农村的居住及生活环境，促进农村成功完成城镇化，更推动了农村经济的发展。从城镇角度看，城镇化村庄的建设与发展关系着城镇未来的发展势态，统筹思考农村住宅的绿色节能建设成为我国快速城镇化过程中一个重要的研究内容。

作为一种住宅文化现象，农村住宅具有民族性、时空性以及地域性，它结合自身条件与当地自然环境，根植于所处地域的土壤。作为一个群体、一个民族生活方式、传统文化以及社会意识形态的载体，乡村住宅自发延续了当地文化，沉淀下来，在其社会作用中具有民族和地区的社会凝聚力。

本章尝试遵循"以人为本、以环境为中心"的原则，从集约性、地域性出发，找出一条既适合当地经济发展状况与自然条件，又适合农民风俗习惯、生产生活方式，并且节地、节能、节约资源的道路，以自然和谐理念为指导，以农农民间住宅经验为基础，融入传统住宅精华，采取适合农村现状的节能型生态住宅模式，对农村住宅进行渐进的绿色节能建设。

6.1 农村住宅的绿色节能综合评价指标

6.1.1 农村住宅绿色评价指标确定

农村住宅绿色评价指标的确定，首先是绿色评价指标的选取，其次是依据住宅指标进行的住宅评价指标体系的构建。住宅绿色评价指标的选取，应先确定选取的原则及方法。而在绿色评价指标体系构建过程中，以住宅价值理论为基础，借鉴了已有住宅性能评价体系以及世界各国较为成熟的绿色评价体系。

6.1.1.1 农村住宅绿色评价指标选取原则及方法

完整而全面的评价指标构成了评价指标体系。评价指标体系的建立要符合科学性和合理性的原则，同时还应能够全面准确地反映农村住宅的评价特点，使其在使用过程中容易操作，具备系统性与目的性。除此以外，农村住宅评价指标体系的建立还应符合：直接效果与间接效果相匹配，定量指标与定性指标相结合，绝对量指标与相对量指标相一致。

在实际的节能过程中，建立一个科学合理的评价指标体系，对于农村住宅的绿色节能具有非常重大的现实意义。其建立过程一般可分为三个阶段：对评价对象进行系统分析阶段，对评价指标进行筛选阶段，对评价指标进行优化阶段。三阶段循序渐进，逐一递进，在整个指标体系的搭建过程中缺一不可。

对于选择的评价指标体系，要综合运用所涉及的知识、信息以及经验等，对评价指标体系广泛征询各方面专家意见，进行修改，以确定农村住宅绿色评价指标体系。

6.1.1.2 农村住宅绿色评价指标选取

农村住宅评价指标的选取，要参照多种相关评价因素，首先要分析住宅本身的价值。住宅本身的价值反映了住宅作为一个有机体的重要程度，目前学术界对住宅价值的研究很多。借鉴人的需求理论，可把住宅的价值归纳为生存、美好生活和艺术情趣，由此住宅的价值理论可划分为三个层次：第一层次为技术指标层的建立，为体系的构建打造初级框架；第二层次为舒适度层面的指标，反映农民对于生活满意度的感受；第三层次为精神层面的指标，反映整个体系对农民的心理和精神方面的影响。

现行的住宅绿色评价指标体系，可概括为整个住宅评价体系的 7 个方面技术指标，同时囊括了 27 项价值指标因素，在一定程度上弥补了住宅评价指标体系的空白。但是在指标体系搭建过程中，其仅有的两级评价指标体系对于住宅的评价非常不便，其在实际的应用过程中可操作性较差。因此，在进一步住宅评价指标体系的构建过程中，应结合现有客观指标的优点，结合其综合评分标准，落实其可行性。

住宅的结构设计、空间布局、防火设计等指标综合反映了住宅的性能。目前关于此方面的综合评定，国内涉及较少，因此可以借鉴国外住宅评定方面的指标对本章中相关评价指标进行完善，使技术方面的指标更加成熟。此外，还有很多其他因素需要进行综合考量，如住宅对能源土地的节约、住宅对环境的影响、住宅对室内环境的影响等。同时，还需要考虑到住宅的宜居指标，包括生态环境、卫生安全等，这些指标反映了人们对于美好生活的追求。

实际上，为了对实际农村住宅的绿色节能工作起到更好的指导和促进作用，不但需要制定与住宅节能经济方面相关的指标，更要综合绿色节能的人文指标，其中包括对传统乡村文化的延续。综合评价指标的制定，不但要借鉴技术经济学等领域的研究成果，更要将住宅的乡村文化因素考虑在内，以适应农村住宅的绿色节能。

6.1.1.3 农村住宅绿色评价指标确定

基于上述对绿色评价体系指标选取的分析，为使指标更具体且更具有可操作性，本章将农村住宅的绿色评价指标体系划分为三个层次：第一层次，包括建筑与结构、节能、室内环境、人文、规划；第二层次，包括结构设计、住宅设计、防火设计、噪声及隔声、日照及采光、空气质量、通风、技术节能、材料节能、住宅设计节能、节水、维护结构节能、居住区规划、公共设施、居住区环境、交通、立面、住宅意义、乡村文化、乡村治安等；第三个层次包括多条具体的执行标准，囊括在建筑与结构、节能、室内环境、人文、规划五大指标之中，使农村住宅的绿色评价体系更具有可实施性。

6.1.2 农村住宅绿色评价指标体系构建

6.1.2.1 农村住宅绿色评价指标体系构建

既有住宅评价体系可划分为三个层级，其中一级指标包含 6 个，经济效益为其中最主要的决定标准。本章在指标体系的构建过程中，将结合农村住宅特点，弱化经济效益在其中的权重比例，并通过权重倾斜，增大人文因素在其中的比重。根据分析，将不同层级的指标转化为如图 6.1 所示的层级指标体系。

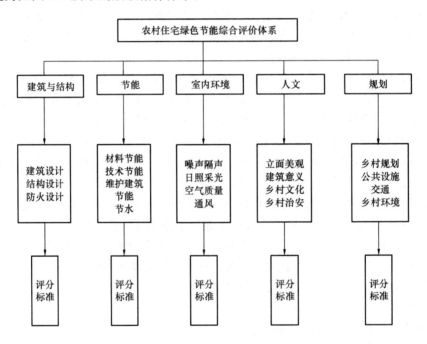

图 6.1 既有住宅综合评价层级指标体系

6.1.2.2 农村住宅绿色评价指标体系评分标准

农村住宅的综合评价，与一般既有住宅的评价既有相似之处，又存在着很大的差别。本章在农村住宅绿色评价指标体系标准的确定过程中，依据既有住宅评价指标的划分，以陕西农村住宅为例，制定出一套切实可行的农村住宅评分标准。

建筑与结构指标下划分建筑、结构、防火设计。建筑设计主要应符合相关的建筑设计标准和规范。结构设计要满足安全、耐久、抗震的要求。防火设计要符合：层数与建筑面积要求、耐火等级要求、防火间距要求、安全疏散要求、建筑构造要求、消防车道要求、防烟排烟要求等。

节能部分划分为材料节能、技术节能、建筑节能、维护结构节能与节水等。材料节能主要指屋面、墙体、门窗等关键部位节能材料的使用；技术节能主要包括太阳能、地热等可再生能源的利用，以及制冷、加热、照明等节能技术与产品的运用；建筑节能则主要指屋顶、外墙、门窗等关键部位的节能设施要求；维护建筑包括外窗、阳台、墙体的气密性

224

等要求；在节水中，主要是具体的节水措施及器具设备的应用。

室内环境主要包括噪声隔热、日照采光、空气质量及通风四部分。噪声隔热部分包括民用建筑通则中的室内噪声标准、空气隔声标准以及撞击声隔声标准；日照采光及通风主要指住宅外部及室内各个空间的采光及通风是否符合相应规范的要求；空气质量则主要指空气中一些有毒物质含量是否在标准之内。

人文指标主要划分为外立面的美观、建筑承载的意义以及乡村文化延续、乡村治安。外立面的美观不单指立面美感、色泽、材料等因素，更包含其整体性是否与整体环境相协调；建筑意义主要指建筑本身对建筑文化、乡村历史的承载。乡村文化主要指邻里关系以及农民的归属感等因素；乡村治安这主要体现在居民的安全感等方面。

规划指标包括乡村的整体规划、公共设施规划、交通规划以及乡村环境规划等。乡村整体规划包括朝向、密度、建筑间距、通道、公共空间大小等内容；公共设施包括教育、市政、医疗、商业等配套服务设施；交通则主要指交通的便达性；乡村环境则主要包括乡村绿化、建筑地点选择以及周边是否有污染源等问题。

对比既有住宅评价体系指标，农村住宅在评价标准的选取上，更切合农村的现状、需求与实际。若结合不同地区的农村特点，在人文指标与规划指标两个主要评价因素中，增大与农民的互动和参与，增大其中的权重比例，必将更具当地农村特色。

6.1.3　农村住宅绿色评价指标体系权重确定及应用

6.1.3.1　农村住宅绿色评价指标权重确定

农村住宅的绿色评价指标体系是一个由多级评价指标构建的综合评价指标体系。在该评价体系中，建筑与结构、节能、室内环境、人文和规划是5个重要的一级评价指标，同时在每个一级指标之下，包括不同的二级指标，而在二级指标之下，每个二级指标又包含若干个三级指标。相比以往的评价体系，该三级指标将更具实时性与参照性，通过对三级评价指标进行加权评分计算，可得到各个二级评价指标的得分。

在农村住宅绿色评价体系构建的过程中，在专家打分法的基础上，综合SPSS软件中的比较矩阵，来综合得到评价系统的得分。该方法的综合应用，不但在一定程度上利用软件避免了复杂的运算，更将评价的主观性与客观性相结合，在参考专家意见的同时，利用比较矩阵得到客观科学的权重。

6.1.3.2　农村住宅绿色评价指标评分方法

农村住宅绿色评价体系包括两个指标层和一个评分层（如图6.2所示）。指标层，采用加权平均法计算各个指标的分数，并赋予一级指标和二级指标相应权重。计算评分层分数，按照所占比重，得出二级指标得分，再将二级指标得分乘以相应权重得到一级指标分数。

本章涉及的评价指标可简单概括为主观指标与客观指标。一般情况下，主观指标与客观指标在进行农村住宅的打分评定时区分对待，但为保证结果的科学合理以及数据的可延续性和真实性，均采用分档积分的方法。在5个住宅评价一级指标当中，建筑与结构、节能、室内环境一般被评定为客观指标，规划与人文被划分为主观指标。在分值评定过程中均划分为优（1分）、良（0.8分）、中（0.6分）、及格（0.4分）和差（0.2分）五个档次。

评价等级及标准拟定如下：

（1）农村住宅必须绿色节能（$0 \leqslant n \leqslant 30$ 分）；

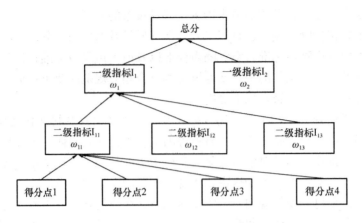

图 6.2　农村住宅绿色评价体系

（2）农村住宅急需绿色节能（$30 < n \leqslant 60$ 分）；

（3）农村住宅需要绿色节能（$60 < n \leqslant 80$ 分）；

（4）农村住宅不需要绿色节能（$80 < n \leqslant 100$ 分）。

通过上述农村住宅绿色节能评价体系的建立，就可将农村住宅是否需要绿色节能以及节能的先后顺序从一个定性的问题转化为一个可量化的问题来解决。

6.2　农村住宅绿色节能满意度分析

针对目前农村住宅出现的一些问题，提出了从农民满意度的角度来评价当前农村住宅绿色节能是否合格的观点，采用问卷调查的方式对农民关心的问题进行调研，建立了一套适用于农村住宅的绿色节能满意度评价体系，并根据评价结果提出相应改进意见，进而推动绿色节能农村住宅体系的发展。

6.2.1　满意度评价问卷设计及调研

6.2.1.1　满意度评价问卷设计

调查问卷选取了 16 个影响绿色节能农村住宅农民满意度指标的因素，包括：用水节约费用及方便程度 X_1，用电节约费用及方便程度 X_2，用煤（气）节约费用及方便程度 X_3，用暖节约费用及方便程度 X_4，住宅门窗绿色节能使用的费用可接受程度 X_5，住宅墙体绿色节能增加费用的可接受程度 X_6，住宅屋面绿色节能增加费用的可接受程度 X_7，住宅空间合理布局的增加费用的可接受程度 X_8，住宅新增绿色节能设备的增加费用的可接受程度 X_9，住宅绿色节能后的外部美观程度 X_{10}，住宅绿色节能后的内部美观程度 X_{11}，住宅绿色节能后的整体舒适程度 X_{12}，住宅绿色节能后的幸福指数增加程度 X_{13}，绿色节能后太阳能使用带来的便利程度 X_{14}，绿色节能后沼气池使用带来的便利程度 X_{15}，绿色节能后其他新能源使用带来的便利程度 X_{16}。

6.2.1.2　满意度评价问卷调查

对陕西地区不同情况的 110 户农民进行了关于绿色节能满意度的问卷调查与访谈，被调查的农户所在村庄大部分已采用了一些针对新农村住宅的绿色节能措施。调查问卷共发放 110 份，回收 110 份，统计分析后得到有效问卷 103 份，有效回收率为 97.27%。为保证问卷回答的客观公正，访谈过程中不进行诱导性提示。

评价方式采用改进的里克特量表五级制，根据农民的切身感受来赋予每个问题相应得分。最低 1 分，表示物无所值，不能接受；最高 5 分，代表物超所值，很愿意接受。得分从 1 到 5，程度逐渐提高，最后以其综合得分情况反映农民对绿色节能住宅的满意度情况。与此同时，采用同样的方法对每个因素的重要性进行打分，各因素的重要性得分情况如表 6.1 所示。

评价指标重要性得分表　　　　　表 6.1

评价指标	最高分	平均分	得分率
X_1 用水节约	5	2.55	0.510
X_2 用电节约	5	2.73	0.546
X_3 用煤（气）节约	5	3.18	0.636
X_4 门窗节能	5	4.45	0.890
X_5 墙体节能	5	4.55	0.910
X_6 屋面节能	5	3.82	0.764
X_7 地面节能	5	3.45	0.690
X_8 空间布局	5	2.36	0.472
X_9 新增节能设备	5	2.91	0.582
X_{10} 外部美观	5	3.45	0.690
X_{11} 内部美观	5	4.36	0.872
X_{12} 整体舒适	5	4.24	0.848
X_{13} 幸福指数	5	3.36	0.672
X_{14} 太阳能	5	3.12	0.624
X_{15} 沼气池	5	2.82	0.564
X_{16} 其他新能源	5	2.24	0.448

6.2.2 满意度评价指标体系构建

绿色节能农村住宅的农民满意度评价指标体系，包含三级指标：一级指标是农民对绿色节能农村住宅的总体满意度；二级指标是通过因子分析从满意度指标中提取出来的关键因子；三级指标是影响绿色节能农村住宅满意度的很多彼此可能存在多重共线性的影响因素。

6.2.2.1 因子分析法建立层析结构模型

因子分析法是多元统计的一个分支，是一种将多变量化简的技术，其目的是浓缩数据、分解原始变量并从中归纳出潜在的"类别"。相关性较强的指标归为一类，每一类变量代表一个共同因子，不同类别之间的相关性很小，这样就将原来的多个相互关联指标组合成相互独立的少数几个能充分反映总体信息的指标，从而在不丢掉主要信息的前提下解决变量间的多重共线性问题。近年来，因子分析法在指标评价体系构建中得到了广泛应用。

为保证各个变量在分析中的地位相同，先利用 SPSS 软件的正态标准化方法对原始评价指标数据进行标准化处理（Z-score 变换），从而得到新的数据表。然后，对统计数据进行 KMO 测度与巴特利球体检验，所得结果如表 6.2 所示，其系数为 0.835，并且统计显著。可见，利用原始数据作因子分析是合适的。

KMO 测度与巴特利球体检验　　　　表 6.2

KMO 测度		0.835
巴特利球体检验	Approx. Chi-Square	42.643
	df	6
	Sig.	0.000

再利用最大方差法对因子进行旋转，得到旋转后的因子负荷矩阵，见表 6.3。通过分析，可得到 4 个公因子，这 4 个公因子的特征根解释了总体方差的 80.189%。实现了对原始指标的降维。

总方差分解表　　　　表 6.3

因子	Initial Eigenvalues			Extraction Sums of Squared Loadings			Rotation Sums of Squared Loadings		
	Total	% of Variance	Cumulative %	Total	% of Variance	Cumulative %	Total	% of Variance	Cumulative %
1	6.168	37.299	37.299	6.168	37.299	37.299	5.097	30.608	30.608
2	3.749	22.180	59.478	3.749	22.180	59.478	4.072	25.201	55.809
3	1.824	11.401	70.879	1.824	11.401	70.879	2.140	13.372	69.182
4	1.490	9.311	80.189	1.490	9.311	80.189	1.921	11.008	80.189
5	0.906	5.786	85.975						
6	0.625	4.030	90.005						
7	0.430	2.565	92.570						
8	0.258	1.862	94.433						
9	0.186	1.502	95.935						
10	0.147	1.457	97.392						
11	0.113	1.331	98.724						
12	0.050	0.937	99.660						
13	0.039	0.247	99.907						
14	0.015	0.093	100.000						
15	0.000	0.000	100.000						
16	0.000	0.000	100.000						

表 6.4 为旋转后的因子载荷矩阵，显示每个因子主要由哪些变量提供信息。由表中可见，第 1 因子主要与住宅门窗、墙体、屋面、地面等因素的绿色节能所增加费用的可接受程度呈正相关，更多的是反映农村住宅绿色节能费用的可接受程度；第 2 因子主要与农村住宅绿色节能后的新增节能设备、外部美观、内部美观、整体舒适、幸福满足感增加等因素呈正相关，更多的是反映农村住宅绿色节能后实用性能的增加程度；第 3 因子主要与农村住宅绿色节能后用电、用水、用煤等传统能源节约带来的实惠以及太阳能、沼气能等已用新能源带来的便利程度呈正相关，反映节能后的能源消耗；第 4 因子主要与农村住宅绿色节能中的空间布局以及对尚未使用的新能源期盼程度有关，这属于对农村住宅绿色节能的未来期望。

旋转后的因子负载值表 表 6.4

	因子			
	1	2	3	4
X₁用水节约	0.168	0.047	0.920	−0.041
X₂用电节约	0.022	0.266	0.874	−0.047
X₃用煤节约	0.112	−0.284	0.893	0.019
X₄门窗节能	0.879	0.063	0.373	0.086
X₅墙体节能	0.840	−0.110	0.209	−0.053
X₆屋面节能	0.800	−0.109	−0.233	0.081
X₇地面节能	0.929	0.063	0.101	0.072
X₈空间布局	0.002	0.217	−0.111	0.852
X₉新增节能设备	−0.315	0.827	−0.106	0.329
X₁₀外部美观	0.274	0.773	0.043	0.104
X₁₁内部美观	0.198	0.951	−0.052	0.108
X₁₂整体舒适	0.053	0.822	0.363	0.292
X₁₃幸福指数	0.262	0.826	0.128	0.087
X₁₄太阳能	0.402	0.140	0.889	−0.114
X₁₅沼气池	−0.144	0.263	0.977	0.086
X₁₆其他新能源	0.365	0.052	0.198	0.903

因此，可以将农村住宅绿色节能中的节能费用、实用程度、能源消耗、节能期望确定为 4 个二级指标，而三级指标则为 $X_1 \sim X_{16}$，其构成的层次结构模型如表 6.5 所示。

层次结构表 表 6.5

目标层	准则层	指标层
农村住宅绿色节能满意度 F	F₁节能费用	X₄门窗节能
		X₅墙体节能
		X₆屋面节能
		X₇地面节能
	F₂实用程度	X₉新增节能设备
		X₁₀外部美观
		X₁₁内部美观
		X₁₂整体舒适
		X₁₃幸福指数
	F₃能源消耗	X₁用水节约
		X₂用电节约
		X₃用煤节约
		X₁₄太阳能
		X₁₅沼气池
	F₄节能期望	X₈空间布局
		X₁₆其他新能源

6.2.2.2 满意度评价指标权重确定

（1）二级指标对一级指标的权重

因子 F_j（$j=1$，2，3，……，p）对全部变量的方差贡献为矩阵第 j 列元素的平方和，即 $\lambda_j = \sum_{i=1}^{p} a_{ij}^2$，它是衡量公共因子相对重要性的指标，$V_j$ 越大，表明 F_j 的贡献越大，因此通常可以用公共因子的方差贡献率作为权重。若将公共因子按方差贡献率由大到小排序，其特征值也按由大到小顺序排列，则有：

$$\lambda_j = \sum_{i=1}^{p} a_{ij}^2 = V_j \tag{6.1}$$

故可以利用下式表示一级指标：

$$F = \frac{\lambda_1}{\sum\limits_{j=1}^{m} \lambda_j} F_1 + \frac{\lambda_2}{\sum\limits_{j=1}^{m} \lambda_j} F_2 + \cdots\cdots + \frac{\lambda_m}{\sum\limits_{j=1}^{m} \lambda_j} F_m \tag{6.2}$$

上式中的 $\dfrac{\lambda_j}{\sum\limits_{j=1}^{m} \lambda_j}$ 为第 j 个主因子，即第 j 个二级指标对于一级指标的权重。

针对表 6.1 所得调查结果，提取了 4 个因子，对应的特征值分别为 5.097、4.072、2.140、1.921（见表 6.3）；根据公式 $\dfrac{\lambda_j}{\sum\limits_{j=1}^{m} \lambda_j}$（$j=1$，2，3，4）可计算得到各因子的贡献率为 0.39、0.31、0.16、0.14。由此可得农民满意度的总评价值为：

$$F = 0.39F_1 + 0.31F_2 + 0.16F_3 + 0.14F_4 \tag{6.3}$$

（2）三级指标对二级指标的权重

三级指标的权重采用层次分析法来确定。通过问卷调查，让农民对影响满意度的各因素重要性进行打分（如表 6.1 所示）。为进行两两比较，将结果量化，利用 AHP 的判断尺度来构造比较判断矩阵，其定义见表 6.6。

判断矩阵的标度及其含义　　　　　　　　　　　　　　　　　　表 6.6

标度	含义
1	表示指标 u_j 与 u_i 相比，具有同等重要性
3	表示指标 u_j 与 u_i 相比，u_j 与 u_i 稍微重要
5	表示指标 u_j 与 u_i 相比，u_j 与 u_i 明显重要
7	表示指标 u_j 与 u_i 相比，u_j 与 u_i 强烈重要
9	表示指标 u_j 与 u_i 相比，u_j 与 u_i 极端重要
2、4、6、8	分别表示相邻判断 1～3，3～5，5～7，7～9 的中值
倒数	表示指标 u_j 与 u_i 比较得 u_{ji}，则 u_i 与 u_j 比较得 $1/u_{ji}$

通过对各因素重要性的得分率进行分析，将指标中的 u_j 比 u_i 稍微重要，解释为因素 u_j 比 u_i 得分率高 10%；u_j 比 u_i 明显重要，解释为因素 u_j 比 u_i 得分率高 20%；u_j 比 u_i 强烈重要，解释为因素 u_j 比 u_i 得分率高 30%；u_j 比 u_i 极端重要，解释为因素 u_j 比 u_i 得分率高

40%；当因素 i 与因素 j 得分率差值非 0.05 的整倍数（$0.05n+k$，$n>1$，$0<k<0.05$）时，则它们的差值离相邻的哪个判断尺度较近，就判定其属于哪个尺度。

1）判断矩阵的构造

通过对表 6.1 中各因素重要性的得分进行分析，可得 4 个相关重要性的判断矩阵：

$$R_1 = \begin{bmatrix} 1 & 1 & 4 & 5 \\ 1 & 1 & 4 & 5 \\ 1/4 & 1/4 & 1 & 2 \\ 1/5 & 1/5 & 1/2 & 1 \end{bmatrix}, R_2 = \begin{bmatrix} 1 & 1/3 & 1/7 & 1/3 & 1/2 \\ 3 & 1 & 1/5 & 1 & 2 \\ 7 & 5 & 1 & 5 & 5 \\ 3 & 1 & 1/5 & 1 & 1 \\ 2 & 1/2 & 1/5 & 1 & 1 \end{bmatrix},$$

$$R_3 = \begin{bmatrix} 1 & 1/2 & 1/3 & 1/3 & 1/2 \\ 2 & 1 & 1/3 & 1/3 & 1 \\ 3 & 3 & 1 & 1 & 2 \\ 3 & 3 & 1 & 1 & 2 \\ 2 & 1 & 1/2 & 1/2 & 1 \end{bmatrix}, R_4 = \begin{bmatrix} 1 & 1 \\ 1 & 1 \end{bmatrix}$$

2）一致性检验与层次单排序

为保证应用层次分析法得到的结论合理，对构造的判断矩阵进行一致性检验。为检验判断矩阵的一致性，需要计算它的一致性指标 CI 和随机一致性指标 CR：

$$CI = \frac{\lambda_{\max} - n}{n - 1} \tag{6.4}$$

$$CR = \frac{CI}{RI} \tag{6.5}$$

式（6.4）中，n 为矩阵阶数；式（6.5）中，RI 为平均一致性指标。对于不同阶的判断矩阵，人们判断的一致误差不同，其 CI 值的要求也不同。为了衡量不同阶的判断矩阵是否具有满意的一致性，引入 RI，对于 $1\sim9$ 阶的判断矩阵，RI 的取值见表 6.7。当 $CR<0.1$ 时，即认为判断矩阵具有满意的一致性。

平均随机一致性指标　　　　　　　　　　　表 6.7

阶数	1	2	3	4	5	6	7	8	9	10
RI	0	0	0.58	0.89	1.11	1.25	1.35	1.4	1.45	1.49

层次单排序要计算判断矩阵 R 的特征值 λ 和特征向量 W，$\lambda_{\max} = \max(\lambda)$，即满足 $RW = \lambda_{\max}W$，并对特征向量 W 进行归一化运算，每个向量 W 的各分量为相应元素的权重，计算结果如下所示：

$$R_1 = \begin{bmatrix} 0.408 & 0.408 & 0.421 & 0.385 \\ 0.408 & 0.408 & 0.421 & 0.385 \\ 0.102 & 0.102 & 0.105 & 0.154 \\ 0.082 & 0.082 & 0.053 & 0.076 \end{bmatrix} \rightarrow \begin{bmatrix} 1.622 \\ 1.622 \\ 0.463 \\ 0.293 \end{bmatrix} \rightarrow \begin{bmatrix} 0.406 \\ 0.406 \\ 0.115 \\ 0.073 \end{bmatrix} = W_1$$

$$R_2 = \begin{bmatrix} 0.063 & 0.043 & 0.082 & 0.040 & 0.053 \\ 0.188 & 0.128 & 0.115 & 0.120 & 0.211 \\ 0.438 & 0.638 & 0.574 & 0.600 & 0.533 \\ 0.188 & 0.128 & 0.115 & 0.120 & 0.105 \\ 0.125 & 0.064 & 0.115 & 0.120 & 0.105 \end{bmatrix} \rightarrow \begin{bmatrix} 0.280 \\ 0.760 \\ 2.776 \\ 0.655 \\ 0.529 \end{bmatrix} \rightarrow \begin{bmatrix} 0.056 \\ 0.152 \\ 0.555 \\ 0.131 \\ 0.106 \end{bmatrix} = W_2$$

$$R_3 = \begin{bmatrix} 0.091 & 0.059 & 0.105 & 0.105 & 0.078 \\ 0.182 & 0.118 & 0.105 & 0.105 & 0.154 \\ 0.273 & 0.353 & 0.316 & 0.316 & 0.308 \\ 0.273 & 0.353 & 0.316 & 0.316 & 0.308 \\ 0.182 & 0.118 & 0.158 & 0.158 & 0.154 \end{bmatrix} \rightarrow \begin{bmatrix} 0.437 \\ 0.664 \\ 1.565 \\ 1.565 \\ 0.769 \end{bmatrix} \rightarrow \begin{bmatrix} 0.087 \\ 0.133 \\ 0.313 \\ 0.313 \\ 0.154 \end{bmatrix} = W_3$$

$$R_4 = \begin{bmatrix} 0.5 & 0.5 \\ 0.5 & 0.5 \end{bmatrix} \rightarrow \begin{bmatrix} 1 \\ 1 \end{bmatrix} \rightarrow \begin{bmatrix} 0.5 \\ 0.5 \end{bmatrix} = W_4$$

对于节能费用的判断矩阵 R_1:

$$W_1 = [0.406 \quad 0.406 \quad 0.115 \quad 0.073]^T \lambda_{max} = 4.04 , CI = 0.001 , CR = 0.001$$

对于实用程度的判断矩阵 R_2:

$$W_2 = [0.056 \quad 0.152 \quad 0.555 \quad 0.131 \quad 0.106]^T \lambda_{max} = 5.016 ,$$
$$CI = 0.004 , CR = 0.0036$$

对于能源消耗的判断矩阵 R_3:

$$W_3 = [0.087 \quad 0.133 \quad 0.313 \quad 0.313 \quad 0.154]^T \lambda_{max} = 5.002 , CI = 0 , CR = 0.0005$$

对于节能建设期望的判断矩阵 R_4:

$$W_4 = [0.5 \quad 0.5]^T \lambda_{max} = 2 , CI = 0 , CR = 0$$

它们的随机一致性指标 CR 均小于 0.1,通过了一致性检验。

利用同一层次中所有单排序的结果,通过加权,可得层次单排序各权重:

$$F_1 = 0.406X_4 + 0.406X_5 + 0.115X_6 + 0.073X_7 \tag{6.6}$$
$$F_2 = 0.056X_9 + 0.152X_{10} + 0.555X_{11} + 0.131X_{12} + 0.106X_{13} \tag{6.7}$$
$$F_3 = 0.087X_1 + 0.133X_2 + 0.313X_3 + 0.313X_{14} + 0.154X_{15} \tag{6.8}$$
$$F_4 = 0.500X_8 + 0.500X_{16} \tag{6.9}$$

将式(6.6)~式(6.9)代入式(6.3),可得最终的评价模型:

$$F = 0.014X_1 + 0.021X_2 + 0.050X_3 + 0.158X_4 + 0.158X_5 + 0.045X_6 + 0.028X_7$$
$$+ 0.070X_8 + 0.017X_9 + 0.047X_{10} + 0.172X_{11} + 0.041X_{12} + 0.033X_{13}$$
$$+ 0.050X_{14} + 0.025X_{15} + 0.070X_{16}$$

农民满意度评价体系是一个开放的体系,其满意度影响因素可随着研究及实践的深入进行合理的调整及细化。

根据农民满意度评价体系的层次性以及影响因素可归类性的特点,本节采用 AHP 与因子分析法相结合来进行评估,通过实地调研验证,建立了满意度评价体系。通过评价可以对结果进行调整，从而提高农村住宅绿色节能的满意度，这对进一步完善绿色节能农村住宅体系具有一定的指导作用。

6.3 农村住宅绿色节能综合评价案例研究

6.3.1 农村住宅绿色节能案例简介

本节引用的案例为陕西省大荔县朝邑镇紫阳村某农宅的绿色节能情况。该住宅的主要情况如图6.3所示。该住宅位于紫阳村中北部，为20世纪80年代末90年代初规划的农村老宅，处于整体农村规划之中，总建筑面积大约300m²，分前、后院（前院主要用于居住，为增加居住地方，前院加盖2层，后院主要用于放置杂物）。

图6.3 陕西省大荔县朝邑镇紫阳村某农宅

6.3.2 农村住宅绿色节能实例评价及结果分析

6.3.2.1 农村住宅绿色节能评价流程

如图6.4所示为实例评价的流程图，该过程首先对住宅进行实地调研，收集住宅资料，按照农村住宅绿色节能评价体系中的多个评分标准，对该住宅的建筑与结构、节能、室内环境、人文、规划等因素进行打分（调研问卷直接打分最后汇总，运用因子分析方法最终得出评价分数），形成评价报告。然后，按照报告的评价结果进行农村住宅的绿色渐进节能，同时对农村住宅的节能进行全程的满意度评价，最终完成住宅的绿色节能工作，并将结果储存备案。

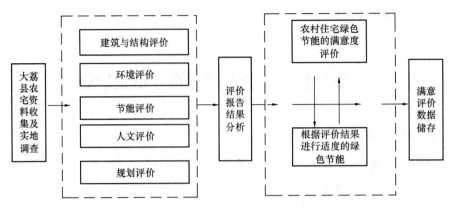

图 6.4　农村住宅渐进绿色节能评价流程

6.3.2.2　农村住宅绿色节能评价方法说明

（1）指标评价：通过问卷调查，采用直接打分法，根据评分标准，给出"优秀"、"较好"、"一般"、"较差"、"差"五个档次的分数，并利用综合评价方法，得到相应客观合理的评价结果。

（2）评价结果分级：按照最终的评价结果得分评定为四个等级，综合评定 0～30 分为"农村住宅必须绿色节能"，30～60 分为"农村住宅急需绿色节能"，60～80 分为"农村住宅需要绿色节能"，80～100 分为"农村住宅不需要绿色节能"。

（3）满意度评价：满意度的评价与农村住宅的绿色节能同步进行，在节能完成后还要进行最后的满意度评价，最终结果存档，为下一步的节能提供依据。

6.3.2.3　农村住宅绿色节能评价结果及分析

首先对实例进行绿色节能评估，通过对其建筑与结构、节能、室内环境、人文、规划等几个方面的问卷调研，最终汇总后，得到如表 6.8 所示的数据结果。

农村住宅绿色节能问卷调查结果分析（建筑与结构评价）　　　表 6.8

一级指标	二级指标	评分标准	参考规范	分值
建筑与结构	建筑设计	套型设计	《住宅设计规范》	0.4
		住宅设备设计		0.4
	结构设计	住宅安全性	《住宅性能评定技术标准》	0.6
		住宅耐久性		0.4
		住宅抗震性		0.2
	防火设计	层数和建筑面积	《住宅设计防火规范》	0.6
		防火间距		0.4
		住宅耐火等级		0.6
		安全疏散		0.6
		消防车道规范		0.4
		住宅构造规范		0.6
		消防设施规范		0.2
		防烟与排烟规范		0.4
		电气设计规范		0.4

一级指标	二级指标	评分标准	参考规范	分值
节能	材料节能	新型节能墙体的隔热保温材料的运用	《民用建筑节能管理规定》	0.2
		新型节能屋面的隔热保温材料的运用		0.4
		节能门窗的运用		0.4
	技术节能	新型节能墙体和屋面的保温、隔热技术的运用		0.2
		集中供热技术的运用		0.2
		供热采暖系统温度调控技术装置的运用		0.4
		太阳能、地热等可再生能源应用技术及设备的运用		0.4
		建筑照明节能产品的运用		0.4
		空调制冷节能产品的运用		0.2
		其他效果显著的节能技术和节能管理技术运用		0.2
	维护建筑节能	符合屋顶传热系数和平均热惰性指标相关要求	《夏热冬冷地区居住建筑节能设计标准》	0.2
		符合外墙传热系数和平均热惰性指标相关要求		0.4
		符合各个朝向以及窗墙面积比相关要求		0.4

农村住宅绿色节能问卷调查结果分析（室内环境评价）　表6.10

一级指标	二级指标	评分标准	参考规范	分值
室内环境	噪声隔声	空气隔声标准符合要求	《民用建筑设计通则》	0.6
		室内噪声级符合要求		0.6
		撞击声隔声标准符合要求		0.4
	日照采光	住宅利用外部环境提供的日照条件，至少有一个居住空间能获得冬季日照	《住宅建筑规范》	0.4
		住宅的起居室、卧室、书房、厨房采光系统符合要求	《民用建筑设计通则》	0.6
		住宅卫生间、过厅、楼梯间、餐厅的采光系数合要求		0.4
		不同气候区住宅日照标准符合要求	《城镇居住区规划设计规范》	0.6
	空气质量	室内空气氡浓度限值符合规范要求	《住宅设计规范》	0.8
		空气中游离甲醛浓度限值符合规范要求		0.8
		空气中苯浓度限值符合规范要求		0.8
		空气中氨浓度限值符合规范要求		0.6
		空气中总发挥性有机化合物浓度限值符合要求		0.6
	通风	住宅内应有与室外空气直接流通的窗口或洞口符合民用建筑设计通则规定	《民用建筑设计通则》	0.8
		浴室和厕所设机械通风换气设施		0.4
		厨房、卫生间进风固定百叶		0.4
		自然通风道的位置应设于窗户一面	《民用建筑设计通则》	0.4
		通风系统应符合通则规定		0.4

一级指标	二级指标	评分标准	参考规范	分值
人文	立面美观	立面美感	—	0.4
		立面色彩		0.2
		立面材料		0.2
		与周围环境协调性		0.4
	建筑意义	屋顶外观	—	0.4
		建筑对乡村居民的意义		0.4
		建筑自身的历史意义		0.2
		建筑对乡村城镇的意义		0.2
	乡村文化	乡村活动	—	0.2
		邻里之间关系		0.4
		农民归属感		0.4
	乡村治安	农民安全感	—	0.4
		民事案发率控制		0.8

农村住宅绿色节能问卷调查结果分析（规划评价）　　表 6.12

一级指标	二级指标	评分标准	参考规范	分值
规划	乡村规划	建筑布置	《城镇居住区规划设计规范》	0.6
		建筑间距		0.8
		村庄通道		0.6
		公共空间		0.4
	公共设施	教育设施	《城镇居住区规划设计规范》	0.6
		市政公用		0.4
		行政管理		0.4
		医疗卫生		0.4
		文化体育		0.2
		邮电金融		0.4
		车辆停放		0.4
		商业服务		0.4
	交通	拥有便捷的交通能够到达城镇中心	《城镇居住区规划设计规范》	0.6
	乡村环境	村庄绿化	《城镇居住区规划设计规范》	0.4
		建筑场地选址	《绿色建筑评价标准》	0.4
		村庄内部无污染散发源		0.6
		村庄环境噪声		0.6
		村庄空气环境		0.8

　　在对农村住宅节能的各级指标进行权重确定时，依旧采用的是 SPSS 软件，通过层次分析法与因子分析法相结合，最终导出各级指标所占的比重，如表 6.13 所示。

一级指标	一级权重	二级指标	二级权重
I1 建筑与结构	0.457748	I11 建筑设计	0.221655
		I12 结构设计	0.433119
		I13 防火设计	0.345226
I2 节能	0.293238	I21 建筑节能	0.198224
		I22 技术节能	0.119814
		I23 材料节能	0.194488
		I24 维护结构节能	0.239168
		I25 节水	0.248306
I3 室内环境	0.132345	I31 噪声隔声	0.228852
		I32 日光采光	0.239123
		I33 空气质量	0.275647
		I34 通风	0.256378
I4 人文	0.028665	I41 建筑意义	0.163093
		I42 村庄文化	0.182181
		I43 村庄治安	0.304528
		I44 立面美观	0.350198
I5 规划	0.088004	I51 乡村规划	0.345177
		I52 交通	0.142438
		I53 公共设施	0.246021
		I54 乡村环境	0.266364

通过问卷调查、现场勘查以及对周边农民的调研，对各因素权重进行计算，得出如表 6.14 所示的综合评价结果。

农村住宅绿色节能的各级指标最终评价结果　　　　表 6.14

住宅结构	42.3	农村住宅急需绿色节能
节能	34.17	农村住宅急需绿色节能
室内环境	56.31	农村住宅急需绿色节能
规划	55.46	农村住宅急需绿色节能
人文	35.38	农村住宅急需绿色节能
综合评价	41.54	

评价等级标准为：0～30 分，农村住宅必须绿色节能；30～60 分，农村住宅急需绿色节能；60～80 分，农村住宅需要绿色节能；80～100 分，农村住宅不需要绿色节能。由表 6.10 可以看出，节能部分得分最低，只有 34.14 分，室内环境部分得分最高，56.31 分，但均小于 60 分，说明该农村住宅急需绿色节能，显示出绿色节能的迫切性与必要性。

6.3.2.4　农村住宅满意度评价结果及分析

按照农村住宅绿色评价结果对大荔县农村住宅进行渐进绿色节能，在其进行过程中及绿色节能完成后，还要进行满意度评价的验证，以检验农村住宅的绿色节能是否符合农民的满意度，如表 6.15 所示。

农村住宅绿色节能的农民满意度调查情况 表 6.15

评价指标	最高分	平均分	权重	综合得分
X_1 用水节约	5	4.55	0.014	0.0637
X_2 用电节约	5	3.73	0.021	0.07833
X_3 用煤气节约	5	4.18	0.05	0.209
X_4 门窗	5	4.45	0.158	0.7031
X_5 墙体	5	4.55	0.158	0.7189
X_6 屋面	5	4.82	0.045	0.2169
X_7 地面	5	4.45	0.029	0.12905
X_8 空间布局	5	4.36	0.07	0.3052
X_9 新增节能设备	5	4.91	0.017	0.08347
X_{10} 外部美观	5	4.45	0.047	0.20915
X_{11} 内部美观	5	4.36	0.172	0.74992
X_{12} 整体舒适	5	4.24	0.041	0.17384
X_{13} 幸福指数	5	4.36	0.033	0.14388
X_{14} 太阳能	5	4.12	0.05	0.206
X_{15} 沼气池	5	4.82	0.025	0.1205
X_{16} 其他新能源	5	4.24	0.07	0.2968
合计得分		4.40774		

满意度评价体系中，5 分代表非常满意，1 分代表非常不满意。经过绿色节能的农村住宅，其综合得分为 4.40774 分，说明此次绿色节能是成功的。

通过陕西省大荔县朝邑镇紫阳村某农宅的绿色节能案例分析，对农村住宅的绿色节能模型进行了检验，同时也将满意度评价体系应用到对住宅绿色节能的评价之中，通过不断的相互反馈以及最终的满意度调查，使得绿色节能的结果达到一定条件下的满意度最佳。

在本次农村住宅的绿色节能案例中，重点放在前期的"要不要绿色节能？"、"哪些部分需要绿色节能？"、"绿色节能的先后顺序"以及事后的"满意度评价"之中，而没有过分地关注绿色节能的过程。同时，由于每户农民的实际情况不同、住宅状况不同、需求层次不同，因此需要有针对性地对农村住宅进行渐进的绿色节能，且必须有着一套完善的激励机制来促进推动。

6.4 农村住宅绿色节能激励模式及节能渐进性研究

6.4.1 农村住宅绿色节能激励模式研究

6.4.1.1 农村住宅现状需求分析及理论介绍
（1）农村住宅现状分析

近年来，随着国家的大力倡导，人们绿色节能环保意识正逐步提高，越来越多的人认识到绿色节能的重要性。在我国，建筑能耗占到了总能耗的 30%～40%，农村既有住宅占全国既有住宅总量的 78.1%，同时，每年农村新建住宅占全国每年新建住宅总量的 50% 以上，因而在我国新农村建设中，加快既有住宅绿色节能环保技术的应用，已成为住宅业更新节能的必由之路。

我国是发展中国家，人均 GDP 还很低，经济实力不强，地区发展不平衡，绿色住宅市场，特别是农村绿色住宅消费市场，由于受到初期建造成本（包括设计成本和建安成本）的制约，受限非常明显，很难得到大规模的推广。

根据对绿色节能住宅成本的测算，绿色节能住宅增加住宅建造成本是必然的，对既有住宅进行绿色节能建设，也会增加其建造成本。通过对项目造价和成本的计算分析，住宅绿色节能 50%，每平方米造价会增加成本 10%。再加上相应的设计成本及风险因素，因此对于绿色住宅在农村中的应用，目前还仅仅停留在初期探索阶段。尽管有很多成功经验和模式可借鉴，但由于总成本及技术方面的原因，尚无法进行大规模的推广。

要改变此种现状，在新农村发展绿色住宅及对既有农村住宅进行绿色节能建设，就必须通过相应的激励制度和约束手段，以此解决我国在新农村发展绿色节能住宅中所存在的问题。

（2）农村住宅绿色节能激励制度需求分析

我国农村住宅绿色节能之所以无法全面实施，除没有统一的绿色节能指导等原因外，缺乏行之有效的激励约束机制也是制约发展绿色住宅的一大软肋。激励约束机制的设计，应以满足农民合理需求为前提。在新农村发展绿色住宅，进行农村住宅的绿色节能建设，就要打通农村住宅绿色节能的产业链，才能够真正实现新农村绿色节能项目的大规模进行。而要打通产业链，最重要的是充分了解该产业链各方的需求，分析该产业链上的企业及农民需求，可归纳为如下两点：

1）物质需求

企业、农民作为一个理性经济人，其根本目的是自身收益的最大化以及支出的最小化。影响其在推广农村绿色住宅及既有住宅绿色节能积极性的一个根本因素，就是推广绿色住宅的比较收益，也即费效比。收益与支出的关系可简单表示为如表 6.16 所示。

推广绿色住宅的效益与支持关系　　　　　　　　　　　　　　表 6.16

绿色住宅生产补贴	有	无
企业或农民建绿色住宅的收益	$P \times Q - C + S$	$P \times Q - C$
企业或农民建绿色住宅的支出	$P \times Q$	

注：P 为绿色住宅价格，Q 为绿色住宅产量，C 为绿色住宅的生产成本，S 为政府对绿色住宅生产的财政补贴。

相关企业进行农村住宅的绿色节能时，所增加的成本，如果没有政府财政补贴，最终将转嫁到农民的身上。农民从绿色住宅生产中获得的收入主要包括两个部分，一是后期维护成本和使用成本的降低，二是政府对绿色住宅的财政补贴。可以看出，影响企业及农民推广绿色住宅积极性的因素具体包括以下几个：绿色住宅材料价格、生产成本、后期使用中维护和使用成本以及对绿色住宅生产的财政补贴，其中绿色住宅材料价格与绿色住宅补贴对企业推广绿色住宅的积极性呈正相关，即绿色住宅补贴的提高能够促进绿色节能材料的生产成本的减少，从而增加绿色节能材料的销路，提高企业推广绿色住宅及住宅绿色节能的积极性。反之对农民来说，初期建设成本、使用成本及后期维护成本的降低和绿色住宅补贴的提高，能够调动他们应用绿色住宅及住宅绿色节能的积极性。住宅绿色节能成本与企业、农民推广绿色住宅积极性呈负相关关系，当节能建设成本越高时，农民、企业对绿色住宅的推广积极性就越发降低。

2）精神需求

对于绿色住宅及既有住宅绿色节能的推广，企业、农民除了物质性的需求外，还有精神方面的需求。参与建设的企业希望通过具有社会意义的经济活动来获得企业利润，同时履行自身的社会责任并获得社会认可。如果他们在新农村建设中成功推广完成计划，给予他们一定的荣誉可以使他们感到强烈的成就感，从而起到良好的激励作用。这种荣誉在企业后期经营中，会转化为巨大的物质财富。对农民而言，积极配合国家相关政策法规，在新农村建设中推广绿色住宅，为保护家乡生态环境作出贡献，其更多的需求表现为一种对美好事物的追求以及拥有后的满足感及成就感。

（3）激励制度相关理论介绍

农村住宅绿色节能激励模式需要相应的理论基础来支持和构建，这里最重要的思想及理论包括系统论思想及相关市场理论假设。

系统论思想的核心观念是整体观念，也就是说，任何系统都是一个具有一定结构和功能的有机整体，而不是组成整体的各要素简单的合并或相加，而且系统作为一个独立的整体，它的功能要远远大于各部分功能之和。系统论思想的引入，不仅在于对其内容有所认识，更重要的是把它的规律应用到具体的实践中，即应用到需要管理的系统中，协调各要素关系，使系统达到优化目标，为日常的生产、生活服务。

市场机制在整个大市场经济的背景之下，在整个社会资源的配置中，起着相当大的决定作用。市场决定供需的旺盛与否，市场决定了资源的充沛与否。然而，市场机制并不是万能的，当市场失去了对社会资源控制的时候，称之为市场失灵。通常所说的市场失灵也就是这种情形，在这种情况下，整体社会资源达到一个最佳的配置状态。而在能够解决市场失灵的所有的手段中，最有效的为政府干预。

外部效应是指相互作用的双方互有影响，但是彼此又没有证据对对方产生了影响而要求获益的一方来对其进行补偿。当市场存在所谓的外部效应的时候，市场是无效的，也就是所谓的未达到市场帕累托最佳状态。

出于社会要求或法律原因，政府有时候需要向人民提供一些物品，这些物品一般不具有排他或竞争性，而是一些简单的必需品，也就是人们通常说的公共物品。不同政府往往因为自身经济承受能力的不同而为公民提供不同的公共物品。公共物品自身具备不同的属性及特征，因此不同的公共物品安排会带来供给与需求的不同以及不同程度的效率最佳。

6.4.1.2　农村住宅绿色节能的经济特点及参与主体

农村住宅存在着独特的经济特点，涉及不同的相关参与主体。通过简单的概括，可得出几个主要参与者之间的关系，进而形成完整的激励模式。

（1）农村住宅经济特点分析

农村住宅的绿色节能主要具有以下几个经济特点：正外部性、代际外部性、市场失灵和政府失灵。

通常来说，对农村住宅进行节能的主要目的是节约能源使用、提高住宅的舒适度以及提高农村的整体居住水平，这种对住宅的绿色节能虽然导致了前期的一些必要投资，但在后期的使用过程中，必然会逐步收回，这是一种节能投资，是一种自我利益的实现。在该情形下，社会会因此而获利，但作为社会的单一个体，农民却没有得到应有的报酬，也就是当农民进行住宅的绿色节能时，社会获利远大于其中的某一个个体，即通常所说的住宅节能的正外部性。正是由于绿色节能存在正外部性，就必然导致前期的投资远大于前期的收入（因为支出减少而获利），如果这部分住宅节能的费用完全由农民个体承担，其投资回收期会长达十几甚至几十年，这对农民来说基本上是没有诱惑力的，也不会因此产生绿色节能建设的动力。

人们在追求利益最大化的同时，往往存在着对他人追求利益最大化的阻碍，该情形可用博弈论中的"囚徒困境"来进行解释。此困境同样存在于当代人与下代人之间：当代人为追求生活质量与舒适而过度消耗非可再生能源，必定影响到下一代人对能源的利用。以"农村住宅绿色节能建设的博弈模型"为例（如表6.17所示）进行解释，在该情形下，当人们都选择"非绿色节能建设"时，为一个利益均衡解，达到了自身利益的最大化。但这种单方面的选择往往意味着对下一代利益的剥夺，当代人在没有任何外部约束的条件下很难为下一代的利益而主动放弃自身利益，当代法律也很少涉及对下一代人利益的保护。可见，农村住宅绿色节能领域存在着代际外部性，利用市场手段调节也只能以失败而告终，因此农村住宅的绿色节能会同时存在市场失灵和政府失灵的风险。

农村住宅绿色节能建设的博弈模型 表6.17

博弈模型		消费者乙	
		绿色节能	非绿色节能
消费者甲	绿色节能	5，5	1，10
	非绿色节能	10，1	0，0

正是由于农村住宅绿色节能具有外部性，领域内存在市场失灵和政府失灵的现象，这就使单靠市场调控无法实现农村住宅的绿色节能，必须依靠相关政府部门通过实施一定的激励机制才能真正推动其发展。

（2）农村住宅参与主体分析

农村住宅的绿色节能具有外部性，这种正外部性的存在会导致人们在正常现有情况下，不会主动自发地进行住宅的绿色节能建设，而会选择其他的途径或方式来完成。因此，建立行之有效的绿色节能激励模式，对于农村住宅的绿色节能具有非常大的促进作用。

要构建行之有效的激励模型，首先要确定激励对象与激励目标，这是进行激励的前提。所谓目标激励，就是创造满足激励对象各种需要的条件，激发他们进行绿色节能建设的动机，产生实现组织目标的特定行为过程，图6.5即为激励理论过程示意图。

就农村住宅绿色节能建设激励模式的构建，首先是对农村住宅绿色节能的参与者进行分析，其次从原始动机的角度分析农民参与绿色节能建设的动力，最后明确政府及相关企业在其中的角色。

农村住宅绿色节能建设激励模式的参与者可概括为：农民、政府以及参与绿色节能建

图 6.5　激励理论过程示意图

设的企业。农民是进行住宅绿色节能建设的主体，他们是最直接的绿色节能建设参与者以及节能建设后的受益者。政府是住宅绿色节能建设的主导者与推动者，在缺乏相应的法律法规前提下，政府需要制定相应的激励政策来促进农村住宅绿色节能建设的实现。参与节能建设的企业，包括住宅开发商以及绿色建筑材料供应商。绿色节能建设必然需要相配套的绿色建材来支撑，而为了保证住宅节能的质量与品质，更需要专业的施工单位及开发商来进行整体的运营。节能建设的三方参与者，只有相互合作、相互配合，才能使得农村住宅的绿色节能顺利进行并取得预期效果。

　　亚当·斯密的经纪人理论认为人们都在关心自身的利益并将这种利益最大化，但由于客观条件的限制，人们不可能了解所有信息，并恰当处理，因此人们在实际情况下，都是有限理性的。为此，美国经济学家西蒙提出了有限经济人理论。

　　依据"经济人"假设，农民在农村住宅的节能建设过程中最关心的问题是自身利益的最大化，即在何种条件下，既能实现自身居住条件及舒适度的最大提升，又可以不为此支付超额的费用，从而达到一个理想的最佳收益平衡。可见，要顺利实现农村住宅的绿色节能，必然要求政府出台相应的绿色节能建设激励政策来推动农村住宅绿色节能的合理发展。同时，农民是绿色节能住宅的使用者和最终受益者。要使农民能够积极主动地投入到农村住宅的绿色节能中，就必须让其切身感受到绿色节能所带来的好处以及经济利益，从根本上解决农村住宅绿色节能动力不足的问题。单从经济回收的角度来看，一般农村住宅从现有状态改建为一般意义的绿色住宅（节能 40%～50%）每平方米费用为 100～300元，而其投资回收期大概在十几到几十年。从一个理性经济人的角度来看，在该情形下，农民很难主动自发地进行农村住宅的绿色节能。

　　政府在农村住宅绿色节能之中扮演着非常重要的角色，它在农民与企业之间起着连接性的作用。在绿色节能前期，需要在政府的推动下，带动相关企业与农民参与到农村住宅的绿色节能之中。而为了保证绿色节能的自发性与延续性，政府需要出台相关的激励政策来推动农村住宅的绿色节能。同时，为了保证企业参与的积极性，还需要为企业留足利润空间。在整个参与过程中，政府来弥补市场经济留下的空白，保证整个绿色节能建设过程的顺利进行。

　　农村住宅绿色节能建设的企业包括施工企业以及绿色材料的供应企业。对于绿色节能的施工企业，作为一线工作人员，肩负着农村住宅绿色节能质量的重任。但作为企业的本质，在一定程度上会追求利润的最大化，因此如果没有适当的质量监督与后评估，很难保证住宅节能的质量。对于绿色材料的供应企业，在整个绿色节能建设的过程中，同样承担着非常重要的职责，相关建筑材料技术指标的缺失以及建筑材料的用途及功能的划分与定位不明确，将导致相关领域监管的困难，因此在进行节能建设的过程中，需要对参与农村住宅绿色节能建设的企业进行合理的监督管理及引导。

从上述分析可以看出，无论是农民、开发商、建材供应商，还是政府等其他相关部门，其利益都是环环相扣的。在此复杂的利益关系面前，各方如果没有一个科学合理的参与平台与机制，必将导致农村住宅绿色节能工作的进展艰难，其结果也很难得到公众的认同，产生恶劣的社会影响。因此，在进行绿色节能之前，首先要理顺参与各方的利益关系，通过相匹配的激励政策来促进绿色节能建设的顺利进行。

6.4.1.3 农村住宅绿色节能建设激励目标及激励框架

（1）农村住宅激励目标制定

农村住宅的绿色节能建设需要有一定的节能目标来激励。农村住宅节能最基本的目标是减低现有住宅的高能耗现状，同时增加住宅的舒适度，提高人们的居住水平及生活水平，促进社会的发展，节约社会资源。明确农村住宅绿色节能建设的目标，不仅有利于制定努力的方向，更有利于可行计划的顺利落实。

从另外一个角度反观农村住宅的激励目标，其本质实际上是在政府及政策的引导之下，各个参与主体（农民及相关企业）主动参与到相关的农村住宅绿色节能之中，经过节能建设达到预期节能效果，并实现生活水平、居住质量的提高以及舒适度的提升。

（2）农村住宅激励框架构建

农村住宅激励模式实施的过程，即为政府制定相关的激励政策，通过住宅绿色节能的各个参与方的参与及相互作用，最终实现激励目标的过程。在框架构建的过程中，利用系统论的观点进行组织，各个参与对象相互作用、相互联系，通过社会监督及实践检验，最终构成完整的农村住宅绿色节能建设的激励制度。

通过市场调研及分析，结合经济学理论，发现因为农村住宅的绿色节能存在着正外部性以及市场失灵等情况，仅依靠农民或企业的自主性，很难实现住宅的大规模节能建设，要实现真正意义上的农村住宅绿色节能，就必须摆脱单一的以市场机制为激励模式，企图通过多方的综合作用来达成最终的激励目标。实际上，农村住宅绿色节能激励是一个多因素、多目标、多主体、多渠道相结合的系统工程，需要市场、政府和农民的多方相互配合，三者相互促动。

如图6.6所示为"市场机制＋政府管理＋村庄促动"的农村住宅绿色节能建设"立体驱动模式"，它将整个住宅绿色节能建设用系统论的思想进行构建，打造一个多方参与、多渠道融资、多方配合的系统体系。只有市场、政府及农民相互促动，才可能推进农村住宅节能建设的发展。

从市场机制的角度看，农村住宅绿色节能是一项系统工程，该系统工程的实施受到市场机制的制约与限制，在实际节能建设过程中存在竞争性，其最终目的是实现节能后能源的节约以及农民生活质量的提高以及舒适度的提升。农村住宅绿色节能市场存在的问题主要有：缺乏利益驱动以及信息不对称引发住宅绿色节能市场的交易障碍。

有效的市场机制手段构建应能够弥补市场机制的缺陷。首先，建立住宅能效测评标识制度，住宅测评标识制度的建立有利于农村住宅绿色节能市场的完善。其次，建立完善的绿色节能市场指标。完善的绿色节能市场指标不但有利于明确住宅绿色节能的成本与利润的对比，更有利于农村住宅绿色节能的宣传与推广。最后，拓宽市场融资渠道。农村住宅的绿色节能范围较广，完全依赖政府资金不现实，因此需要调动相应的市场资金来完成住宅的节能建设。

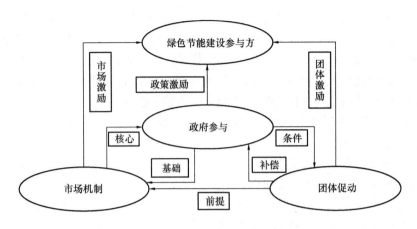

图 6.6　农村住宅绿色节能建设驱动

从政府管理职能的角度看，目前大规模进行农村住宅的绿色节能建设主要有以下几点限制：整体社会对农村住宅绿色节能的认知有限，重视程度不高，导致工作难以开展；人们对现状的满足以及对更为绿色环保生活的不追求，使得市场的整体需求未显现；相应配套设施及建筑施工标准的缺失，导致市场的不规范；相应融资渠道的匮乏，导致农村住宅绿色节能资金的捉襟见肘；缺乏行之有效的市场激励机制，导致节能建设的后劲不足。有鉴于此，政府需要从以下几个方面对农村住宅绿色节能市场进行规范，促进绿色节能市场的进一步发展：开展宣传培训活动，进行试点工程，赢取百姓支持；对产品供应商进行激励管理；多方融资，政府财税支持，通过有效的政策引导，在绿色节能建设费用上形成多方分担的局面；运用法律手段保障绿色节能建设实施。例如在陕西农村的居住村庄范围内，存在村委会。村委会由农民直接选举产生，因此村委会领导在农民中的威信普遍较高。将农村住宅的绿色节能建设任务下放到村委会来进行具体的执行与推广，能产生更为积极的效果。

在农村中，最有效的激励措施为法规约束和荣誉激励。农村住宅的绿色节能，需要以村庄为团体，实现大规模推广。在村庄进行节能建设过程中，需要制定相匹配的个人节能目标以及村庄的整体节能目标，使个体的节能顺应整体的规划。而在具体实施的过程中，要加大农民的主动参与力度，制定相应的村庄节能建设激励条例，对积极主动参与的个体给予物质及精神奖励。实施过程中，本着科学民主的原则，征求各方意见，团结各方参与主体，完成个体的节能建设，进而完成整个村庄的节能建设。在村庄中应树立农村住宅绿色节能建设的典型，发挥其模范带头作用，给予精神及物质的奖励。如此通过农民的示范作用来影响其他未进行节能建设的农民进行住宅的绿色节能建设，用切身的节能体会说服未进行节能的个体进行住宅节能。

6.4.2　农村住宅绿色节能建设渐进性研究

6.4.2.1　农村住宅绿色渐进性节能建设必要性分析

在我国农村中常出现：村庄道路弯弯曲曲，宽窄不一，道路的中间或冒出一户新建的农村住宅，堵住了道路；在村庄的周边外围，有几个新建的瓦房正在施工，但在村庄里面，尤其在村落的中心地段，反而破败不堪；新房与旧房相互交错，参差不齐。

事实上，农村住宅的绿色节能建设并非是一个一蹴而就的事情，目前最大的困难在于农民对农村住宅节能建设的需求程度及迫切程度不同。目前农村之中有的住宅刚刚新建，农民对现状比较满意，不愿再出额外的费用进行住宅的绿色节能建设。同时，另外一些年久失修的住宅虽然急需改建，但费用往往超过农民的预期，宁愿选择新建住宅。农民收入的不同，受教育程度的不同，以及对新事物接受能力的不同都会加大农村住宅大规模进行绿色节能建设的难度。

各个村庄及住宅的基本情况不同，决定了农村住宅的绿色节能建设的多样性与复杂性；住宅的新旧不一，决定了住宅绿色节能建设的长期性与艰巨性；各户农民家庭情况及基本收入的差异，决定了农村住宅的节能建设不能一刀切，必须按照各个家庭的具体情况进行不同程度的节能建设，循序渐进地进行。

综上，农村住宅的绿色节能建设必须遵循节能建设的"渐进性"。在充分考虑自身基本情况（如经济能力等方面）以及住宅现状的基础上，利用有限资源，将其消费在最需要改善的部分。

6.4.2.2　农村住宅绿色节能建设的渐进性研究

（1）绿色渐进节能建设程度划分及应用

农民实际情况的不同，决定了农村住宅绿色节能程度的不同。收入较高或对住宅本身性能要求较高的农民，可能会在具体的节能建设过程中，对节能的整体设计、规划、用材、质量、性能等综合要求较高；反之，则要求较低。因此，针对不同情况及选择的农民，需提供不同级别的绿色节能建设。

根据马斯洛需求理论（如图 6.7 所示），可对农村住宅的绿色节能建设进行合理的"层级"划分。在马斯洛需求层次理论中，将人的需求分为生理需求、安全需求、社交需求、尊重需求、自我实现需求五个层次，层次由低到高依次递进。

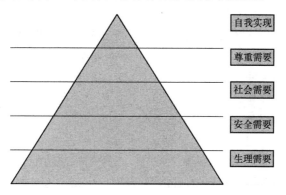

图 6.7　马斯洛需求层次分析

生理需求，是指人维持自身生存的最基本要求，包括食、衣、住、行等。这是一类级别最低的需求，如果这些基础性的需求不能得到满足，人的生存就会出现问题。生理需求是推动一个人行动的最强大内在动力。只有当这些最基本的需求得到满足，能够维持生存之后，其他需求才能成为新的激励因素。

安全需求，是指对人身安全、财产安全、生活安定等的需求。马斯洛认为，人的整个有机体是一个追求安全的机制。对一般人而言，稳定安全的收入、医疗保险、失业保险和退休金等构成了安全需求的报酬因素。当人们还处于当前层次时，这种安全报酬构成了激励因素。当这种需要获得满足后，就将变得缺乏推动性，属于非激励因素。

社交需求，即情感上的需求，也是对友情、爱情、归属的需求。与生理上的需求相比，情感上的需求更加细致，它与一个人的生理特性、宗教信仰、教育程度有关，人们需要伙伴、同事之间的和谐关系、忠诚友谊；每个人都想获得爱情，有属于一个或几个群体的情感，期望被群体的其他成员所接受，彼此互助。当较低层次的需求得到满足后，社交需求将变得突出，产生对行为的刺激，成为激励因素。

尊重需求，包括个人成就感和自我价值的实现，希望得到他人的认可与尊重，希望自己有一定的社会地位，要求个人的能力得到社会的承认。尊重需求得到满足，能使人对自己充满信心，对工作满腔热情，体验到自己活着的价值，从而去积极创造。这类需求得不到满足，就会使人感到沮丧，会对心理构成威胁。

自我实现的需求，则是最高水平的需求，它能够实现一个人的理想、抱负，最集中地体现个人的价值，最大限度地挖掘个人潜能。达到这个层次的人，增强了解决问题的能力，提高了自控性，能够独立地应对出现的问题；达到这个层次的人，已经完成了一定的个人积累，发挥个性，以自我为中心，想个人之所想，做个人之想做，随心所欲。

五个需求关系，从低到高，层次递升。低层次的需求得到满足，便向其高一层的需求过渡，追求更高水平的需求成为驾驭行为的推动力。因此，基本需求得到满足不能作为一种激励的力量。五个层次的需要可被划分为两大阶段，第一阶段是生存、安全、心理需求，第二大阶段是被重视的需求、自我实现的需求。前一阶段是较低层次的需求，是第二阶段的基础，第二阶段是第一阶段的延伸和发展，水平更高。

人们对尊重与自我实现的需要是永无止境的，在一个时期内，人们可能同时有几种需求，但总有一种需求对行为起决定作用，占支配地位。高层次需求发展，低层次需求依旧存在，各层次需求相互依赖，只是大大减小了对行为影响的程度。

马斯洛需求层次理论，从人们的需要出发，指出需求是由低级向高级不断发展，来探索人的激励因素和研究人的行为。因此，需要层次理论对如何有效且充分调动人的创造性、积极性等都有相当大的作用。同样，在农村住宅绿色节能建设的过程中，利用马斯洛需求层次模型来进行节能建设渐进性的划分，也必将对绿色节能的发展起到很好的推动作用。由此，将农村住宅绿色节能的需求因素与之相对应层次进行比对分析，可得出适用于农村住宅渐进节能建设的层级模型，如图6.8所示。

马斯洛需求层次理论可以归结为两种需求，物质需求与精神需求。这与农村既有住宅渐进节能建设的"层级"划分刚好相匹配，简单对应可归结为：马斯洛需求层次中的物质需求在住宅层级的节能建设中可归结为"生存需要"，精神需求划归为较高层次的精神需求与较低层次的精神需求，较低层次的精神需求为"生活享受"，而较高层次的精神需求可归结为"艺术享受"。

（2）绿色渐进节能建设的渐进性研究

结合农村住宅绿色节能的必要性研究，农村住宅绿色节能的渐进性研究可划分为三大阶段，对应于住宅节能建设中层级划分的三个阶段：生存需要阶段、生活享受阶段、艺术享受阶段。

同时渐进性阶段的划分要与农村住宅的现状相匹配，在条件允许的前提下，对住宅节

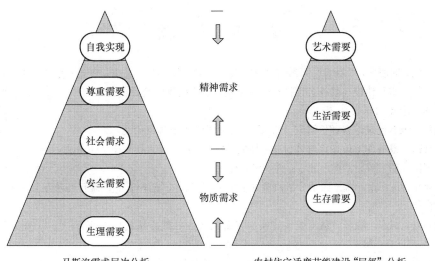

马斯洛需求层次分析　　　　　　　　农村住宅适度节能建设"层级"分析

图 6.8　农村住宅渐进节能建设的层级模型

能建设等级评定中级别最低、最迫切需要节能建设的部分进行绿色节能，示例如表 6.18 所示。由表中可以看出，最需要节能建设的部分为住宅的节能部分，因为其得分最低，按照住宅节能建设的渐进性要求，其节能建设顺序依次为：节能建设→室内环境节能→人文节能→结构住宅节能。而对于整体规划，因为已经达到 80 分，所以可不进行绿色节能建设。

住宅节能建设等级评定示例　　　　　　　　　　　　　　表 6.18

总分	62	需要绿色节能建设
结构建筑	68	需要绿色节能建设
节能	36	急需绿色节能建设
室内环境	45	需要绿色节能建设
规划	80	不需要绿色节能建设
人文	65	需要绿色节能建设

6.5　本　章　小　结

　　本章通过对国内外既有住宅评价体系进行详细分析了解的基础上，提出了一套适合我国农村住宅的绿色节能评价体系，并对农村住宅绿色节能建设的必要性进行了分析，综合考虑住宅的绿色程度及农民的真正需求。通过实地调研，并结合 SPSS 软件以及因子分析等多种统计学方法，确定了对农村住宅绿色节能满意度进行评价的开放性指标体系，并针对农村住宅绿色节能在推广中难以扩大形成规模效应的现状，将农民因素确定为节能建设的最核心因素，从而改进了相应的绿色节能建设激励制度。针对不同农村地区不同的主客观情况，提出了"量力而行"的渐进性绿色节能的概念，真正实现良性渐进的农村住宅的绿色节能建设，使人们真正受益于绿色节能建筑带来的舒适感及满足感。

参 考 文 献

[6-1]　叶义成，柯丽华，黄德育. 系统综合评价技术及其应用[M]. 北京：冶金工业出版社，2006.

[6-2]　罗振平. 水利建设项目社会评价指标体系及多层次模糊综合评价模型研究[D]. 大连理工大学硕士学位论文，2005.

[6-3]　范磊. 既有建筑综合评价研究[D]. 北京交通大学硕士学位论文，2008.

[6-4]　沈巍麟. 既有住宅改造综合评价体系研究[D]. 北京交通大学硕士学位论文，2008.

[6-5]　马庆国. 管理统计[M]. 北京：科学出版社，2003.

[6-6]　府亚军，黄海南. 基于因子分析模型的上市公司经营业绩评价[J]. 统计与决策，2006，24：167-168.

[6-7]　张新安，田澎. 顾客满意度线性建模中多重共线性处理方法的模拟研究[J]. 工业工程与管理，2004，11(4)：73-77.

[6-8]　何有世，徐文芹. 因子分析法在工业企业经济效益综合评价中的应用[J]. 数理统计与管理，2003，22(1)：19-22.

[6-9]　许树柏. 层次分析法原理[M]. 天津：天津大学出版社，1998.

[6-10]　陈祥，李芾. 基于因子分析与 AHP 的高速列车乘坐舒适度评价模型与实证分析[J]. 铁道学报，2010，2(1)：13-18.

[6-11]　耿金花，高齐圣. 基于层次分析法和因子分析的社区满意度评价体系[J]. 系统管理学报，2007，12(6)：673-677.

[6-12]　杜栋，庞庆华. 现代综合评价方法与案例精选[M]. 北京：清华大学出版社，2008.

[6-13]　节能住宅期待激励政策[N]. 江苏经济报，2006. 01. 05 (A01).

[6-14]　高鸿业. 西方经济学(微观部分)[M]. 北京：中国人民大学出版社，2001.

[6-15]　卢双全. 住宅节能改造的外部性分析与激励政策[J]. 住宅经济，2007，4：44.

[6-16]　张德. 人力资源开发与管理(第二版)[M]. 北京：清华大学出版社，2001.

[6-17]　王肖芳. 重庆既有住宅节能改造研究[D]. 重庆大学硕士学位论文，2007.

[6-18]　亚当·斯密，严复. 国富论[M]. 西安：陕西人民出版社，2002.

[6-19]　吴良镛. 人居环境科学导论[M]. 北京：中国建筑工业出版社，2001.

[6-20]　李俊领，孙诗兵，田英良. 北京市既有住宅围护结构节能改造标准的探讨[J]. 住宅节能，2006，5：35-36.

[6-21]　杨树凡，鲁永奇，张劲，唐羽，王立娟. 我国住宅节能改造对策与融资渠道研究[J]. 节能环保，2006，6：28-30.